全国高等院校规划教材

浙江省海洋文化与经济研究中心资助项目

海洋政策与海洋管理概论

龚虹波　编著

海洋出版社

2016 年·北京

图书在版编目(CIP)数据

海洋政策与海洋管理概论／龚虹波编著. —北京：
海洋出版社，2015.6(2016.1 重印)
　ISBN 978 - 7 - 5027 - 9196 - 4

　Ⅰ. ①海… Ⅱ. ①龚… Ⅲ. ①海洋开发 - 政策 - 概论
②海洋 - 管理 - 概论　Ⅳ. ①P7

　中国版本图书馆 CIP 数据核字(2015)第 150157 号

责任编辑：唱学静
责任印制：赵麟苏

海洋出版社 出版发行

http://www.oceanpress.com.cn
北京市海淀区大慧寺路 8 号　邮编：100081
北京画中画印刷有限公司印刷
2015 年 6 月第 1 版　2016 年 1 月北京第 2 次印刷
开本：787 mm×1092 mm　1/16　印张：14.75
字数：290 千字　定价：45.00 元
发行部：62132549　邮购部：68038093
总编室：62114335　编辑部：62100038
海洋版图书印、装错误可随时退换

前　言

海洋是沿海国家与地区社会经济发展的重要资源基础。合理开发利用、切实保护海洋资源环境已成为关系到沿海国家生存与持续发展的重大战略问题。进入 21 世纪后，随着科技进步及资源开发利用的深入，发展海洋经济的重要性和迫切性日益明显。然而，现代海洋开发活动在带来巨大经济效益的同时，也不可避免地对海岸带资源环境产生巨大压力，生态环境不断恶化。沿海水质污染、近海生态系统退化、红树林消失、珊瑚礁破坏、砂质海岸侵蚀后退、滩涂湿地减少等资源环境问题频繁发生并不断加剧，海洋生态与环境面临着人类经济社会活动带来的空前压力。此外，国际上对海洋及海洋资源的争夺也日趋加剧，海洋维权也成为国家与民众的重要使命。21 世纪是海洋的世纪，中国的海洋事业正面临着巨大的挑战与机遇。我国国民经济发展"十一五"规划就提出要强化海洋意识、维护海洋权益、保护海洋生态、开发海洋资源、实施海洋综合管理，促进海洋经济发展。

浙江省海洋文化与经济研究中心是首批浙江省哲学社会科学重点研究基地。基地以宁波大学应用经济学、法学、海洋科学、地理学、管理学等多个一级学科为基础组建。目前已形成海外经济文化交流、海洋经济与管理、海洋文化建设三个稳定的研究方向，通过承担重大系列研究项目，研究海洋文化与经济领域学术前沿问题和一些重大理论、现实问题，服务于浙江省乃至国家海洋文化与经济建设。此外，浙江省海洋文化与经济研究中心也十分重视海洋知识的科学普及工作。为了贯彻国家海洋战略，更好地向广大民众，特别是涉海专业大学生普及海洋开发与保护的相关知识，激发他们从事海洋开发与管理的热情，也为了解决高校紧缺海洋开发与管理相关教材的实际问题，浙江省海洋文化与经济研究中心特别资助了本书的出版。

本书由龚虹波负责拟定提纲、组织研讨与写作并统稿全书。叶梦姚、史作琦、羊大方、姜忆湄、蒋曼分别参与了书稿部分章节的编写工作，在此，对他（她）们的辛勤付出深表谢意。同时感谢浙江省哲学社会科学重点研究基地——浙江省海洋文化与经济研究中心为本书出版提供的经费支持。书稿在编写过程中参考、引用了大量文献，但限于篇幅未能在本书中一一列出，在此表示深深的歉意，并谨向这些文献的作者表示敬意和感谢。

由于编者学术水平所限，加之编写时间较短，书中难免存在疏漏之处，敬请读者谅解和指正。

编者

2015 年 4 月

目　　次

第一章 绪 论

地球表面积约为 5.1 亿 km²，其中海洋面积近 3.6 亿 km²，约占地球表面积的 71%。浩瀚的海洋中，蕴藏着极其丰富的资源，具有十分巨大的开发潜力。海洋是地球上最大的地理单元，对人类的生存、发展和未来都具有决定性的作用。随着人类的发展，人口数量急剧增加、陆地资源日益枯竭，海洋价值蓦然凸显，不仅沿海国家和地区，即便是内陆国家和地区也以前所未有的姿态、精力和热情关注并重视海洋权益、海洋资源、海洋环境和海洋生态，把海洋事务与其国家命运和前途关联在一起。人们越来越一致地认识到，在开发海洋资源、使用海洋环境和发展海洋经济的同时，维护海洋的生态平衡、确保海洋资源的可持续利用、促使海洋有序开发是全人类的责任。海洋的可持续发展将是人类可持续发展的基础。

第一节 海洋可持续发展对世界社会经济发展的重要性

海洋作为全球生命支持系统的一个基本组成部分，是全球气候的重要调节器，是自然资源的宝库，也是人类社会生存和可持续发展的战略资源接替基地。海洋的可持续开发和利用，已经成为解决和缓解人类资源稀缺的一个必要途径，被世界各国广泛重视。

一、海洋可持续发展的概念

(一)可持续发展

进入 20 世纪 80 年代，经济社会发展与自然资源和生态环境恶化矛盾的不断加剧，迫使人们探索寻求新的经济社会发展理念和模式。1987 年，以挪威首相布伦特兰夫人为主席的联合国世界环境与发展委员会发表《我们共同的未来》报告，正式提出可持续发展概念，并以此为主题对人类共同关心的环境与发展问题进行了全面论述。1992 年的联合国环境与发展大会，通过了《关于环境与发展的宣言》和《21 世纪议程》，第一次把可持续发展由理论转变为现实行动。此后，人们开始对可持续发展模式进行更深层次的理论思考和实践探索。

《我们共同的未来》将可持续发展定义为"既满足当代人的需要，又不损害后代人满足需要的能力的发展"。这个定义较系统地阐述了可持续发展思想，具有一定的积极意义。但它仅考虑了代际人之间的利益分配，还存在一定的片面性，不能完全解析可持续发展的内涵。中国学者给出了可持续发展更为全面的定义，即不断提高人群生活质量和环境承载能力的、满足当代人需求又不损害子孙后代满足其需求能力的、满足一个地区或一个国家需求又未损害别的地区或国家人群满足其需求能力的发展。这个定义既从时间尺度考虑了人类的代际利益分配，又从空间尺度考虑了不同地域的利益公平，因而更为客观全面。

可持续发展理念诞生以后，不同学科的学者分别从经济学、社会学和生态学等方面对其进行了阐述。在经济可持续发展方面，要求改变传统的以"高投入、高消耗、高污染"为特征的生产模式和消费模式，实施清洁生产和文明消费，以提高经济活动效益、节约资源和减少废物；在生态可持续发展方面，要求经济建设和社会发展与自然承载能力相协调，强调通过转变发展模式，从人类发展的源头解决环境问题；在社会可持续发展方面，强调社会公平是环境保护得以实现的机制和目标。可持续发展指出世界各国的发展阶段可以不同，发展的具体目标也各不相同，但发展的本质应包括改善人类生活质量，提高人类健康水平，创造一个保障人们平等、自由、教育、人权和免受暴力的社会环境。这就是说，在人类可持续发展系统中，经济可持续是基础，生态可持续是条件，社会可持续才是目的。人类应该共同追求的是以人为本的自然－经济－社会复合系统的持续、稳定、健康发展。

可持续发展理论是人类社会发展到现阶段，基于破解资源环境对社会经济发展的瓶颈约束，谋求人与自然和谐共存而提出的人类社会实现持续发展的行动纲领，也是人类长期以来对人口、资源、环境等问题理论思考的集成。同时，可持续发展理论是一个开放的、不断完善的思想体系。循环经济理论的提出，就是对可持续发展理论的有益完善和补充。根据国外学者和机构的研究成果，循环经济理论主要包括产业共生理论、清洁生产理论、产业生态理论、生命周期评价理论、零排放理论、逆生产理论等，循环经济基本行为原则是"3R"原则，即减量化原则、再使用原则、再循环原则。

(二)海洋可持续发展

海洋拥有庞大的资源储量，是人类社会可持续发展的重要依托和载体。但在相当长时间里，由于人类开发海洋活动的极大随意性和无序性，致使海洋资源、生态环境目前已处于极为窘迫的境地，海洋生物多样性破坏，海洋环境污染加剧，海洋灾害频发，给人类可持续开发利用海洋带来严峻的威胁和挑战。没有健康的海洋，地球及其生命系统就不可能存在。海洋资源、环境和生态能否全面协调发展，直接关系到人类的生死存亡。

海洋可持续发展是可持续发展观点在海洋领域的体现。联合国环境与发展大会于

1992 年发布的《21 世纪议程》指出："海洋环境——包括大洋和各种海洋以及邻近的沿海区域——是一个整体，是全球生命支持系统的一个基本组成部分，也是一种有助于实现可持续发展的宝贵财富。"《21 世纪议程》要求各个国家、次区域、区域和全球各级对海洋和沿海区域的管理和开发采取新的方针，对海洋和沿海环境及其资源进行保护和可持续发展。由此，海洋可持续发展理念正式提出。2002 年通过的《可持续发展世界首脑会议实施计划》进一步提出"保护和管理经济与社会发展所需的自然资源基础"的海洋领域行动方案，并对海洋生态系统、海洋渔业、海洋保护区和海洋环境等提出了具有时限的建设目标。《21 世纪议程》和《可持续发展世界首脑会议实施计划》两个重要文件明确了海洋在全球可持续发展中的重要地位和作用，为海洋可持续发展提供了基本的行动指南。

海洋可持续发展是指通过合理利用法律手段、政策机制和市场机制，依靠科技创新和进步，科学合理地开发利用海洋资源，提高海洋产业的经济效益和生态效益，确保海洋社会、海洋经济、海洋生态的协调发展，确保当代人之间的资源公平分配并留给后代人一个良好的海洋资源、生态环境条件。海洋可持续发展是一个全新的海洋开发理念，不同于传统的以资源过度消耗、生态环境破坏为代价的海洋开发利用观念。海洋可持续发展有其独有的特征，主要表现在以下三个方面。

（1）公平性。海洋可持续开发利用，就是不仅要保证"代际公平"，而且要正确处理"代内平等"。实现"代际公平"，要通过海洋资源和环境的科学调查，对其开发利用进行总体评价和总量控制，保证后代人享有与当代人同样的生存与发展机会；实现"代内平等"，就是无论国家贫富或强弱，都应享有同等的权益和发展机会。

（2）持续性。包括海洋资源利用的可持续、海洋环境可持续、海洋经济可持续和海洋社会可持续等方面。海洋资源利用的可持续，即要通过总量控制及发展循环经济等措施，对海洋生物、矿产等资源进行高效、节约利用，实现海洋资源利用的持久性和永续性；海洋环境可持续，即要通过对海洋环境容量、承载力等的研究，合理布局海洋产业，并采取行政、经济和科技手段加强海洋环境的保护，促进海洋生态平衡，改善和提高海洋环境质量；海洋经济可持续，是以海洋资源利用可持续、海洋环境可持续为前提和基础的，只有可持续的海洋资源和海洋生态环境，才能保证海洋经济的健康发展，也才能为人类提供源源不断的物质财富；海洋社会可持续，是海洋可持续发展的根本目的。生存与发展是人类社会的根本主题，海洋对于人类的重大战略价值，决定了人类必须与海洋和谐共生，因此唯有实现海洋可持续发展，人类社会才能实现持续发展。

（3）科技主导性。与陆地相比，海洋环境更为复杂和特殊，海洋开发对科学技术创新与进步具有更高的依存度。海洋可持续发展，必须建立在海洋科技高度发达的基础上。只有依靠科技创新提高海洋资源利用效率、优化产业结构、保护和改善海洋生态环境，才能推动经济良性增长，提高人类的生活水平，最终实现海洋开发与人类社会进步的共同协调发展。

二、海洋可持续发展的重要性

海洋约占地球表面积的71%，占地球总水量的96.5%，因而在全球经济中占据极其重要的地位。20世纪60年代以来，世界面临的人口、粮食、环境、资源和能源五大危机日益明显，为了摆脱危机，人类又回到了孕育生命起点的海洋，探索蓝色波涛之下的丰富资源。从陆地资源的利用转向海洋资源的开发和管理，向海洋要财富，使海洋资源变为经济产品，已成为越来越多人的共识。进入90年代以来，世界海洋经济的发展突飞猛进。随着世界各国的战略重点转向海洋，21世纪将成为海洋开发利用的世纪，海洋经济将成为21世纪世界经济发展中重要的新的经济增长点。

21世纪可供人类利用的陆上资源伴随着世界人口的不断膨胀而日益枯竭，寻求世界海洋经济的可持续发展已成为未来世界的主流。于是人类开始更多地走向海洋、开发海洋及利用海洋。因为海洋中蕴藏的资源比陆地上要丰富得多，海洋生物资源、海洋矿产资源、海水化学资源等已日益成为人类的天然宝库，与人类生产、生活息息相关。海洋是人类生存与发展的资源宝库和最后空间。海洋资源的可持续开发和利用，海洋产业的持续有序发展，关系到整个国民经济与社会发展的水平与质量，已成为关系到全球生存、发展与强盛的重大战略问题。我国是一个海洋大国，海洋的可持续发展对中国经济社会发展有着十分重要的意义。

（一）海洋资源和生态环境可持续是经济社会发展的重要基础

目前，中国陆地资源和环境承载力已接近极限，对经济社会的持续发展构成了严重威胁。中国是一个海洋大国，丰富的海洋资源是国民经济和社会发展的重要基础，在接替和补充陆地空间和资源等方面有着巨大的潜力与战略价值。据估计，在海洋资源和生态环境可持续的状态下，可以为中国长期提供60%左右的水产品、20%以上的石油和天然气、约70%的原盐、足够的金属，每年还可为拥有几亿人口的沿海城镇提供丰富的工业用水和生活用水。海洋资源的可持续利用，是以生态环境的可持续为基础的。可持续的中国海洋生态环境，不仅能够保证海洋生物等可再生资源的永续利用，而且能够对全球生态和气候环境的改善做出贡献。吸取陆地开发的教训，中国海洋经济的进一步发展需建立在以生态化科技为引领和支撑的资源、生态环境协调可持续的基础上。只有可持续发展的中国海洋，才能为国家经济建设和社会进步提供源源不断的资源供给。

（二）海洋经济可持续发展是国民经济持续发展的重要内容

多年来，中国海洋经济蓬勃发展，海洋经济产业结构逐渐趋于优化。海洋渔业、海洋盐业等传统产业比重不断降低，以高技术为支撑的海洋生物制品与医药、海洋油气、海洋化工、海洋电力、海水利用等战略性新兴产业不断壮大，三次产业结构由 2001 年的 7:44:49 调整为 2008 年的 5:46:49。海洋经济已成为中国经济发展的重要增长点，在国民经济结构中地位越来越突出。随着今后沿海区域开放开发战略的实施及海洋开发深度和广度的不断拓展，中国海洋经济完全有可能保持 10% 左右的年均速度增长。而科技的进步及国家发展循环经济、低碳经济政策支持力度的逐步加大，将使得中国海洋经济增长的科技含量和综合效益有更大提高，海洋经济发展的可持续性进一步增强，对国民经济的贡献继续加大。预计不远的将来，海洋经济将成为中国国民经济发展的一大重要支柱，成为促进社会发展、提升综合国力的基本支撑力量。

（三）海洋可持续发展是社会进步的重要标志

海洋可持续发展的最终目的在于推动社会发展与进步。海洋资源的可持续，可以为国家经济建设提供持续的资源供给，推动国民经济的持续快速发展，稳步提升综合国力和经济实力；海洋生态环境的可持续，不仅保证了海洋资源利用的良性循环，而且提供给人们一个健康、洁净的生活环境，对全球环境和气候的改善也是一个重要贡献，海洋科技创新以及由此带来的海洋产业结构升级，提高了海洋经济的科技含量和效益，从而使海洋经济在国民经济中的地位愈发重要。归根结底，中国社会进步与海洋可持续发展具有紧密依存的关系。推动社会进步，离不开海洋的可持续发展，海洋的可持续发展，涉及社会进步所包括的资源、生态环境和经济发展等基本要素，是社会进步的一个必要条件，也是一个重要标志。

（四）海洋可持续发展为海洋科技提供了广阔的创新空间

当前，中国海洋开发已面临极为严峻的资源、生态及环境形势，突出表现在近海生物资源趋减、海洋污染严重、海洋灾害增多、海洋权益国际争夺激烈等方面。改变中国海洋开发所面临的严峻形势，推进海洋可持续发展，是当前和今后中国海洋开发事业面临的重要而迫切的任务。海洋科技作为海洋可持续发展系统的核心支撑，推动海洋可持续发展，需要海洋科技不断创新和进步。因此，在推进中国海洋事业可持续发展的进程中，海洋科技可以从海洋可持续发展的巨大需求中获得无限创新动力，从而赢得更为广阔的创新空间。

第二节　海洋政策对海洋可持续发展的意义

海洋是世界沿海国家经济与社会发展的重要空间和资源基地，合理开发和切实保护海洋已成为关系到沿海国家生存、发展与强盛的重大战略问题。21 世纪是海洋事业大发展的时代，这就要求我们必须从战略的高度重视海洋、善待海洋。因此，在进入21世纪后，世界各国为了强化在海洋开发方面的竞争力，一方面加大财力、人力和物力的投入，另一方面积极调整相关海洋政策。如美国、日本、澳大利亚等国相继制定了新的相关海洋政策，以推进海洋经济及海洋事业的发展。

海洋事业的发展需要政府的指导和管理，海洋管理实际就是海洋政策的制定和实施。海洋政策是国家为实现一定时期或一定阶段的海洋目标，根据国家发展整体战略和总体政策以及国际海洋权益保护和海洋开发利用的趋势制定的海洋工作和海洋事业活动的行动准则，体现了一定时期内政府在海洋资源开发、海洋环境保护、海洋权益维护等方面的价值取向和行为倾向。制定海洋政策的目的在于有效组织各种海上活动，协调国内有关海洋事业各部门之间的关系，正确处理海洋国际问题，维护本国的海洋权益，最有效地促进本国的海洋开发利用和国际合作。对于一个国家来说，海洋事业发展的目标是为国家谋取一定的海洋利益。海洋政策的出发点和依据是国家的海洋利益，其作为政策科学的重要分支领域开始崭露头角，受到社会越来越多的认可。

现代海洋开发活动展现了其巨大的经济效益，海洋的重要性日益凸显，而无序、混乱的海洋开发所带来的一系列资源与环境问题也亟须解决。比如，近海渔业资源捕捞过度使海洋生物资源破坏严重；入海污染物总量不断增加，致使某些海域环境污染加剧，生态环境趋于恶化；缺乏高层次的规划和协调机制造成涉海行业之间矛盾突出，开发利用不合理；沿海岸段经济发展不平衡，个别地区还没有完全摆脱贫困状态，而在经济发达岸段，也存在着诸多环境问题；全球气候变化及沿海地区经济活动增加使海洋性灾害频率增高，范围扩大，经济损失程度也相应增加，后果更为严重。此外，国际海洋事务出现了新的形势，维护海洋权益任务繁重；各国都在加强海洋科学技术研究、开发和应用，以增强国际海洋竞争能力。中国的海洋事业正面临着巨大的挑战和机遇。发展海洋事业，迎接被誉为海洋时代的21世纪，是中华民族责无旁贷的使命。为了在海洋领域更好地贯彻《中国21世纪议程》精神，促进海洋的可持续开发利用，特制定《中国海洋21世纪议程》。这个议程是《中国21世纪议程》在海洋领域的深化和具体体现，因而也是《中国21世纪议程》很重要的组成部分，可作为海洋可持续开发利用的政策指南。《中国海洋21世纪议程》阐明了海洋可持续发展的基本战略、战略目标、基本对策以及主要行动领域。各章均设导言和方案领域两部分。导言部分阐述各章的中心内容、主要依据、现状和问题、趋势展望等。每个方案领域包括三部分：行动依据，说明该方案领域的国际、国内法律根据，要解决的主要问题及解决问题的时空可行性等；目标，主要说明该领域采取各种行动要达到的目标和目的；行动，实现目标需要采取的各种措施和行动。

第三节 加强海洋管理，促进海洋可持续发展

海洋资源与环境是海洋经济的物质基础，是沿海经济与社会发展的制约因素。实现海洋资源、环境的可持续利用是实现海洋经济可持续发展的先决条件。联合国《21世纪议程》中指出："海洋是全球生命支持系统的一个基本组成部分，也是实现可持续发展的宝贵财富。"海洋战略地位的重新确立和海洋资源价值的重新发展，促使海洋开发热潮的产生，也使得海洋管理被提高到一个前所未有的重要位置。维护国家海洋权益、确保国家的海洋战略价值，需要海洋管理；保护海洋环境、保持海洋生态平衡，需要海洋管理；实现海洋经济的可持续发展，同样需要海洋管理。因此，加强海洋资源和环境管理，对于促进海洋经济可持续发展具有重大意义。尽管人类海洋管理的实践活动与人类开发利用海洋的实践活动一样长久，但直到20世纪70年代以前，海洋管理不是认识不足，就是一直被行业管理所淹没或替代，海洋管理始终没有自己施展作用的独立空间。

进入21世纪，随着经济社会发展和科学技术不断进步，对资源和能源的需求急剧增加，世界进入大规模开发利用海洋的新时代。现代海洋科学的发展、海洋观念的进步、海洋生产力的提高、海洋资源的诱惑，使更多的人、更多的事务、更多的时间与更多的海洋要素相关联。在开发利用海洋时，怎样科学使用海洋资源？在维护海洋权益时，怎样承担保护海洋的责任？在享用海洋的同时，怎样保证海洋的可持续发展？在贪婪的开发者面前，怎样约束不断膨胀的贪婪行为？这些都成为沿海各国政府日益重视和不得不面对的严峻问题，使得海洋管理成为必然。

海洋管理变得如此重要，一方面是人类海洋实践活动发展的必然结果，另一方面也是人们在付出了沉重代价后，为解决海洋开发中出现的种种问题而不得不做出的选择。海洋本身具有多功能性、流动性和关联性，这使得海洋范围内特别是同处一个海域之内的任何活动都不是孤立的，海洋某一项功能的开发和利用，都可能会影响到其他功能的实现或变化。而在目前海洋的开发利用过程中，涉海的各行各业总是根据其海洋功能和社会需要确定各自的开发利用对象，使用不同的方式方法各自为政，经常出现谁占有、谁开发、谁使用的情况。这种矛盾和冲突在海洋开发过程中是不可避免的，但仅靠行业的政策和管理难以协调海洋开发中各行业之间的关系，容易影响海洋综合功能的发挥，降低资源的利用效率，造成重复投资和浪费，进而给海洋的可持续发展带来不利影响。而从历史发展的轨迹看，人类对海洋的依赖性越来越大，开发利用海洋的愿望越强烈，就越需要强化对海洋的管理。然而，海洋管理实践的发展，也并不意味着对海洋管理认识的必然深入。海洋管

理实践活动历史发展的短暂和海洋实践活动的复杂性，在很大程度上制约了人们对海洋管理的正确认识。而对海洋管理认识上的滞后，必将影响海洋管理的制度建构、模式选择等一系列问题。因此，要建立科学的海洋管理制度体系，把握海洋管理的内涵，明确海洋管理的基本定位，把海洋管理的研究建立在理性分析的基础上。

第二章　海洋政策与海洋管理概述

为了海洋的可持续发展，人们在发展海洋自然科学、提高海洋生产力的同时，以新的理念、新的视角，不断发展海洋社会科学、优化海洋社会关系，迅速诞生和发展了一系列海洋政策和海洋管理的理论和技术，而这些理论和技术足以引起全世界的政治格局、发展理念、生活方式和消费观念的转变。可以说，过去的、现在的、未来的海洋政策和管理理论与技术必将成为人类社会科学的"明珠"，占据社会科学的制高点，成为人类发展的"旗帜"。

第一节　海洋政策概述

一、海洋政策的概念

(一)政策

政策是政党和国家在处理特定历史时期的公共事务时所制定的行为规范、准则或指南。从一定意义上讲，政策的制定和执行对各界的稳定、社会经济的发展有着十分重要的影响。因此，政策是国家立法活动、行政活动、司法活动以及党派政治活动的核心问题之一。从宏观角度看，政策不仅关系到国家意志的表达，而且关系到国家意志的执行，对整个国家和社会发展有着全局性、方向性的影响。我们可以从以下几个方面来理解"政策"的内涵。

1. 政策的主体

任何公共政策都有特定的主体，即国家公共法权主体、社会政治法权主体和社会非法权主体。所谓的国家公共法权主体是指基于法律规定的法权地位，享有公共权威，可以制定公共政策的立法、司法、行政机关和执政党；社会政治法权主体主要是指可以利用各自的资源来影响政策制定的形成过程的政党和利益集团；而社会非法权主体是指不在乎参与公共政策制定，但却有能力在他们认为有必要时对政策产生影响，主要有新闻媒体和不见诸于公众的利益集团，如财团、秘密帮派和黑帮等。

2. 政策的客体

所有的公共政策都是为了解决政党和国家管理公共事务中存在的问题而制定的对策，具有强烈的目标取向，因而政策客体就是公共事务。

3. 政策的环境

公共事务是随着社会的发展和进步而变化的，而且国家在不同历史时期的行政职能也会有所不同，因此政策有着明显的时空限制，要根据特定历史时期的背景和需要来完成。

4. 政策的表现

公共政策是一种行为准则或行为规范，它需要通过一定形式表现出来。公共政策是政府的管理工具和手段，主要是用文字表现出来的法律、法规、路线、方针、政策、办法、措施等。

（二）海洋政策

海洋政策是国家政策体系的重要组成部分，是政党和国家为实现一定时期或一定发展阶段的海洋事业发展目标，根据国家发展总体战略以及国家对海洋开发利用的需要而制定的有关海洋事务的一系列谋略、法令、措施、办法、条例等的总称。政策的存在是为了解决一定的社会问题，对社会价值和利益进行权威性分配。其本质主要表现为三个方面：政策集中反映或体现统治阶级的意志和愿望，是执政党、国家或政府进行社会管理和控制的工具和手段；政策的目标服务于社会经济的发展；政策作为分配和调整各种利益关系的工具和手段，是各种利益关系的调节器。

制定海洋政策的目的在于有效地组织各种海上活动，协调国内有关海洋事业各部门之间的关系，正确处理海洋国际问题，维护本国的海洋权益，最有效地促进本国的海洋开发利用和国际合作。海洋政策通常以国家的立法、政府的法规和行政指令、事业规划等方式具体化、条理化、法律化，借以发挥其指导、协调、制约的作用。对于一个国家来说，海洋事业发展的最终目的是为国家谋取一定的海洋利益。因而，国家制定海洋政策的出发点和依据是国家的海洋利益。

（三）海洋政策与海洋法规

海洋政策与海洋法规都是国家进行海洋管理的重要准则，两者之间就是一般政策和法律关系的具体体现。

1. 海洋政策与海洋法规的区别

海洋政策与海洋法规作为两种不同的海洋综合管理依据，虽然存在着密切的联系，但在制定主体和程序、表现形式、调整和适用范围以及稳定性等方面都有各自的特点。

（1）从制定的主体和程序来看。海洋政策是由各级政府依照其职权制定的，与海洋法律制定的程序相比较而言，海洋政策制定的程序显得很不严格。而海洋法律是由国家立法机关依照法定的立法程序制定的，其立法权限和创制程序均有复杂而严格的规定。

（2）从表现形式来看。海洋政策通常表现为纲领、决议、方针、指示、宣言、命令、声明、领导人的讲话或报告，具有指导性、原则性、号召性，其内容比较概括，很少用具体的条文规范来表述。海洋法律通常采用制定法的形式，有法典式的，也有单行法规形式。它具有确定性和规范性，通过调整行为主体的权利义务关系来实现其目标。

（3）从调整和适用范围来看。海洋政策与法规调整的利益关系有交叉、重合的地方，但也有区别，海洋政策比海洋法规调整的关系更广，海洋政策可渗透到海洋的各个领域并发挥作用。海洋政治、海洋文化、海洋经济、海洋管理、海洋科技等一切涉海领域及其产生的一切涉海关系都要受到海洋政策的调整和影响。而海洋法规的调整则具有强制性和协调性相结合的特点，通过明确海洋开发中不同群体、个体之间的权利义务达到目的。

（4）从稳定性来看。海洋法规比海洋政策更具有稳定性。海洋政策具有较大的灵活性，其内容随时随地都在发生变化，海洋政策依靠其应对性和灵活性来维持其对涉海利益关系调整的有效性，而海洋法规具有较大的稳定性，在制定后相对稳定地存在于一个时期，它主要依靠其稳定性来维护其权威、效力和尊严。

（5）从对控制社会的作用来看。海洋政策和海洋法规在管理海洋过程中各有其作用。对于那些急于解决的、暂时的、尚不定型的涉海利益关系，运用制定海洋政策的方式去协调较为合适。而对于那些需要严格界定、比较稳定的涉海利益关系，运用具体、明确、肯定的海洋法规来规范和调整则较为妥当。

2. 海洋政策与海洋法规的联系

海洋政策与海洋法规的根本目的都是为了实现国家对海洋的科学开发与综合治理，这是认识它们具有高度一致性的一种视角。这种一致性决定了它们的关系极为密切，二者相互影响、相互作用。

（1）海洋政策和海洋法规都是海洋社会上层建筑的组成部分，反映了海洋开发利用的客观要求。它们的目的都是为了协调涉海利益关系，有利于更有效地控制海洋，并使之稳定有序地向前发展。

（2）海洋政策指导海洋法规的制定和实施。海洋政策是海洋法规制定的依据，在议案的提出和法律起草过程中，都要参考当时政府涉海的总体精神。国家的海洋基本国策和行动纲领在立法上多体现为法律的基本原则。同时，海洋政策也指导海洋法规的执行。在执行海洋法规中，执法人员既要通晓海洋法规，又要熟悉国家的海洋政策。这样才能公正合理地适用法律，而且在法律出现漏洞时，可以把政策作为非正式的法律渊源，代行法律的作用。

（3）海洋政策需要海洋法规贯彻实施。不仅海洋政策对海洋法规具有指导作用，而且反过来海洋法规对海洋政策的贯彻落实也有很大的作用。海洋法规是实现国家海洋政策最为重要的手段。如果没有海洋法规的体现和贯彻，仅仅依靠海洋政策本身的力量和资源，很难达到其所要达到的海洋综合治理的目的。当然，实现海洋政策的形式很多，海洋法规只是实现海洋政策的形式之一，它只有与贯彻海洋政策的其他形式相互配合，才能发挥更大的作用。

二、海洋政策的特征

和所有政策一样，海洋政策具有公共政策的所有特征，其主要体现在以下几个方面。

（一）政治性和公共性

海洋政策是国家或政府解决海洋问题而采取的政治行动，是一系列政治行为的总称，服务于政治系统的目标和利益。海洋政策的决策是一种政治过程，按照政治的程序和原则运转。海洋政策作为政府维护社会公正、维护社会公益的工具或手段，必须考虑大多数人的利益。公共性是海洋政策的基本特征。

（二）稳定性和变动性

政策一经做出，就要保证一定时期内的稳定。制定的政策必须是正确的，制定和实施政策的因素也需要是稳定的，政策的内容要具有连续性，否则朝令夕改会让人无所适从。但同时政策又是针对特定时期的公共问题，由于政策的环境是一个动态的过程，需要根据一定的依据和规律对政策做出适时调整，以便适应变化了的政策环境。

（三）公平性和效率性

作为调节人们利益关系的工具，海洋政策在制定和执行时不能仅从自身的利益出发，而要考虑目标群体的正当利益，体现出公平原则。政策制定和执行还要追求效率，这是由社会资源的有限性决定的。从维护社会稳定和秩序的角度出发，政策也要追求效率，只有这样，纷繁复杂的社会问题才能迅速解决。

（四）强制性和合法性

政策是国家意志的体现，其制定和执行依靠的是强大的国家力量。政策执行是调节人们的利益关系，其中必然存在收益群体和受损群体，政策不可能自动执行，必须通过约束、激励等手段来保证政策的执行。政策应具有合法性，主要体现在三个方面：一是政策的内容合法，符合大多数人的利益，得到大多数人的拥护；二是政策的形式合法，要按照一定的形式规范来形成书面文字；三是政策制定的过程合法，要按照法律规定的程序进行。

海洋政策作为相对独立的政策体系，除了具有公共政策的一般特征外，还具有自身的特点。比如海洋的流动性、整体性和国际性等特征决定了海洋政策也具有相应的特点。

三、海洋政策的功能

海洋政策的概念和特征决定了海洋政策的功能。所谓功能，就是政策所能发挥的作用。海洋政策的基本功能包括引导功能、协调功能、控制功能和分配功能。

(一)引导功能

政策问题的解决，可以通过政策对象的行为来达到政策目标。通过人力、财力、物力在空间上的分配和时间上的配置来对海洋事业发展的方向、规模、速度进行规范和引导，使事物发展按照政策系统所制定的目标有序地进行。政策引导功能的实现途径有两个：一是借助于目标要素来规范人们的行为方式；二是借助于价值要素来规范人们的行为方向，让人们知道应该做什么。政策引导功能通过直接引导和间接引导来完成。

(二)协调功能

海洋的管理活动是一个复杂的系统过程，其中有很多利益关系需要调整，以保证整个海洋事业稳定有序地发展。海洋政策就是有意识地协调不同行为主体之间的关系，或不同利益主体之间的利益关系，从而保证社会的公共利益均衡、合理，保证海洋事业的健康发展。海洋政策的存在就是把这些性质各异、错综复杂的关系协调纳入到法制的轨道，避免个人权威主义。

(三)控制功能

海洋综合管理是通过政策执行来实现的，或者说政策是海洋行政管理机构实行治理的手段、工具、杠杆。政策的控制功能就是政策对社会中人们的行为或事物的发展过程起到制约或促进作用。政策的制定都是为了解决一定的社会问题或者是为了预防特定的社会问题的发生；政策制定者通过政策对所希望发生的行为进行鼓励，对不希望发生的行为予以惩罚，从而杜绝某些行为的发生。政策的控制功能有直接和间接两种形式。实施政策的控制功能要特别注意"度"的把握，因为它的调控功能也有正向和负向、积极和消极之分。

(四)分配功能

公共政策的本质就是对价值或利益的权威性分配，因此，分配功能是政策的基本功能。这种功能需要回答三个方面的问题：这些价值和利益向谁分配？如何分配？什么是好的乃至最佳的分配？制定政策者通常采用的分配原则有三种：为追求效率而扩大差别；为消灭差别而牺牲效率；效率和公平相统一。在通常情况下，从政策中受益的人群也有三类，即与政策制定者主观偏好一致的公众、能代表社会生产力发展方向的公众和在社会上可能成为大多数的公众。

四、海洋政策的分类

海洋政策是由具有不同政策效力的各项涉海政策构成的一个统一的、相互作用的政策体系。按照不同的标准和依据，可以对海洋政策进行不同类别的划分，下面采用纵横两个维度对海洋政策进行划分。

（一）从政策的空间层次进行分类

从纵向看，海洋政策是一个自上而下、由宏观到微观、由抽象到具体的政策体系。在海洋政策的层级结构中，可以分为总政策、基本政策和具体政策。总政策是海洋政策体系中总的或具有统摄性的政策，对其他各项政策起指导和规范作用，是其他各项政策的出发点和依据。如我国的"海上强国"战略、海洋可持续发展战略等政策就是海洋政策的总政策。基本政策是指针对某一社会领域或社会生活的某个方面制定的，在该领域起着全局性与战略性作用的政策。它是总政策的延伸和具体化，同时也是在各个领域起着主导作用的实质性政策。海洋政策体系中的基本政策主要是《中国海洋21世纪议程》等。具体政策是实现基本政策的手段，是为了贯彻基本政策而制定的具体行动方案和行为准则。比如我国的海洋经济政策、海洋环境政策等。当然，总政策、基本政策和具体政策的划分具有相对性。

从中央和地方的关系来看，海洋政策也可以划分为中央政府政策和地方政府政策。中央政府政策包括两个层次：一是国家层面上的海洋政策，如海洋可持续发展战略和《国家海洋事业发展规划纲要》等；二是国家层面上的行业海洋政策，如海洋渔业政策、海洋科技政策、海洋资源政策等。地方政府的海洋政策更具有复杂性，一方面它是中央海洋政策的具体化，另一方面它又是与本地区的实际情况相结合的产物，如"广东省海域使用管理规定""广东省沿海渔民转产专业政策"和"湛江市海洋渔业管理条例"等。

（二）从政策的社会内容不同进行分类

从横向看，海洋系统是一个与陆地系统并立的系统，它的开发利用集中了多个部门和行业。这些部门和行业之间是一种并列的关系，每个部门或行业都有自己的工作领域，所制定的政策也是只涉及本行业，如海洋经济政策、海洋资源政策、海洋科技政策、海洋油气开发政策、海洋运输政策、海洋旅游政策等。这些海洋政策属于具体的海洋政策，它是实现海洋基本政策目标的手段，是为落实具体政策而制定的具体细则。行业海洋政策具有针对性、局部性和单一性的特点，这些政策之间是衔接的、协调的，并且作用于海洋管理的全过程。

第二节 海洋管理概述

一、海洋管理的概念及理论

（一）管理的概念

管理是人类社会和社会组织的一种实践活动，是人类自然活动和社会活动的产物，是伴随着人类社会的发展而发展的。人类的不同群体，为了生存和发展，组成了不同的组织。组织是管理的前提，是两个或两个以上的自然人为实现共同目标组合而成的有机整体。有了组织及其自然的或社会的实践活动，管理也就成为必然，也就应运而生。管理是指在特定的环境下，针对其制定的组织目标，对组织所拥有的自然资源和社会资源，进行有效的决策、计划、组织、领导和控制的过程。

管理具有两重性，这是由管理过程本身的两重性决定的。由于管理过程是由生产力和生产关系组成的统一体，因此这也决定着管理具有组织生产力与协调生产关系两重功能，从而使管理具有物质和社会的两重性。管理的物质属性是指在管理过程中，为有效实现目标，要对管理的职能范围、空间范围的人、财、物等物质资源合理配置，对管理的职能活动进行协调，以实现生产力的科学组织。管理的社会属性是指在管理过程中，为维护生产资料所有者和使用者的利益，需要调整人们之间的利益分配，协调人与人之间的关系。这种调整生产关系的管理功能，反映的是生产关系和社会制度的性质，故称管理的社会属性。

（二）海洋管理的概念

海洋管理是涉海组织依法通过获取、处理和分析有关海洋信息，对海洋事务决策、计划、组织、领导、控制等的职能活动，是社会管理中的一个领域和组成部分，是伴随着人类海洋开发活动的展开和发展而产生的一种管理活动。根据目前中外学者对海洋管理概念的阐述可以发现，对海洋管理的理解大致可以归纳为两种意见，即狭义的海洋管理概念和广义的海洋管理概念。

狭义的海洋管理概念，如美国学者 J. M. 阿姆斯特朗和 P. C. 赖纳合著的《美国海洋管理》一书对海洋管理做了如下解释："指政府能对海洋空间和海洋活动采取的一系列的干预活动。"我国一些学者在研究海洋管理时，采纳了美国学者的观点。1988 年国家海洋局宁波海洋学校编写的《海洋管理概论》认为"海洋管理是政府对海洋及其环境和资源的研究、开发利用活动的计划、组织和控制活动，管理者是政府的行政机关和官员，管理的对象是海洋环境、海洋资源以及在海洋上活动的人"。以上解释均是从狭义的角度对海洋管理进行的定义。由于狭义理解的海洋管理主要是政府的管理，因此，从狭义的角度理解海洋管理，往往把海洋管理看做是政府的行政管理。

广义的海洋管理概念则是对海洋管理的主体和客体都做了很大的延伸。我国学者鹿守本认为，狭义的海洋管理概念尽管"揭示了事物存在广义的本质的一般表象，取得了一定研究成果，但是仍不够确切、全面，存在着明显的不足"。为此，鹿守本对海洋管理的内涵与外延进行了重新界定，指出"在海洋事业（含开发、利用、保护、权益、研究等）活动中发生的指挥、协调、控制和执行实施总体过程中所产生的行政与非行政的一般职能，即海洋管理"。管华诗、王曙光主编的《海洋管理概论》一书，也是从广义的角度对海洋管理加以定义，指出"所谓海洋管理是指政府以及海洋开发主体对海洋资源、海洋环境、海洋开发利用活动、海洋权益等进行调查、决策、计划、组织、协调和控制工作"。广义的海洋管理概念试图突破海洋管理是政府行政管理的限制，在一个更宽泛的意义上理解海洋管理，从而为人们研究海洋管理提供了一个更宽的研究视角。但是，过于宽泛的定义往往使定义本身不够严谨，容易导致海洋管理的定位不够准确，从而影响到人们对海洋管理实践活动的认识。鉴于此，正确把握海洋管理的内涵，明确海洋管理的边界意义重大。

（三）海洋管理的范围

海洋管理的范围可分为自然范围和社会范围。

海洋管理的自然范围一般可由空间范围和要素范围来概括。海洋管理的自然空间范围包括：海岸带、近海、内海、领海、毗连区、专属经济区、大陆架、国际海底。海洋管理的自然要素分为海洋资源和海洋环境。

海洋管理的社会范围一般也可由空间范围和要素范围来概括。海洋管理的社会空间范围包括：开发海洋资源、影响海洋环境和涉及海洋权益的所有社会对象和社会事务。海洋管理的社会要素范围包括：海洋权益维护、海洋资源开发、海洋环境保护、海洋经济发展和海洋科技、海洋教育、海洋培训、海洋文化、海洋服务等海洋事务。

（四）海洋管理的内容

海洋管理的主要内容有：海洋立法管理、海洋执法管理、海洋权益管理、海洋资源管理、海洋环境管理、海洋经济管理、海洋科技管理、海洋教育管理、海洋人力资源管理、海洋监察管理、海岸带管理、海事管理等。

（五）海洋管理的意义

在党和政府的领导下，以科学发展观为指导思想，以可持续发展为原则，为国家发展和人民生活争取并保护海洋权益，发挥海洋资源和海洋环境在海洋经济中的最大效益。

海洋管理体现了国家及其民族的海洋意识，体现了国家的战略和政策；海洋管理对我国乃至世界的经济有着越来越重要的作用，对我国乃至世界的可持续发展有重要的意义，对全球气候变化和控制有积极的意义，是人类走出当前困境，走向未来发展的必由之路。

二、海洋管理的类型

根据广义的海洋管理的概念和海洋事务的性质，海洋管理的类型可以分为海洋企业管理、海洋事业管理、海洋产业管理、海洋行政管理、海洋区域管理和海洋综合管理六种类型。

（一）海洋企业管理

海洋企业管理是指对以海洋资源和海洋环境的研究、开发、利用和保护为内容，以盈利为目的，依法设立，自主经营、自负盈亏的经济实体实施的海洋管理。

海洋企业可分为海洋技术企业和海洋产品企业。海洋技术企业是指以海洋为对象，以技术、标准和咨询为目标，以研究、开发、咨询和设计等为内容的技术性企业。海洋产品企业是指以海洋为对象，以产品和服务为目标，以工程、制造、渔业、运输、资源和能源等为内容的生产型企业。

海洋企业的主要环节为设计、生产、销售、运输和服务。海洋企业管理的主要目的为盈利。海洋企业是海洋资源和海洋环境的研究、开发、利用和保护的主体，是海洋管理的基础，是其他类型海洋管理最重要的服务对象和管理对象，是一个国家海洋事业发达与否的标志，同时也是危害海洋资源、破坏海洋环境的主体。

（二）海洋事业管理

海洋事业管理是指对以海洋文化、海洋教育、海洋科研、海洋技术和海洋服务等为主要类型的管理。海洋文化型事业主要包括海洋报社、海洋出版社、海洋杂志社、海洋新闻社、政府海洋网站和海洋科普机构等；海洋教育型事业主要包括海洋大学、海洋研究院所、海洋专业学院、海洋高职和海洋中专等；海洋科研型事业主要有海洋研究院所和行业大学等；海洋服务型事业主要有海洋信息中心、海洋预报中心、海洋培训中心、海洋技术中心、海洋遥感中心、海洋监测中心和海洋计量中心等。

海洋事业管理的主要环节为：领受任务或申报项目、完成任务或实施项目、工作汇报和项目汇报等。海洋事业的主要目的为完成任务或项目。

海洋事业是国家海洋科学、海洋技术、海洋教育、海洋文化和海洋服务等海洋公益事业的主体，是国家海洋事业的中坚力量和重要保障。

（三）海洋产业管理

海洋产业管理是指以海洋开发的行业为管理对象的一种海洋管理方式。海洋产业管理是一种比较古老的海洋管理方式，是随着海洋资源开发而发展起来的。最早的海洋产业管理包括：海洋盐业管理、海洋渔业管理和海洋运输业管理。到了现代，海洋资源开发的广度和深度不断扩大，致使海洋行业变得非常复杂。

根据现代海洋资源开发的行业来看，海洋产业管理主要有：海洋渔业管理、海洋盐业管理、海洋物流业管理、海洋油气业管理、海洋环境管理、海洋矿产管理、海洋文物管理、海洋测绘管理和海洋安全管理等。

（四）海洋行政管理

海洋行政管理是指国家行政权力机构在海洋事务中的行政管理行为。海洋行政管理是国家行政管理的一个重要组成部分，是海洋管理中最重要的管理形式之一，是海洋管理健康发展的保障。海洋行政管理的主体是国家行政权力机构；管理要素是行政事务，包括海洋事务中所有涉海活动；客体是行政相对人，涉海活动中的自然人、法人和组织。

（五）海洋综合管理

海洋综合管理是国家通过各级政府对海洋资源、海洋环境和海洋权益等海洋事务进行全面的、统筹协调的管理活动，是海洋管理的高层次管理形态。海洋综合管理是在海洋企业管理、海洋事业管理、海洋产业管理和海洋行政管理基础上的一种比较适合于现代大规模、多方式、深层次、全方位开发海洋的管理模式。

三、海洋综合管理

（一）海洋综合管理的概念

多种海洋资源共存于统一的海洋系统中，互相依存、互相制约、互为条件、互为因果。因此，海洋资源对社会的可利用性是综合的、多功能的，任何单一资源的开发和管理，都会对其他资源、其他邻近海域产生不同程度的必然影响。海洋产业管理固然有其简单、直接、专业等优势，但与海洋综合开发、持续发展、整体利益、永久利用的最终目标相差甚远。海洋开发和管理的理论与实践证明，实行海洋利用最终目标的必由之路是海洋综合管理。

海洋综合管理概念可以表述为：海洋综合管理是国家通过各级政府对海洋（主要集中在管辖海域）的资源、环境和权益等海洋事务进行全面的、统筹协调的管理活动，是海洋管理的高层次管理形态。

海洋综合管理包含了四个方面的内容。

(1)海洋综合管理是海洋管理范畴内的一种类型。它不仅具有管理的一般职能,而且具有其他海洋管理方式不具有的职能,表现在:它不是对海洋的某一局部区域或某一方面的具体内容的管理,而是立足全部海域和根本长远利益,对海洋整体、内容全覆盖的统筹协调性质的高层次的管理形式,它是海洋管理的新发展。

(2)海洋综合管理的目标,集中于国家在海洋整体上事务系统功效、科学发展、持续海洋开发利用条件的创造。这是局部或行业管理难以达到的目标。

(3)海洋综合管理侧重于全局、整体、宏观和公用条件的建立与实践。它不深入到具体的,比如行业资源开发利用活动的管理。因此,所采用的手段必须是战略、政策、规划、计划、区划、立法与执法、行政协调等。

(4)国家管辖海域之外的海洋权益的维护和取得,也是海洋综合管理的基本任务。公共区域的海洋资源是全人类的共同遗产,合理享用是各国的权利,维护自然环境是各国的义务。

(二)海洋综合管理的任务

海洋综合管理的任务可以概括为:海洋权益管理、海洋资源管理、海洋环境管理、海洋公益服务、海岸带管理等。

海洋权益管理是指对国家、地方和法人的、享受国际和国家法律保护的,以海洋所有权、使用权和享有权为主要内容的海洋权益管理行为。从传统的观点来看,海洋权益管理仅指国家的、享受国际和国家法律保护的海洋权益事宜。但从海洋管理理论的现状和发展来看,海洋权益的保护对象应该延伸到地方和法人。

海洋资源管理是指对管理海域的海洋资源的勘探、开发、利用活动的管理行为。这里所说的海洋资源是指海洋空间资源、海水资源、海洋矿产资源、海洋旅游资源、海洋动力资源、海洋生物资源、海洋化学资源等,其管理行为是指指挥、组织、领导、控制、协调和监督等行为。

海洋环境管理是指对管理海域的海洋环境的管理行为。这里的海洋环境是指海洋的自然环境,其管理行为是指保护海洋生态环境和动态环境、防止海洋环境污染和破坏、治理和恢复人类对海洋环境的伤害和损伤。

海洋公益服务是指为海洋管理对象提供的信息服务、技术服务、教育服务、咨询服务的行为,这里所说的公益是指不以盈利为目的的公共利益。

(三)海洋综合管理的基本原则

以上述海洋综合管理的任务为导向,在海洋综合管理工作中应坚持如下基本原则。

1. 海洋资源综合利用原则

该原则体现在对海洋资源的开发利用上。首先,海洋资源与其存在的空间是一个统一体，为使海洋综合价值能得到充分、有效的应用，必须对海洋资源进行综合开发利用，对各种海洋开发活动进行统筹规划、综合平衡。其次，在对海洋资源的综合开发利用过程中要兼顾各方利益，对各种相关的开发利用活动进行统一协调和管理，使海洋资源的应有价值与合理开发利用达到有机统一。

2. 国家所有与分级管理的原则

首先，海洋资源是国有资产，必须归国家所有，由国家对海洋资源行使所有权。但是，海洋资源归国家所有并不意味着要由中央政府实施直接的具体管理，而是在中央政府的宏观调控下，由地方各级政府及其职能部门具体实施管理，这样才能实现对海洋资源的有效利用。因此，海洋综合管理必须坚持国家所有、分级管理的原则。

其次，落实海洋资源归国家所有与分级管理的原则，要求制定统一的海洋管理法规和政策，制定统一的海洋开发规划，以此规范海洋资源管理主体的行为；要求各级部门和政府从实际出发，根据各地社会经济发展的现实状况和对海洋经济发展的需要，对各类海洋资源及其开发利用活动进行具体的协调、组织和监管。

3. 经济效益、社会效益与生态效益相统一的原则

海洋资源的开发利用首先是为了获取经济利益，但各相关单位、部门在海洋开发中如果只以获取最大经济利益为目标和出发点，而对社会影响和环境保护不重视，就会使海洋开发活动产生极大的负效应。因此，在海洋综合管理工作中，必须坚持开发与保护相结合，经济效益、社会效益与生态效益相统一的原则。海洋资源的开发利用在追求经济效益的同时，要以不破坏海洋的生态平衡、不破坏人类社会生存和发展的空间环境为前提，将海洋开发利用活动控制在科学合理的范围内。

4. 维护国家海洋权益的原则

在海洋综合管理的基本原则中，维护国家海洋权益是最高原则。围绕海洋展开的一切活动，都必须以维护国家海洋权益不受侵犯为准则。保卫国家安全、维护国家的海洋权益，是海洋综合管理的神圣职责。根据这一原则要求，涉海的各有关单位和部门都应自觉地将本单位、本部门的局部利益服从于维护国家海洋权益这一总体利益。

第三章 《联合国海洋法公约》及其基本法律制度

第一节 国际海洋法的发展

国际海洋法是关于各种海域的法律地位和调整国与国之间在海洋活动中发生的种种关系的原则、规则和制度的总称，是当代国际法的重要组成部分，并具有国际法的一般特征。国际海洋法是维护国际和平、尊重国家主权和领域完整、和平解决国际争端等国际法基本准则，同样也适用于国际海洋法的各个领域。国际习惯和国际条约是国际海洋法的主要渊源。在相当长的时间内，一些有关利用海洋的行为规则被不断重复，为各国所承认，从而具有约束力并成为国际习惯，这些习惯就构成了国际海洋法最早的渊源。时至今日，国际习惯仍然是国际海洋法的主要渊源之一。世界各国在利用海洋的过程中，把历史上形成的国际习惯通过缔结双边或多边国际条约的形式固定下来，或制定新的国际海洋法原则和规则以确定各缔约国之间的权利和义务。这些国际条约是构成国际海洋法的另一个主要渊源，并在国际海洋法的发展过程中逐渐占据了主导地位。

在古代和中世纪的大部分时期，海洋一般被认为是人类所共有，即所有国家可自由利用的"共有物"。从中世纪后半期起，开始出现新的海洋概念，即把海洋视为"无主物"。显而易见，"无主物"与"共有物"是截然不同的，"共有物"只能利用，不能占有；而对于"无主物"，各国则可采取"先占"的原则。正因为据此原则，一些海洋大国的君主们就凭借其经济、政治和军事实力的有利条件，将其权力逐步从陆地扩展到海洋，历史上英国曾自称为所谓的"不列颠海洋的主权者""诸海的主权者""海洋之主"。瑞典曾控制了波罗的海，丹麦与挪威控制了北海，威尼斯控制了亚得里亚海。但当时这些国家对海洋的控制范围大都仅限于航海贸易与通商之类，海域在法律上的分门别类尚未形成，因而还未出现诸如公海、领水、内海等各项独立的制度。

15世纪末，由于西欧资本主义的发展，逐步引起了海洋发达国家妄图瓜分全部海洋的强烈欲望，因此，欧洲两个海洋大国——葡萄牙和西班牙竞相争夺，十分激烈。葡萄牙要求占有摩洛哥以南的大西洋，西班牙则要求占有太平洋和墨西哥湾。结果促使罗马教皇先后于 1493 年和 1506 年颁布教谕，将全世界海洋分给了西、葡两国，海上争霸达到高潮。

16 世纪末，荷兰逐渐成为新兴的海洋大国，力图向外扩展和进行殖民活动，但无法与西、葡等国抗衡。1609 年代表新兴资产阶级利益的荷兰法学家格劳秀斯，为适应形势需要发表了著名学说《海洋自由论》，该书提出海洋同空气一样是人类皆可自由利用的东西，可在海洋上自由通航、贸易。海洋自由论，当时曾一度遭到反对，特别是遭到海洋大国及其法学家的反对，但是海洋自由论毕竟是适应资本主义经济发展的需要，顺乎各国经商贸易的要求，不久终于被国际社会确认为一项重大的国际法理论原则而载入人类史册。由于海洋自由原则的形成和确立，促使各种海域的法律地位也趋于明确化。当时，意大利法学家真提利斯曾主张国家领土应包括与其毗连的海域，因而开始形成了"领海"的概念。1702 年荷兰法学家宾刻舒克进而主张以大炮射程 3 海里来确定领海的宽度。此后近 200 年的时间里，关于领水宽度的问题一直是国际海洋法的基本问题之一。至 19 世纪，3 海里的领海制度以及领海以外的公海和公海自由原则便逐步形成为旧海洋法的主要内容。

第二次世界大战后，国际形势发生了深刻而巨大的变化，第三世界国家的崛起，并在国际舞台上日益扮演着重要的角色，科学技术的革命，赋予人类开发世界海洋及其资源的新的可能性。于是，一方面各国开始出现了对海底、大洋深处和上覆大气层的科学研究，并运用最新技术设施来收集、保存和传达有关海洋环境的资料等活动。另一方面，对海底及其底土内的深海矿产资源也进行了勘探和开发，在传统的海上活动，如航行、捕鱼等方面开始出现了新技术的突破。一系列新问题的出现，促使人们对国际海洋法尚未解决的重要课题谋求新的探索途径和方法。当时除了确定大陆架以外的海底及底土的法律地位，规定上述区域矿产资源的勘探和开发的专门制度，确定了大陆架的外部界限以及统一的领水宽度界限等问题外，保护海洋环境、防止海洋污染，保护海洋生态平衡以及海底生物和解决海上交通等重要法律问题已提上历史的议程。因此，联合国自 1958 年起共召开 11 次国际海洋法会议：第一次会议于 1958 年 2 月 24 日至 4 月 27 日在日内瓦举行，会议通过了《领海与毗连区公约》《公海公约》《捕鱼与养护公海生物资源公约》《大陆架公约》四大公约，会议在海洋大国的操纵下所通过的四个公约，除了《大陆架公约》外，基本上都是编纂旧海洋法的原则和规则，维护有利于海洋大国的公海自由原则，领海宽度问题尚未解决，就连大陆架也只是规定了狭窄的范围。至于拉丁美洲各国所提出的 200 海里的海洋权要求根本未予理睬。第二次海洋法会议于 1960 年 3 月 17 日至 4 月 27 日在日内瓦举行。这次会议未达成任何协议，但第三世界国家仍对 200 海里的领海权提出强烈的要求。第三次海洋法会议于 1973 年 12 月在纽约举行，至 1982 年 12 月 10 日共举行了 11 期国际会议。第三世界国家为建立新的国际海洋法制度，反对海洋霸权主义，且与以英美为首的发达国家进行了理论上与外交上的斗争，终于在 1982 年 4 月以 130 票赞成、4 票反对(美国等国家)、17 票弃权(苏联、英国等国)，正式通过了全世界高度关注的《联合国海洋法公约》(以下简称《公约》)。

第二节　《联合国海洋法公约》基本法律制度

《公约》共分为 17 部分，连同 9 个附件共有 446 条。其内容涵盖了海洋法的各主要方面，包括领海和毗连区、用于国际航行的海峡、群岛国、专属经济区、大陆架、公海、岛屿制度、闭海或半闭海、内陆国出入海洋的权利和过境自由、"区域"、海洋环境的保护和保全、海洋科学研究、海洋技术的发展和转让、争端的解决等各项法律制度。基本框架如下：

第一部分　用语和范围

第二部分　领海和毗连区

第三部分　用于国际航行的海峡

第四部分　群岛国

第五部分　专属经济区

第六部分　大陆架

第七部分　公海

第八部分　岛屿制度

第九部分　闭海或半闭海

第十部分　内陆国出入海洋的权利和过境自由

第十一部分　"区域"

第十二部分　海洋环境的保护和保全

第十三部分　海洋科学研究

第十四部分　海洋技术的发展和转让

第十五部分　争端的解决

第十六部分　一般规定

第十七部分　最后条款

附件一　高度洄游鱼类

附件二　大陆架界限委员会

附件三　探矿、勘探和开发的基本条件

附件四　企业部章程

附件五　调解

附件六　国际海洋法法庭规约

附件七　仲裁

附件八　特别仲裁

附件九　国际组织的参加

一、领海与毗连区

(一)领海的概念和界限

沿海国的主权及于其陆地领土及其内水以外邻接的一带海域,在群岛国的情形下则及于群岛水域以外邻接的一带海域,称为领海。领海主权及于领海的上空及其海床和底土。主权国对于领海的主权的行使受本公约和其他国际法规则的限制。

每一国家有权确定其领海的宽度,但其宽度从测算领海的基线量起不能超过12海里。其上每一点同基线最近点的距离等于领海宽度的线称为领海的外部界限。领海基线有正常基线、直线基线和混合基线三种划定方法。

正常基线是指沿海国官方承认的大比例尺海图所标明的沿岸低潮线。在位于环礁上的岛屿或有岸礁环列的岛屿的情形下,测算领海宽度的基线是沿海国官方承认的海图上以适当标记显示的礁石的向海低潮线。

直线基线则是以连接海岸或岛屿的最外缘上所选择的适当基点形成的直线作为测算领海的基线,也称折线基线。这种方法适用于海岸线极为曲折,海岸岛屿、礁滩、岩石多而复杂的情况。确定特定基线时,对于有关地区所特有的并经长期惯例清楚地证明其为实在而重要的经济利益,可予以考虑。一国不得采用直线基线制度,致使另一国的领海同公海或专属经济区隔断。

沿海国为适应不同情况,可交替使用以上各条规定的任何方法以确定基线。

如果两国海岸彼此相向或相邻,两国中任何一国在彼此没有相反协议的情形下,均无权将其领海伸延至一条其每一点都同测算两国中每一国领海宽度的基线上最近各点距离相等的中间线以外。但如因历史性所有权或其他特殊情况而有必要按照与上述规定不同的方法划定两国领海的界限,则不适用上述规定。

(二)领海的无害通过

在《公约》的限制下,所有国家,不论是沿海国或内陆国,其船舶均享有无害通过领海的权利。通过是指为了穿过领海但不进入内水或停靠内水以外的泊船处或港口设施;或驶往或驶出内水或停靠这种泊船处或港口设施通过领海的航行。通过应继续不停和迅速进行。通过包括停船和下锚在内,但以通常航行所附带发生的或由于不可抗力或遇难所必要的或为救助遇险或遭难的人员、船舶或飞机的目的为限。

通过只要不损害沿海国的和平、良好秩序或安全,就是无害的。这种通过的进行应符合《公约》和其他国际法规则。不得进行下列任何一种活动:任何武力威胁或使用武力;武器操练或演习;情报搜集;影响沿海国防务或安全的宣传行为;在船上起落、接载飞机或军事装置；违反沿海国海关、财政、移民或卫生的法律和规章，上下任何商品、货币或人员；故意、严重的污染行为；捕鱼活动；研究或测量活动；干扰沿海国任何通讯系统或任何其他设施或设备的行为以及与通过没有直接关系的任何其他活动。

在领海内，潜水艇和其他潜水器，须在海面上航行并展示其旗帜。

（三）沿海国关于无害通过的权利和义务

沿海国可依《公约》规定和其他国际法规则，对于航行安全及海上交通管理；保护助航设备和设施以及其他设施或设备；保护电缆和管道；养护海洋生物资源；防止违犯沿海国的渔业法律和规章；保全沿海国的环境，并防止、减少和控制该环境受污染；海洋科学研究和水文测量；防止违犯沿海国的海关、财政、移民或卫生的法律和规章制定关于无害通过领海的法律和规章。

考虑到航行安全认为必要时，沿海国可要求行使无害通过其领海权利的外国船舶使用其为管制船舶通过而指定或规定的海道和分道通航制。特别是沿海国可要求油轮、核动力船舶或载运核物质或材料或其他本质上危险或有毒物质或材料的船舶只在上述海道通过。外国核动力船舶和载运核物质或其他本质上危险或有毒物质的船舶，在行使无害通过领海的权利时，应持有国际协定为这种船舶所规定的证书并遵守国际协定所规定的特别预防措施。

沿海国可在其领海内采取必要的步骤以防止非无害的通过。在船舶驶往内水或停靠内水外的港口设备的情形下，沿海国也有权采取必要的步骤，以防止对准许这种船舶驶往内水或停靠港口的条件的任何破坏。如为保护国家安全包括武器演习在内而有必要，沿海国可在对外国船舶之间在形式上或事实上不加歧视的条件下，在其领海的特定区域内暂时停止外国船舶的无害通过。

沿海国可对通过领海的外国船舶，仅可作为对该船舶提供特定服务的报酬而征收费用。

若罪行的后果及于沿海国；罪行扰乱当地安宁或领海的良好秩序的性质；经船长或船旗国外交代表或领事官员请求地方当局予以协助；或为取缔违法贩运麻醉药品或精神调理物质所必要的，沿海国可以在通过领海的外国船舶上行使刑事管辖权。其他情形则不应行使该项权利。

沿海国可以按照其法律为任何民事诉讼的目的而对在领海内停泊或驶离内水后通过领海的外国船舶从事执行或加以逮捕的权利。其他情形则不应行使民事管辖权。

《公约》对于军舰和其他用于非商业目的的政府船舶是否具有无害通过权没有明文规定。但是规定了如果任何军舰不遵守沿海国关于通过领海的法律和规章，而且不顾沿海国向其提出遵守法律和规章的任何要求，沿海国可要求该军舰立即离开领海。对于军舰或其他用于非商业目的的政府船舶不遵守沿海国有关通过领海的法律和规章或不遵守本公约的规定或其他国际法规则，而使沿海国遭受的任何损失或损害，船旗国应负国际责任。

沿海国不应妨碍外国船舶无害通过领海，并应将其所知的在其领海内对航行有危险的任何情况妥为公布。

(四)毗连区

毗连区是为了保护沿海国的某些利益而设置的，它不是沿海国领土的组成部分。沿海国可在毗连其领海称为毗连区的区域内，为防止在其领土或领海内违犯其海关、财政、移民或卫生的法律和规章行使必要的管制，惩治在其领土或领海内违犯上述法律和规章的行为。毗连区从测算领海宽度的基线量起，不超过 24 海里。实际上，除去12 海里宽度的领海，毗连区只有不超过 12 海里的范围。

二、用于国际航行的海峡

用于国际航行海峡的通过制度，不应在其他方面影响构成这种海峡的水域的法律地位，或影响海峡沿岸国对这种水域及其上空、海床和底土行使其主权或管辖权。海峡沿岸国的主权或管辖权的行使受《公约》和其他国际法规则的限制。

用于国际航行海峡有两种通过制度。

过境通行是指专在为公海或专属经济区的一个部分和公海或专属经济区的另一部分之间的海峡继续不停和迅速过境的目的而行使航行和飞越自由。所有船舶和飞机均享有过境通行的权利。但是也需要履行在过境通行时的义务：船舶和飞机在行使过境通行权时应毫不迟延地通过或飞越海峡；不对海峡沿岸国的主权、领土完整或政治独立进行任何武力威胁或使用武力，或以任何其他违反《联合国宪章》所体现的国际法原则的方式进行武力威胁或使用武力；除因不可抗力或遇难而有必要外，不从事其继续不停和迅速过境的通常方式所附带发生的活动以外的任何活动。遵守一般接受的关于海上安全的国际规章、程序和惯例，包括《国际海上避碰规则》；遵守一般接受的关于防止、减少和控制来自船舶污染的国际规章、程序和惯例。遵守国际民用航空组织制定的适用于民用飞机的《航空规则》；国有飞机通常应遵守这种安全措施，并在操作时随时适当顾及航行安全。随时监听国际上指定的空中交通管制主管机构所分配的无线电频率或有关国际呼救无线电频率。外国船舶，在过境通行时，非经海峡沿岸国事前准许，不得进行任何研究或测量活动。

海峡沿岸国可于必要时为海峡航行指定海道和规定分道通航制，以促进船舶的安全通过。可对航行安全和海上交通管理；防止、减少和控制污染；防止捕鱼；防止违反海峡沿岸国海关、财政、移民或卫生的法律和规章等方面制定关于通过海峡的过境通行的法律和规章。

海峡使用国和海峡沿岸国应对在海峡内建立并维持必要的助航和安全设备或帮助

国际航行的其他改进办法和防止、减少和控制来自船舶的污染通过协议进行合作。

海峡沿岸国不应妨碍过境通行，并应将其所知的海峡内或海峡上空对航行或飞越有危险的任何情况妥为公布。过境通行不应予以停止。

如果海峡是由海峡沿岸国的一个岛屿和该国大陆形成，而且该岛向海一面有在航行和水文特征方面同样方便的一条穿过公海或穿过专属经济区的航道，过境通行就不应适用。而适用无害通过制度。此外，在公海或专属经济区的一个部分和外国领海之间的海峡也适用于无害通过制度。

三、群岛国

（一）群岛国的基本概念

"群岛"是指一群岛屿，包括若干岛屿的若干部分、相连的水域和其他自然地形，彼此密切相关，以致这种岛屿、水域和其他自然地形在本质上构成一个地理、经济和政治的实体，或在历史上已被视为这种实体。全部由一个或多个群岛构成的国家可称为"群岛国"，群岛国还可包括其他岛屿。

群岛国可划定连接群岛最外缘各岛和各干礁的最外缘各点的直线群岛基线，但这种基线应包括主要的岛屿和一个区域，在该区域内，水域面积和包括环礁在内的陆地面积的比例应在1:1到9:1之间。基线的长度不应超过100海里。但围绕任何群岛的基线总数中至多3%可超过该长度，最长以125海里为限。这种基线的划定不应在任何明显的程度上偏离群岛的一般轮廓。除在低潮高地上筑有永久高于海平面的灯塔或类似设施，或者低潮高地全部或一部分与最近的岛屿的距离不超过领海的宽度外，不应以低潮高地为起讫点。

群岛国不应采用一种基线制度，致使另一国的领海同公海或专属经济区隔断。如果群岛国的群岛水域的一部分位于一个直接相邻国家的两个部分之间，该领国传统上在该水域内行使的现有权利和一切其他合法利益以及两国间协定所规定的一切权利，均应继续，并予以尊重。

领海、毗连区、专属经济区和大陆架的宽度，应从群岛基线量起。

群岛国的主权及于按照群岛基线所包围的水域（不论其深度或距离海岸的远近如何），称为群岛水域。此项主权及于群岛水域的上空、海床和底土，以及其中所包含的资源。群岛国可在群岛水域内用封闭线划定内水的界限。

（二）群岛海道通过权

群岛海道通过是指专为在公海或专属经济区的一部分和公海或专属经济区的另一部分之间继续不停、迅速和无障碍地过境的目的，行使正常方式的航行和飞越的权利。所有船舶和飞机均享有在这种海道和空中航道内的群岛海道通过权。

(三)群岛国的权利和义务

在不妨害群岛国主权的情形下,群岛国应尊重与其他国家间的现有协定,并应承认直接相邻国家在群岛水域范围内的某些区域内的传统捕鱼权利和其他合法活动。行使这种权利和进行这种活动的条款和条件,包括这种权利和活动的性质、范围和适用的区域,经任何有关国家要求,应由有关国家之间的双边协定予以规定。这种权利不应转让给第三国或其国民,或与第三国或其国民分享。

群岛国应尊重其他国家所铺设的通过其水域而不靠岸的现有海底电缆。群岛国于接到关于这种电缆的位置和修理或更换这种电缆的意图的适当通知后,应准许对其进行维修和更换。

如为保护国家安全所必要,群岛国可在对外国船舶之间在形式上或事实上不加歧视的条件下,暂时停止外国船舶在其群岛水域特定区域内的无害通过。这种停止仅应在正式公布后发生效力。

群岛国可指定适当的海道和其上的空中航道,以便外国船舶和飞机继续不停和迅速通过或飞越其群岛水域和邻接的领海。

群岛国根据群岛海道通过权指定海道时,为了使船舶安全通过这种海道内的狭窄水道,也可规定分道通航制。

群岛国可在需要时,经妥为公布后,以其他的海道或分道通航制替换任何其原先指定或规定的海道或分道通航制。

群岛国在指定或替换海道或在规定或替换分道通航制时,应向主管国际组织提出建议,以期得到采纳。该组织仅可采纳同群岛国议定的海道和分道通航制;在此以后,群岛国可对这些海道和分道通航制予以指定、规定或替换。

群岛国应在海图上清楚地标出其指定或规定的海道中心线和分道通航制,并应将该海图妥为公布。

船舶和飞机在通过、研究和测量活动时的义务,群岛国的义务以及群岛国关于群岛海道通过的法律和规章与用于国际航行的海峡相同。

四、专属经济区

(一)专属经济区的基本概念

专属经济区是领海以外并邻接领海的一个区域。专属经济区从测算领海宽度的基线量起,不应超过200海里。

(二)沿海国在专属经济区内的权利、管辖权和义务

(1)沿海国在专属经济区内有以勘探和开发、养护和管理海床上覆水域和海床及其

底土的自然资源(不论为生物或非生物资源)为目的的主权权利,以及关于在该区内从事经济性开发和勘探,如利用海水、海流和风力生产能等其他活动的主权权利。

(2)沿海国对人工岛屿、设施和结构的建造和使用;海洋科学研究;海洋环境的保护和保全具有管辖权。

(3)如果外国船舶在专属经济区内违反沿海国的法律法规时,沿海国具有登临、紧追、检查逮捕和进行司法程序的权利。

(4)沿海国对人工岛屿、设施和结构的建造和使用、海洋科学研究海洋环境的保护和保全行使管辖权。

(5)沿海国在专属经济区内根据本公约行使其权利和履行其义务时,应适当顾及其他国家的权利和义务,并应以符合本公约规定的方式行事。

(6)沿海国负有保全、养护和管理专属经济区内生物资源的义务,有防止、减少和控制专属经济区内环境污染的义务。

(二)其他国家在专属经济区内的权利和义务

在专属经济区内,所有国家,不论为沿海国或内陆国,在本公约有关规定的限制下,享有航行和飞越的自由,铺设海底电缆和管道的自由,以及与这些自由有关的海洋其他国际合法用途,诸如同船舶和飞机的操作及海底电缆和管道的使用有关的并符合本公约其他规定的那些用途。此外,《公约》第88～115条关于公海的一些规定以及其他国际法的有关规则,只要和专属经济区的规定不相抵触,也适用于专属经济区。同时,各国在专属经济区内根据本公约行使其权利和履行其义务时,应适当顾及沿海国的权利和义务,并应遵守沿海国按照本公约的规定和其他国际法规则所制定的与本部分不相抵触的法律和规章。

内陆国和地理不利国应有权在公平的基础上,参与开发同一分区域或区域的沿海国专属经济区的生物资源的适当剩余部分,同时要避免对沿海国的渔民社区或渔业造成不利影响。

五、大陆架

(一)大陆架的基本概念

沿海国的大陆架包括其领海以外依其陆地领土的全部自然延伸,扩展到大陆边外缘的海底区域的海床和底土,它不包括深洋洋底及其洋脊,也不包括其底土。如果从测算领海宽度的基线量起到大陆边的外缘的距离不到200海里,则扩展到200海里的距离。如果沿海国的大陆架超过了200海里,则确定大陆架外缘的方法为以最外各定点为准划定界线,每一定点上沉积岩厚度至少为从该点至大陆坡脚最短距离的1%或以离大陆坡脚的距离不超过60海里的各定点为准划定界线。划定的大陆架在海床上的外部界线各定点，不应超过从测算领海宽度的基线量起 350 海里，或不应超过连接 2500 米深度各点的 2500 米等深线 100 海里。

（二）沿海国对大陆架的权利

沿海国为勘探大陆架和开发其自然资源的目的，对大陆架行使主权权利。这种权利是专属性的，即：如果沿海国不勘探大陆架或开发其自然资源（包括海床和底土的矿物和其他非生物资源，以及属于定居种的生物，即在可捕捞阶段在海床上或海床下不能移动或其躯体须与海床或底土保持接触才能移动的生物），任何人未经沿海国明示同意，均不得从事这种活动。沿海国对大陆架的权利并不取决于有效或象征的占领或任何明文公告。

沿海国对大陆架上的人工岛屿、设施和结构的建造和使用；海洋科学研究；海洋环境的保护和保全具有管辖权。沿海国有授权和管理为一切目的在大陆架上进行钻探的专属权利。沿海国开凿隧道以开发底土的权利，不论底土上水域的深度如何。沿海国对从测算领海宽度的基线量起 200 海里以外的大陆架上的非生物资源的开发，应缴付费用或实物。

（三）上覆水域和上空的法律地位以及其他国家的权利和自由

大陆架不是沿海国领土的组成部分，沿海国对大陆架的权利不影响上覆水域或水域上空的法律地位。沿海国对大陆架权利的行使，不得对航行和本公约规定的其他国家的其他权利和自由有所侵害，或造成不当的干扰。

所有国家都有在大陆架上铺设海底电缆和管道的权利。在大陆架上铺设这种管道，其路线的划定须经沿海国同意。沿海国除为了勘探大陆架，开发其自然资源和防止、减少和控制管道造成的污染有权采取合理措施外，对于铺设或维持这种海底电缆或管道不得加以阻碍。铺设海底电缆和管道时，各国应适当顾及已经铺设的电缆和管道。

六、公海

公海指的是不包括在国家的专属经济区、领海或内水或群岛国的群岛水域内的全部海域。公海应只用于和平目的，对所有国家开放，不论其为沿海国或内陆国。任何国家不得有效地声称将公海的任何部分置于其主权之下。

（一）公海自由

公海自由包括：航行自由；飞越自由；铺设海底电缆和管道的自由；建造国际法所容许的人工岛屿和其他设施的自由；捕鱼自由；科学研究的自由。这些自由应由所有国家行使，但须适当顾及其他国家行使公海自由的利益，并受到《公约》的制约。

(二)航行权

每个国家,不论是沿海国或内陆国,均有权在公海上行驶悬挂其旗帜的船舶。每个国家应确定对船舶给予国籍、船舶在其领土内登记及船舶悬挂该国旗帜的条件并颁发给予该权利的文件。船舶具有其有权悬挂的旗帜所属国家的国籍。国家和船舶之间必须有真正联系。

船舶航行应仅悬挂一国的旗帜,而且除国际条约或本公约明文规定的例外情形外,在公海上应受该国的专属管辖。除所有权确实转移或变更登记的情形外,船舶在航程中或在停泊港内不得更换其旗帜。悬挂两国或两国以上旗帜航行并视方便而换用旗帜的船舶,对任何其他国家不得主张其中的任一国籍,并可视同无国籍的船舶。每个国家应对悬挂该国旗帜的船舶有效地行使行政、技术及社会事项上的管辖和控制。并且采取为保证海上安全所必要的措施。

一个国家有明确理由相信对某一船舶未行使适当的管辖和管制,可将这项事实通知船旗国。船旗国接到通知后,应对这一事项进行调查,并于适当时采取任何必要行动,以补救这种情况。每一国家对于涉及悬挂该国旗帜的船舶在公海上因海难或航行事故对另一国国民造成死亡或严重伤害,或对另一国的船舶或设施或海洋环境造成严重损害的每一事件,都应由适当的合格人士一人或数人或在有这种人士在场的情况下进行调查。对于该另一国就任何这种海难或航行事故进行的任何调查,船旗国应与该另一国合作。

(三)各国的一般性权利和义务

军舰在公海上有不受船旗国以外任何其他国家管辖的完全豁免权。由一国所有或经营并专用于政府非商业性服务的船舶,在公海上应有不受船旗国以外任何其他国家管辖的完全豁免权。船舶在公海上碰撞或任何其他航行事故的刑事管辖权属于船旗国。

每个国家应责成悬挂该国旗帜航行的船舶的船长,在不严重危及其船舶、船员或乘客的情况下对需要救助的人和船舶采取救助行动。

所有国家均有权在大陆架以外的公海海底上铺设海底电缆和管道。同时也有义务防止海底电缆或管道的破坏或损害。

所有国家均有权由其国民在公海上捕鱼,同时各国有为其国民采取养护公海生物资源措施、在养护和管理生物资源方面的合作、养护和管理公海的海洋哺乳动物的义务。

(四)登临权

对于禁止贩运奴隶、合作制止海盗行为、制止麻醉药品或精神调理物质的非法贩运、制止从专属经济区从事未经许可的广播所有国家具有普遍义务和管辖权。如遇到此类船舶，军舰、军用飞机以及正式授权并清楚标志可以识别的为政府服务的船舶和飞机，有权在公海上行使登临权。

沿海国主管当局有充分理由认为外国船舶违反该国法律和规章时，可对该外国船舶进行紧追。紧追权只可由军舰、军用飞机或其他有清楚标志可以识别的为政府服务并经授权紧追的船舶或飞机行使。只有在外国船舶或其小艇之一在追逐国的内水、群岛水域、领海或毗连区内时开始，而且只有追逐未曾中断，才可在领海或毗连区外继续进行。如果外国船舶是在沿海国的毗连区内，追逐只有在设立该区所保护的权利遭到侵犯的情形下才可进行。对于在专属经济区内或大陆架上，包括大陆架上设施周围的安全地带内，违反沿海国按照《公约》适用于专属经济区或大陆架包括这种安全地带的法律和规章的行为，应比照适用紧追权。追逐只有在外国船舶视听所及的距离内发出视觉的停驶信号后才可开始。在被追逐的船舶进入其本国领海或第三国领海时立即终止。

七、其他基本法律制度

（一）岛屿制度

岛屿是四面环水并在高潮时高于水面的自然形成的陆地区域。岛屿的领海、毗连区、专属经济区和大陆架应按照《公约》适用于其他陆地领土的规定加以确定。不能维持人类居住或其本身的经济生活的岩礁，不应有专属经济区或大陆架。

（二）闭海或半闭海

"闭海或半闭海"是指两个或两个以上国家所环绕并由一个狭窄的出口连接到另一个海或洋，或全部或主要由两个或两个以上沿海国的领海和专属经济区构成的海湾、海盆或海域。

闭海或半闭海沿岸国在行使和履行本公约所规定的权利和义务时应互相合作。为此目的，这些国家应尽力直接或通过适当区域组织：协调海洋生物资源的管理、养护、勘探和开发；协调行使和履行其在保护和保全海洋环境方面的权利和义务；协调其科学研究政策，并在适当情形下在该地区进行联合的科学研究方案；在适当情形下，邀请其他有关国家或国际组织与其合作以推行协调合作。

（三）内陆国出入海洋的权利和过境自由

为行使《公约》所规定的各项权利，包括行使与公海自由和人类共同继承财产有关的权利的目的，内陆国应有权出入海洋。为此目的，内陆国应享有利用一切运输工具通过过境国领土的过境自由。行使过境自由的条件和方式，应由内陆国和有关过境国通过双边、分区域或区域协定予以议定。过境国在对其领土行使完全主权时，应有权采取一切必要措施，以确保本部分为内陆国所规定的各项权利和便利绝不侵害其合法利益。过境运输应无须缴纳任何关税、税捐或其他费用，但为此类运输提供特定服务而征收的费用除外。对于过境运输工具和其他为内陆国提供并由其使用的便利，不应征收高于使用过境国运输工具所缴纳的税捐或费用。过境国应采取一切适当措施避免过境运输发生迟延或其他技术性困难。

(四)区域

"区域"是指国家管辖范围以外的海床和洋底及其底土。"区域"及其资源是人类的共同继承财产。

"区域"内活动应依本部分的明确规定为全人类的利益而进行，不论各国的地理位置如何，也不论是沿海国或内陆国，并特别考虑发展中国家和尚未取得完全独立或联合国按照其大会第1514(ⅩⅤ)号决议和其他有关大会决议所承认的其他自治地位的人民的利益和需要。"区域"应开放给所有国家，不论是沿海国或内陆国，专为和平目的利用，不加歧视。

此外，《公约》还规定：各国有保护和保全海洋环境的义务；开发其自然资源的主权权利；防止、减少和控制海洋环境污染的权利和义务；进行海洋科学研究的权利；各国拥有海洋技术发展和转让的合法权益；在发生争端时用和平的方法解决争端的义务。《公约》还通过附件补充了该法律过程适用所需要的条款。

第三节 《联合国海洋法公约》评价

一、《公约》的创新

(一)明确了领海、毗连区、专属经济区和大陆架的范围及法律地位

《公约》首次明确了领海、毗连区、专属经济区和大陆架的范围及其法律地位。第一次承认和肯定了并且明确了国家的管辖海域范围，结束了对领海、毗连区等范围争议的历史。

18世纪产生的国际海洋法律制度规定的领海范围为"大炮射程范围"，只有3海里，《公约》将领海范围增加为12海里，扩大了3倍之多。也结束了200多年来国际法上没有关于领海宽度的统一规则的历史。《公约》中还规定了领海的法律地位，即沿海国对其领海享有绝对的主权权利；规定了领海的界限和领海内他国的无害通过权。

《公约》还规定了毗连区制度、专属经济区和大陆架制度并规定了其范围，更是扩大了沿海国的管辖范围。其专属经济区是公约确立的最具有突破性的新制度，打破了

领海之外即是公海的传统国际法概念。沿海国不仅享有对领海内海域及其资源的主权权利，还对毗连区、专属经济区和大陆架内的资源享有主权权利。事实上，世界海洋面积的 1/3 都划归了沿海国管辖。这也是《公约》被称之为建立了一个新的国际海洋秩序的原因。

（二）确立了国际海底及其资源为人类共同继承财产

《公约》生效一改往日一个或几个国家独占全球海洋资源的形势，使各缔约国均能平等地享受全球海洋资源带来的利益，这符合世界各国的一致利益，给我国等发展中国家更是带来了福音。《公约》中最为重要的创举之一就是首次清楚地规定，国际海底区域及区域内的资源为全人类共同所有。《公约》确认了国际海底及其资源是人类共同继承财产的原则，不允许任何国家和个人以任何方式将国际海底区域及其中的资源据为己有。国际海底及其资源由国际海底管理局按平行开发制进行管理。该规定意味着过去海洋大国尤其是发达国家利用其技术优势和经济上的优越条件，对深海底资源进行随意开发和自由勘探是不符合国际法的。此项规定也因为触犯了发达国家的既得权益而在《公约》签订过程中遭到了发达国家的一致反对，而后，《公约》中也就此部分订立了补充协定。此外，《公约》规定大陆架法律制度建构的基本原则为自然延伸原则，根据自然延伸原则，在专属经济区和大陆架内，沿海国就延伸的大陆架内的自然资源享有专有权利，并拥有管辖污染和进行科学考察等活动的权利。《公约》的规定总体上满足了广大发展中国家平等进行国际海洋活动和平等参与国际海洋事务的要求，能更好地维护广大发展中国家的权益。

（三）规定了缔约国争端解决的制度

《公约》中规定了包括调节、国际海洋法法庭、仲裁等制度在内的完整的争端解决程序，其主要分布在第十五部分、第十一部分及几个附件中。这是一套复杂而完整的争端解决程序，它是在吸收了和平解决争端和调解制度的经验基础上，对部分内容进行的创新。《公约》明文禁止了对争端解决的规定作出保留，要求缔约国在批准、加入、接受《公约》的同时必须接受《公约》规定的争端解决程序，从而使得该套争端解决程序适用极为广泛。《公约》还创设了国际海洋法法庭，对《公约》争端的解决机制进行了体制上的创新。

对于解决缔约国争端的程序，《公约》先提供了可供选择的几种先行方法，首先争端各方有权选择符合《联合国宪章》规定的解决海洋法争端的和平方法自行解决争端；缔约国之间也可以通过订立协定的方式自行解决争端；双方还可以将争端问题提交调解程序，对争议进行调解；在以上方式均不能对争端进行有效解决的情况下，即可诉诸以下机构进行解决：国际海洋法庭、国际法院、仲裁法庭、特殊仲裁法庭。任意争端双方均可提出申请，提出申请后，争端就可被提交上述法律机构。经有管辖权的法律机构作出裁决，即对争端国发生法律效力。

《公约》规定了争端解决机制管辖权的限制和例外。对于海域划界争端、涉及历史性海湾或所有权的争端，军事活动的争端以及正由联合国安全理事会执行《联合国宪章》所赋予的职务的争端等，都可以不适用公约的争端解决机制。

二、《公约》的局限

《公约》毕竟是世界各国主张折中、妥协的产物，尤其是许多条款的不具体性以及未作明确规定的问题，都使得诸多矛盾与分歧依然存在，甚至某些矛盾还随着《公约》的生效而日益凸显，并产生了一定的负面效应。沿海国管辖权利扩大与海洋大国公海自由的矛盾，这些矛盾更体现在专属经济区的划界上，各国围绕海洋划界原则按照自身利益各取所需的矛盾，沿海国安全、经济权利与海洋大国航行自由利益之间的矛盾，人类共同继承财产与海洋大国经济利益之间的矛盾，理解与界定海洋和平利用与军事利用的矛盾等都不断凸显。

（一）未明确规定历史性权利的内涵

《公约》在海湾制度和相邻或相向国家间领海划界的问题上均提及了"历史性"一词。《公约》在第 10 条"海湾"中规定了海湾的标准、测算面积的方法及何种情况下构成沿海国的内水水域，但第 6 款中指出"上述规定不适用于所谓'历史性'海湾"，即"历史性海湾"可以排除《公约》中对海湾制度的限制性规定。《公约》在划分领海的"中间线原则"中提到，"海岸彼此相向或相邻的两国，在未经协商的情况下，任何一国均不能将其领海延伸至一条其每一点都同测算两国中每一国领海宽度的基线上最近各点距离相等的中间线以外。但如因历史性或其他特殊情况而有必要按照与上述规定不同的方法划定两国领海的界限，则不能适用上述所有权规定"。

上述各条款均规定了"历史性水域"或"历史性海湾"享有的各种排除公约规定适用的权利，但并未对"历史性权利"给出明确的界定，这就导致实际中难免出现主张历史性权利的国家认可其所享有的历史性权利而相关利益国家反对的情形。

历史性权利主张存在的意义就是为不按照自然地理位置来确立国家管辖海域、且持续对某些地区行使主权权利的部分沿海国构建了一个例外和排除《公约》适用的规则。虽然当前历史性权利的具体标准仍然没有明确的规定，但实践中，一些国家在周边海域存在争议时，已出现了主张在争议海域内的历史性权利以获得争议中的有利地位的情形，如俄罗斯对北极东北航道提出了历史性权利的主张，菲律宾也声称对南海部分群岛享有历史性权利，实践中部分国际司法实例也默认或者支持了历史性权利和历史性水域的主张。推动填补完善《公约》对历史性权利规定的空白，具有很强的现实意义。

（二）岛屿与岩礁制度规定不明确

《公约》第 121 条对"岛屿"做了界定："岛屿是四面环水并在海水高潮时高于水面的自然形成的陆地区域"，同时规定"岛屿应参照其他陆地领土一样拥有领海、毗连区、专属经济区和大陆架，并按照陆地领土的规定加以确定"，但不能维持人类居住或其本身的经济生活的岩礁则不拥有同陆地领土一样的专属经济区或大陆架。然而，"维持人类居住或其本身的经济生活"的标准是什么，《公约》没有进一步规定，这在实践中已产生了诸多理解差异，造成了具体适用上的分歧。

以中日争议礁石"冲之鸟礁"为例，日本政府一直以来都将该岩礁视为"岛"，并以此冲之鸟礁为依据主张 47 万 km^2 的专属经济区和约 25.5 万 km^2 的外大陆架，欲通过围礁造岛、筑垒混凝土墙等手段，妄图使这个不足 $10m^2$ 的岩礁成为人工"岛"。我国一直坚定认为冲之鸟是岩礁而不是岛屿，冲之鸟礁既不能供人类居住，更无法维持人类正常经济生活必需的条件，"冲之鸟"是岩礁而不是岛屿，不能主张其拥有专属经济区和大陆架。2012 年 5 月 15 日，联合国大陆架委员会也未认可日本以"冲之鸟礁"申请大陆架主张。

总之，由于《公约》第 121 条规定很模糊，也没有任何有关该条内容的进一步解释，导致了各国在援引该条款提出主张时多存在差异。各国向大陆架界限委员会提交的划界案，意图使某些岩礁化身岛屿，使得《公约》对岛屿和岩礁规定的解释和适用更加不明确。明确规定岛屿与岩礁之间的界限，确立"维持人类居住"的标准，与国际海域划界和岛屿主权争端的解决密切相关，对《公约》的完善与发展也有重要意义。

（三）对群岛制度的适用问题规定模糊

《公约》中规定了群岛和群岛国的概念，并对群岛国划定的群岛水域做出了规定。群岛国作为由群岛构成的国家，可以依据群岛基线方法划定其水域，称为群岛水域。群岛国的领海、毗连区、专属经济区和大陆架的划界，以群岛基线开始按照规定海里数进行确定。而《公约》中并未对陆地领土较大的沿海国家所拥有的远离大陆的群岛能否适用群岛制度做出明确规定，例如我国的南沙群岛是否能够同印度尼西亚一样适用于《公约》规定的群岛制度就存在广泛争议。这关系到《公约》中群岛制度的完善问题，也与我国在南海的岛屿主权利益息息相关。这一问题也在第三次联合国海洋法会议上进行了激烈的讨论。中国、印度等国家认为群岛制度可以适用于拥有远洋群岛的大陆国家，但以菲律宾、印度尼西亚为代表的群岛国则表示反对，认为只有单纯由岛屿组成的国家，才能适用《公约》对群岛的划界原则划定其领海或专属经济区。

（四）专属经济区内能否从事军事活动问题界定不明确

《公约》规定的"专属经济区"制度是其一大亮点。规定中罗列了在专属经济区内沿海国和其他国家分别享有的权利和义务，由于其必然不可能涵盖在专属经济区内进行的所有活动，因此，随着国际海洋局势的发展，《公约》体制下专属经济区内出现的新问题就缺乏统一认识。

《公约》规定了各国在专属经济区内享有的权利，所有国家均可自由航行和飞越，享有铺设海底电缆和管道的自由权，以及符合国际法要求的其他相关的开发利用海洋的合法用途。然而，《公约》对专属经济区的"自由"规定不清，"自由"与"限制""国际合法用途"到底如何理解，缺乏统一的标准。《公约》规定，任何国家，无论沿海国或内陆国，均享有在某国专属经济区内航行和飞越的自由。但同时又规定，沿海国有权制定与《公约》条款不相违背的法律供其他国家遵守。《公约》中还规定了沿海国在专属经济区内行驶权利和履行义务时，应当适当顾及其他国家。而实践中，沿海国为了维护本国利益，就个别问题单独的规定与《公约》的规定不一致时，就会产生很多纠纷。

《公约》多处提到"和平"一词，但"和平利用""和平目的"应当如何理解，实践中很难达成一致。能否在其他国家的专属经济区内进行为"和平目的"的军事活动，一直是《公约》有争议的问题之一，各国在批准或者加入《公约》时，也表达了不同的意见。例如，意大利于1995年批准《公约》时未对他国在专属经济区内进行军事活动进行保留，而巴西批准《公约》时，则表达了相反的立场，就该问题声明进行保留。

《公约》规定的不明确使得实践中时常发生某国在沿海国家专属经济区内进行军事活动时，引发沿海国的反对，进而导致纠纷甚至冲突的情况。而对于解决专属经济区内权利和管辖权归属的冲突《公约》也只做了原则性的规定：冲突应当在充分认识相关情况的基础上，基于公平考虑，根据各方利益的权衡和对于整个国际社会的重要程度，综合考量以便得以解决。这就使得在专属经济区内因为军事活动引发纠纷，无法根据《公约》得到公正、有效的处理。

(五)海盗问题规定范围过于狭窄

《公约》第101条规定了海盗行为的概念：私人船舶、飞机上的人员为了非公共性的目的，在公海上对其他船舶、飞机上的人或财物，或对船舶、飞机本身进行的非法的暴力或扣留行为或掠夺行为，以及明知上述事宜而参加、帮助或者教唆其进行活动的行为。由此可以看出，海盗行为地点只能是在公海上，主观上要为了私人目的，客观上要求有非法的暴力、扣留或掠夺行为，必须使用私人的船舶或飞机，这是构成海盗行为的四个要素。这四个要素使得"海盗行为"的范围局限于"私人性"，对打击海盗的有效性产生了一些影响。对于某些利用《公约》中规定非法的暴力、扣留或掠夺行为是海盗行为的基本特征，《公约》中未对窃取行为或者以暴力相威胁的行为做出规定，而近些年来出现了众多在没有使用暴力，甚至未被船员发现或只是以暴力相威胁的情况下实施的，如偷窃船舶运载的货物或者船员的贴身财物、偷窃船舶的设备和零件甚至偷窃船只本身，这些行为因为不符合《公约》规定的"非法的暴力、扣留或掠夺行为"，就无法认定其海盗行为。

"索马里海盗"自2010年以来，先后在亚丁湾、索马里海域、非洲东部海域、印度洋和印度洋北部的阿拉伯海域进行武装海盗袭击，劫持各类船只，不断加码索要赎金，肆无忌惮地危害海上航行财产和船员人身的安全。这些海盗并非都是为了私人目的，他们乐意造成国际影响，是传统海盗和国际恐怖主义的结合体。这些随着国际局势的日渐变化，出现的以进行海上恐怖主义活动为目的的部分海盗行为通常是为了达到一定的政治目的，借助在海上航行的条件，进行海上恐怖主义活动，劫持船只或者船员，给海上航行安全及船员的人身权利带来了极大的威胁。由于《公约》中对海盗行为的定义仅仅限于私人目的，因此对于此类《公约》规定之外的海盗行为规范就有待商榷。

（六）海岸相向或相邻国家间海域的划界规定模糊

《公约》十分抽象和模糊地规定了海岸相向或相邻国家间海域划界应遵循的原则。《公约》规定海岸相向或相邻国家间进行专属经济区划界时，应当本着互惠互利的原则共同协商确定，以便获得双方互赢的解决方案。各国应当在达成协议以前，互相理解并促进互惠合作，尽一切努力做出不妨害最后界限划定和协议达成的临时安排。《公约》仅提供了最原则、最基本的规定，这就导致各国对海洋划界原则的理解和适用产生巨大分歧，因此很多具体问题和争端则需要相关国家通过协商谈判解决。《公约》中这样的规定使各国对海岸相向或者相邻国家在具体划界的过程中多存在不同意见，为之后具体应用和遵守《公约》规定的国家之间的矛盾和冲突埋下了伏笔。缔结《公约》的立法本意可谓美好而善良，其初衷意在促进人类对海洋资源的开发和利用，为人类的生存和发展提供更为广阔的空间。通过赋予各沿海国领海、毗连区、专属经济区和大陆架内的海洋管辖权利和非沿海国在专属经济区和大陆架内享有的科研开发、铺设管道等权利激发各国对海洋开发和维护的热情，进而维护国际海洋秩序。但《公约》将国家间的海域边界仅仅用几条严格的断续线来区分，使得《公约》生效后在实践中争议不断，相邻和相向的沿海国家在权利主张重叠的情况下，各国为了自己的国家利益寸步不让，引发了各国之间争相主张和扩张海洋管辖区域的热潮，加剧了国际海洋划界争端，其建立良好有序的国际海洋秩序初衷也难以实现。依据《公约》，从领海基线起，沿海国拥有12海里领海、24海里毗连区、200海里专属经济区以及最多可以延伸至350海里的大陆架，且岛屿拥有与大陆一样的权利，可以以岛屿为中心划定宽度为12海里的领海和200海里的专属经济区以及可多至350海里的大陆架。若拥有这样大面积的海域及其附带的海洋资源，不论是国家主权利益还是海洋资源带来的经济利益都非常可观。这一规定直接导致了世界各沿海国家争先恐后地提出各种关于专属经济区和大陆架的划界主张，而相邻或相向的沿海国家之间海域面积不能同时满足两国主张时，就引发了国际海洋划界矛盾乃至冲突。以我国周边的亚洲国家为例，日俄、日韩在日本海有争议，越南、马来西亚和我国在南海海域存在争议，泰国同马来西亚和越南在泰国湾海域争议不断等。以我国周边海域为例，因为我国国土面积巨大，同渤海、黄海、东海、南海相邻，除被我国陆地领土包围的渤海尚无海洋主权争议外，其余三个海域均存在海洋主权争议。在东海，我国与韩国、日本存有纠纷。既包括《公约》生效后因《公约》而发生的 200 海里专属经济区的划界问题，也包括历史遗留下来的东海大陆架划界和钓鱼岛归属之争。在南海问题上，我国大陆、我国台湾省、菲律宾、马来西亚、文莱、越南和印度尼西亚 6 国 7 方直接卷入了对南海海域划界的争端。由于南海海域被探明蕴藏着丰富的油气资源，一些主权属于我国的岛礁，早在 20 世纪 60 年代末就开始被一些国家非法抢占至今。近年来，越南、马来西亚、菲律宾、文莱等国为了长期占据我国的南海诸岛，采取了各种策略和手段以维护在南海的既得利益，甚至企图通过加强同美国等大国政治上和军事上的合作来对抗我国。

第四章　主要国家海洋政策

第一节　美国的海洋政策

美国是当今世界一流的海洋强国，这与美国政府高度重视海洋事业密不可分。1970 年，美国成立了主管海洋事务的政府机构——美国海洋与大气局，此后，各届政府都把海洋事务列入国家的重要议事日程。2000 年，出台《海洋法案》；2001 年，根据《海洋法案》成立了美国海洋政策委员会，负责研究海洋综合政策并就海洋工作问题向政府提出了建议；2004 年 9 月，美国海洋政策委员会向总统和国会提交了题为《21 世纪海洋蓝图》的政策建议；同年，美国政府根据建议，出台了《美国海洋行动计划》，并成立内阁层次的海洋政策委员会。奥巴马上台以后，成立部际间海洋政策特别工作组，专门研究美国海洋政策与管理工作。2010 年 7 月，奥巴马签署总统行政令，出台美国海洋管理政策，同时宣布接受并同意部际间海洋政策特别工作组提出的关于加强美国海洋工作的一系列建议。

除海洋管理政策外，海洋安全战略和海洋防务战略，也是美国海洋政策的重要组成部分。2004 年 12 月，美国总统乔治·布什指示国防部和国土安全部牵头组织美国政府各有关部门编制美国安全战略。2005 年 9 月正式出台《美国海洋安全战略》。2007 年 10 月，美国三支海上力量，即海军、海军陆战队和海岸警卫队，联合发布美国《21 世纪海上力量合作战略》。

发展海洋科技，是美国加强海洋管理、开发与保护海洋资源和维护美国在全球利益的重要举措。2007 年 1 月，美国国家科学技术委员会海洋科技联合分委员会发布《规划美国未来十年海洋科学事业：海洋研究优先设计与实施战略》，提出了从 2007 年起以后十年的海洋科技规划。

一、奥巴马政府的海洋管理政策

（一）2010 年奥巴马海洋管理行政令

2010 年 7 月 19 日，美国政府发布奥巴马总统《关于海洋、海岸与大湖区管理的行政令》。主要内容有以下几方面。

1. 宣布出台国家海洋管理政策

批准海洋政策特别工作组的海洋政策建议，正式出台国家海洋政策，以"确保海洋、海岸与大湖区的生态系统和资源的健康得到有效保护、保持与恢复，提高海洋与近海经济的可持续性，保护美国海洋遗产，支持对海洋进行可持续利用，推进适应性管理，加深对气候变化和海洋酸化的认识与提高应对能力，并协调海洋工作与国家安全及外交政策之间的关系"。

2. 成立国家海洋委员会

(1)委员会组成：

①环境质量委员会主席和科技政策办公室主任(任联合主席)；

②国务卿、国防部部长、内务部部长、农业部部长、医疗与社会服务部部长、商务部部长、劳工部部长、运输部部长、能源部部长、国土安全部部长、司法部部长、环境保护署署长、管理与预算办公室主任、负责海洋与大气事务的商务部副部长(国家海洋与大气局局长)、国家航天与航空局局长、国家情报局局长、国家科学基金会主任和参谋长联席会议主席；

③国家安全顾问和负责国土安全与反恐、国内政策、能源与气候变化和经济政策的总统助理；

④由一位副总统任命的一位联邦政府雇员；

⑤担任该委员会副主席的联邦政府其他官员或雇员(不定期任命)。

(2)国家海洋委员会的职责：

①委员会的组织结构和职责将按海洋政策特别工作小组"最终建议"确定，并按"最终建议"提出的方式开展工作；

②为了落实行政令第二部分提出的政策，在不违反适用法律的前提下，委员会应为政府有关各部、局或办公室提供适当的指导，以确保各机构做出的涉及海洋、海岸与大湖区的决策和采取的行动符合"最终建议"提出的管理原则和国家优先目标。

(3)委员会各成员单位的职责：

①根据适用法律，落实行政令第二部分提出的政策，贯彻"最终建议"确定的管理原则，推进国家优先目标和落实委员会的指导意见；参加近海与海洋空间规划工作，服从委员会核准的近海与海洋空间计划；

②编写年度报告并公开发表；

③采取措施调配和提供资源，建立信息共享管理系统；

④在法律允许的范围内向委员会提供所需信息、支持与帮助。

(4)成立国家海洋委员会管理协调委员会：国家海洋委员会将成立管理协调委员会，由18位委员组成，分别来自各州、部族和地方政府。

(5)成立地区咨询委员会：未制订和实施地区沿海与海洋空间计划，各地区海洋空间规划机构可成立咨询委员会。

(二)美国《国家海洋政策》

美国出台新的国家海洋政策的宗旨是：确保海洋、海岸与大湖区的生态系统和资源的健康得到有效保护、保持与恢复，提高海洋与近海经济的可持续性，保护美国海洋遗产，支持对海洋进行可持续利用，推进适应性管理，加深对气候变化和海洋酸化的认识与提高应对能力，并协调海洋工作与国家安全及外交政策之间的关系。内容包括以下几个方面。

1. 明确海洋、海岸和大湖区管理国家政策

(1)保护、保持和恢复海洋、沿海和大湖区的生态系统与资源的健康及生物多样性；

(2)提高海洋、海岸和大湖区的生态系统、社会和经济对环境变化的适应与应对能力；

(3)采用有利于增进海洋、沿海和大湖区生态系统健康的方式，加强对土地的保护和可持续利用；

(4)以可用的最佳科学知识作为制定海洋、沿海和大湖区明智决策的依据，提高人类认知、适应和应对全球环境变化的能力；

(5)支持对海洋、沿海和大湖区实行的可持续的、安全的和高生产力的开发利用；

(6)珍惜和保护美国的海洋遗产，包括遗产的社会、文化、娱乐和历史价值；

(7)根据适用的国际法行使权利和管辖权，履行义务，包括遵守和维护对全球经济、国际和平至关重要的航行权和航行自由；

(8)加深对作为全球大气、陆地、冰川和水资源等全球互相联系的系统组成部分的海洋、沿海和大湖区生态系统的科学认识，其中包括对这些生态系统与人类及人类活动之间关系的认识；

(9)增进对于不断变化的环境条件、变化趋势及其根源的认识，加深对人类在海洋、沿海和大湖区水域进行的各类活动的了解和认识；

(10)提高公众对海洋、沿海和大湖区价值的认识，为更好地开展管理工作奠定基础。

2. 完善政策协调机制

(1)确保建立海洋、沿海和大湖区管理的广泛合作框架，以利于联邦政府各部门的一致行动以及州、部族和地方当局、区域管理机构、非政府组织、公众和私营部门的参与；

(2)在国际范围内进行合作并发挥领导作用；

(3)继续促使美国加入《公约》；

(4)以财政负责的方式支持海洋管理。

3. 优先行动领域

(1)以生态系统为基础的管理：采取以生态系统为基础的管理，作为海洋、沿海和大湖区综合管理的基本原则。

(2)沿海和海洋空间规划：在美国实行全面和综合的以生态系统为基础的沿海与空间规划和管理。

(3)知情决策与加深认识：提高知识水平，连续获得管理和决策信息，不断改进，提高应对变化与挑战的能力。通过正式和非正式教育计划，更好地对公众进行关于海洋、沿海和大湖区的教育。

(4)协调与支持：更好地协调和支持联邦、州、部族、地方和地区对海洋、沿海和大湖区的管理。改善联邦政府横向协调和统筹，必要时参与国际合作。

(5)气候变化和海洋酸化的恢复力和适应性：加强沿海社区、海洋和大湖区的恢复力及其应对气候变化影响和海洋酸化的能力。

(6)区域生态系统的保护和恢复：制定和实施生态系统保护和恢复综合战略，此战略以科学为基础，以联邦、州、部族、地方和区域层次的保护和恢复为目标。

(7)水质与土地可持续利用：通过贯彻执行土地可持续利用战略，改善海洋、沿海和大湖区的水质。

(8)处在变化中的北极环境：在面对气候变化和其他环境变化时，满足北冰洋及邻近沿海区域的环境管理需求。

(9)海洋、沿海和大湖区的观测、测绘和基础设施：增强联邦和非联邦政府的海洋观测系统、传感器和数据采集平台的实力，进行统筹规划，将此观测系统纳入国家观测系统，成为国际观测系统的组成部分。

4. 推进近海与海洋空间规划

(1)近海与海洋空间规划的国家目标。

①支持对海洋、沿海和大湖区进行可持续、安全、可靠、高效率和高生产力的利用；

②保护、支持和恢复美国的海洋、沿海和大湖区资源，确保这些地区的生态地区具有适应环境变化和提高其持久地提供生态服务的能力；

③为公众接近、享受和利用美国海洋、沿海和大湖区提供便利；

④促进海洋使用者之间的和谐，减少使用者之间的冲突和对国家造成的不利影响；

⑤强化决策与管理，提高决策与管理工作的连贯性和前后一致性；

⑥为制定海洋、海岸带和大湖区投资规划和促进投资提高确定度与可预见度；

⑦加强部门间和政府各机构与国际社会的沟通和合作。

(2)近海与海洋空间规划框架内容。

空间规划框架内容有：近海与海洋空间规划的统一定义；有关各方参与规划工作的理由；规划区域的地理范围；国家海洋委员会审批地区海洋空间规划和进行指导的

方法；遵从海洋空间计划的方法；提高获取信息的便利程度，加强信息管理系统建设和提高为规划服务的资料与信息的透明度等方面的措施；便于利益相关者和公众发表意见与建议的机制等。

（3）规划区的划分。

海洋空间规划框架将美国分为9个规划区：东北大西洋区、中大西洋区、南大西洋区、大湖区、加勒比区、墨西哥湾区、西海岸区、太平洋岛屿区、阿拉斯加/北极区。

5. 支持加入《公约》

支持加入《公约》。主要理由如下：

①无论是共和党还是民主党执政期间，美国国家安全领导机构均全力支持《公约》。除其他原因外，还因为它用法典形式明确了美国武装部队所依赖的重要的航行权利与自由。

②《公约》规定了各国在预防、减少和控制海洋环境污染和保护与养护海洋资源方面的权利与义务。

③成为《公约》缔约国后，美国扩展外大陆架的法律权利就有了最有利的法律依据。

④成为《公约》缔约国后，美国就可以更有效地对《公约》的条款进行解释和正式参加《公约》的补充与修订工作。

⑤加入《公约》有助于重新确认和强化美国在国家海洋事务中的领导地位。

二、美国《国家海洋安全战略》

2004年12月，美国总统指示国防部和国土安全部牵头组织编制美国海洋安全战略。2005年9月，《国家海洋安全战略》正式出台。

（一）海洋安全的重要性

该战略指出，美国的安稳和经济安全，在很大程度上依赖对世界海洋的安全利用。海洋安全问题关系到美国重大的国家利益。为此，美国必须充分依靠牢固的联盟和其他国际合作手段，创新性地运用执法队伍和军队，推进技术进步，并加强情报收集、分析与传播。

（二）海洋安全威胁

1. 来自国家的威胁

该战略指出，尽管国家间冲突不大可能发生，但个别国家有可能给全球安全带来严重威胁。另一种危险是，某一外国向另一个有意进行大规模杀伤性武器进攻的"流氓"国家或恐怖组织提供重要的先进常规武器、大规模杀伤武器的组件、运载系统和相关材料、技术和武器等。海洋是大规模杀伤性武器流入美国的可能场所。

2. 恐怖分子威胁

该战略认为，非国家形式的恐怖组织，利用开放边界挑战各国的主权，对国际事务的破坏日趋严重。一些国家无法控制或充分保证大规模杀伤性武器和相关材料的库存的安全，使安全形势变得愈加复杂和危险。恐怖分子也利用各种平台提供攻击能力和攻击效果。恐怖分子可能进行网络攻击，以破坏重要的信息网络或摧毁对于海上运输和商业系统的运行不可或缺的信息系统。

3. 跨国犯罪和海盗威胁

该战略指出，人员、毒品、武器和其他违禁品的走私以及海盗和武器抢劫船只活动等，均威胁着海洋安全。

4. 破坏环境

该战略指出，故意导致环境灾害的行为，可给经济活力和各地区的政治稳定带来长远的负面影响。此外，近年来，对日趋减少的海洋资源的争夺，已引发了一些暴力冲突。这些事件说明整个世界面临着很大的风险。

5. 海上非法移民

跨国移民是一个长期存在的问题，仍然是地区稳定面临的严重挑战，而且是今后十年影响海上安全的最重要的因素之一。

(三)国家安全战略的原则和战略目标

该战略特别指出，"抵御敌人是美国政府的首要任务和最根本的任务。在国家的安全优先领域中，最重要的是要采取一切必要步骤，防止大规模杀伤性武器进入美国，并避免国土遭受攻击"。

1. 战略原则

(1)维护公海自由是国家最优先任务；

(2)促进和捍卫商业活动，确保航运不被中断；

(3)促进正当的货物与人员跨境流动，但同时又要甄别出危险的人员和物资。

2. 战略目标

(1)防止恐怖袭击和刑事犯罪或敌对行为：发现、阻止、拦截并击败海上恐怖袭击、犯罪行为或敌对行为，并防止为这些目的而进行的非法活动；

(2)保护沿海地区的人口中心和沿海及海上关键基础设施；

(3)减少因海上攻击而造成的损失并加速复苏；

(4)保护海洋及其资源不被非法开采和故意破坏。

(四)战略行动

(1)加强国际合作，采取合法和及时的强制行为应对海上威胁；

(2)最大限度地了解和掌控海上情况，提高决策效率；

（3）将安全工作贯彻到商业工作的各个环节，减少脆弱性和促进贸易；

（4）开展多层次的安全保障工作，统一公立和私营保安措施；

（5）确保海洋运输系统的连续性，保证重要的商业活动和防务力量处于良好待命状态。

（五）配套实施计划

为了落实《国家安全战略》，将制订具体和详细的国家实施计划，包括以下内容：

（1）《了解和掌握海上情况的国家计划》，更好地了解和掌握与美国的海洋安全、安保、经济和环境有关的情况，尽量提前和在远离美国海岸的地方发现威胁；

（2）《全球海上情报整合计划》，依靠现有的能力，对那些与危及美国利益的威胁有关的所有可用情报进行整合；

（3）《海上行动威胁响应计划》，明确责任和分工，协调美国政府的应对行动，使美国政府能够迅速和果断地应对损害美国利益的海上威胁；

（4）《国际外延协调策略》，协调与外国政府和国际组织的所有海洋安全工作，并争取国际社会对海洋安全工作的支持；

（5）《海洋交通设施恢复计划》，提出海上基础设施受到攻击或中断后应采取的恢复程序和标准方面的建议；

（6）《海洋交通系统安全计划》，改进美国和国际上的海事管理和监管工作；

（7）《海上贸易安全计划》，确保海上供应链安全；

（8）《国内的外延计划》，争取非联邦部门支持制订和实施《第41号国家安全总统令》和《第43号国家安全总统令》提出的海洋安全计划。

三、美国《21世纪海上力量合作战略》

2007年10月，美国三支海上力量，即海军、海军陆战队和海岸警卫队，联合发布美国《21世纪海上力量合作战略》。该战略在序言中指出，这是由美国海上力量——海军、海军陆战队和海岸警卫队有史以来首次共同拟定的统一海洋战略。该战略强调要把海上力量与国家的其他力量以及友好国家和盟国的力量整合在一起，保卫美国及全球的安全。

该战略指出，大国间的战争、地区冲突、恐怖主义、非法活动和自然灾害，都可能对美国的国家安全和世界繁荣造成威胁。在当今时代，美国及其伙伴处于争夺全球影响力的竞争之中。为了面对挑战，必须以恰当的方式运用海上力量，在增强集体安全、稳定与互信的同时，保护美国的重要利益。为了维护国家利益，必须更广泛地使用海上力量。

该战略认为，"制止战争与打赢战争同等重要"，海上力量必须致力于打赢战争并获得决定性胜利，同时要提高制止战争的能力。

（一）新世纪面临的挑战

该战略指出，在新的世纪面临着许多新的挑战，主要体现在以下几方面。

（1）经济的持续增长有可能导致经济强国之间、跨国公司之间和国际组织之间在资源和资本方面的竞争日趋激烈。

（2）冲突越来越具有新的特征。在冲突中使用各种传统的和非正规的战术，采用分散的方式谋划和实施冲突；引发冲突的实体也不限于国家，一些非国家形式的组织在冲突中采用各种新奇的方式，既使用简单的技术也采取尖端的技术。

（3）越来越多的跨国分子和"无赖"国家制造系统性混乱，以强化其权力和扩大影响。

（4）由于武器技术与信息的扩散，技术的非对称性使用将对美国及其伙伴构成诸多威胁。

（5）日趋拥挤的城市导致社会不稳定，是引起严重问题的潜在根源。

（二）海上力量的六大任务

（1）用前沿部署的决定性海上力量控制区域性冲突；

（2）遏制主要大国间的战争；

（3）为国家打赢战争；

（4）致力于在远方保卫国土安全；

（5）促进并保持与更多的国际伙伴的合作关系；

（6）在危机影响到全球体系之前就及时加以阻止或控制。

（三）发展六大能力

为了成功实施海上力量合作战略，必须发展以下几种能力。

（1）前沿存在的能力：将海上力量部署在前沿，尤其是在国土面临多种威胁的时代。前沿存在可以使海上力量在远离美国海岸的地方与恐怖分子较量。

（2）威慑能力：制止战争优于进行战争。遏制侵略要从全球、地区和跨国的角度推进，依靠常规、非常规和核手段等各种方式。

（3）控制海洋的能力：控制海洋需要依靠包括空间能力和计算机能力在内的各种海上能力。控制海洋的工作面临诸多挑战，最严峻的挑战就是越来越多的国家拥有潜艇。美国将不断提高科学技术，以消除这一威胁。美国绝不允许其海上力量无法自由地结集和自由出入的情况发生，不允许对手封锁重要的海上交通与商业要道并切断全球供应链。

（4）力量投送能力：美国面临的挑战是如何克服困难，进入希望抵达的区域，把力量投送到岸上并使力量保持在那里。

（5）维护海上安全的能力：营造并维持安全的海洋环境，对于消除战争以外的各类威胁至关重要，这些威胁包括海盗、恐怖主义、武器扩散、毒品走私和其他非法活动。

（6）实施人道主义援助和灾害救援的能力：在海洋灾害发生时，能及时对受灾人员进行救助并启动灾害响应预案。

（四）优先领域

1. 加强整合并提高互操作性

保卫国土最需要对力量进行大规模组合。不管在什么地方活动，海上力量必须而且也将成为一个整体，以保卫国家。为了扩大与其他国家海上力量的合作，需要发展与拥有不同技术水平的各伙伴国力量间的互操作性。

2. 加强海上情况与形势的了解和掌握

为了提高部队的效率，必须更好地了解海上的情况，提高情报、监视与侦查能力。情报、监视与侦查队伍在为各类军事行动提供支持的时候，必须以新的方式深入了解对手的计谋。必须尽一切可能不让对手在美国的前沿部队面前占据主动。

3. 提高人员素质

必须让海军、海军陆战队和海岸警卫队为迎接挑战和机遇做好充分准备。必须提高业务能力，加强培训。为了加强同国际社会的伙伴关系，必须通过加强培训、教育和人员交流来增进与各地区和各种文化有关的知识。

四、美国海洋科技发展战略

2007 年 1 月，美国国家科学技术委员会海洋科技联合分委员会发布《规划美国未来十年海洋科学事业：海洋研究优先设计与实施战略》，提出了从 2007 年起以后十年的海洋科技规划。该规划内容包括：①处理好人与海洋关系的三大科技要素；②研究主题和优先领域；③实施战略。

（一）处理好人与海洋关系的三大科技要素

该规划指出，为了处理好人与海洋的关系，必须重视涉及海洋科技的三大要素。

（1）预报海洋的主要过程与现象的能力。了解和认识海洋的主要过程，具有重大的经济、社会和环境意义。

（2）为基于生态系的管理提供科学支撑。有助于科学合理地管理海洋及其资源，在管理中考虑到资源与海洋环境其他要素之间的关系，包括海洋与人类之间的关系。

（3）发展海洋观测系统。通过观测，可以更好地保护和利用海洋及其资源，并促进海洋研究。

(二)研究主题和优先领域

该规划提出了六大研究主题和 20 个优先领域。

1. 对海洋自然资源和海洋文化资源的管理

(1)通过更准确、及时和大面积同步评价，了解资源丰度与分布的现状和趋势；

(2)了解物种之间和生境与物种之间的关系，为预报资源的稳定性和可持续性服务；

(3)了解有可能影响资源稳定性和可持续性的人类活动方式；

(4)应用先进的知识和技术，从海洋、海岸和大湖区的各种自然资源中获得更大的惠益。

2. 提高应对自然灾害的能力

(1)了解自然灾害事件的发生与演变，并应用这些知识提高对自然灾害的预报水平；

(2)了解沿海和海洋系统对自然灾害的响应情况，并应用这些知识评估(海洋系统)在未来自然灾害面前的脆弱性；

(3)应用所获知识推进灾害风险评估工作，并为建立减灾模式、制定减灾政策与战略服务。

3. 促进各类海上活动

(1)了解(人类)海上活动与环境的互相作用；

(2)应用与可影响海上的海洋环境因子有关的知识，增进对海洋特征的认识，并提高海洋预报水平；

(3)应用与环境影响和海上活动有关的知识，发展海洋运输系统。

4. 海洋在气候中的作用

(1)了解区域内和区域之间的海洋与气候相互作用；

(2)了解气候变异与变化对海洋的生物地球化学特性的影响以及对生态系统的影响；

(3)应用对海洋的认识，预报未来的气候变化及其影响。

5. 改善生态系统的健康

(1)了解和预测自然过程和人为活动对生态系统的影响；

(2)应用对自然过程和人为活动的了解和知识，开展社会－经济评价以及建立用于评价各种人为利用活动对生态系统的影响模式；

(3)应用海洋生态系统知识，建立可持续利用和有效管理海洋生态系统的指标体系和标准。

6. 增进人类健康

(1)了解导致人体健康风险的海洋因素的根源与过程；

(2)了解与海洋有关的人体健康风险，了解海洋资源对人类健康的潜在利益；

(3)了解海洋给人类健康带来的威胁如何影响人类对海洋资源的利用以及人类活动如何影响这些威胁;

(4)应用生态系统和生物多样性知识,为人类生产所需产品,建立为人类创造更多福祉的模式。

(三)实施战略

该战略的实施特点包括:利用现有机制建立伙伴关系;对项目申请书组织同行评议;既照顾持续性的现有研究,又支持开拓性的新研究;重点照顾国家优先研究领域,也兼顾各州、部落和地方开展不同规模的研究。

(1)明确不同机构的作用;

(2)充分利用合作机制;

(3)发挥基础设施的潜力;

(4)促进研究成果的转化;

(5)开展评估与评价;

(6)更新预算和计划。

第二节　日本的海洋政策

日本是一个面积狭小和资源匮乏的岛国,1996年批准《公约》,并设立专属经济区。进入21世纪后,面对海洋管辖范围的扩大和海洋权益争端等问题的日益突出,日本大力调整国家发展战略,出台新的海洋政策,建立和完善海洋法规体系,加强涉海事务协调。2005年,日本海洋政策研究财团发表了《海洋与日本:21世纪海洋政策建议》;2007年,出台并实施日本《海洋基础法》,根据《海洋基础法》,成立由首相担任部长的综合海洋政策本部和设立海洋政策担当大臣;2008年,颁布日本《海洋基本计划》;2013年,制定新的《海洋基本计划》(2013—2017年)。这些重大举措,为日本实施海洋立国战略和扩展海洋空间与利益奠定了法律基础,提供了政策依据。

一、《海洋与日本:21世纪海洋政策建议》

2005年11月,日本海洋政策智囊机构"海洋政策研究财团"向内阁官房长官呈报了政策建议书——《海洋与日本:21世纪海洋政策建议》,并于2006年1月公开发表。

(一)《海洋与日本:21世纪海洋政策建议》的基本内容

1. 制定国家海洋政策大纲

大纲要点有以下几个方面。

（1）明确基础思路：明确海洋政策的基本理念和海洋管理指导方针。

（2）构建推进海洋政策的框架：制定海洋基本法，并把它作为海洋管理的基本法律制度；建立和完善推进综合海洋政策的行政机构；建立为海洋管理服务的海洋信息机制。

（3）针对问题采取措施：构建专属经济区和大陆架管理框架；建立海洋安全保障体系；加强海洋环境保护、保全与恢复；推进兼顾海洋生态系统的海洋资源开发；构建和强化海岸带综合管理系统；推进防灾、减灾工作。

（4）加强伙伴关系建设：加强国家、地方公共团体、学术研究机构、产业界、渔民、民间组织和公众之间的伙伴关系建设。

（5）促进对海洋的了解和研究，强化海洋教育：利用科学知识和信息，使国民更深入了解海洋，制定旨在促进海洋研究和教育的防治政策。

2. 制定海洋基本法，建立和完善旨在推进海洋基本法的体制

（1）制定海洋基本法：为了落实综合性海洋政策，需要制定海洋基本法，该法应体现海洋政策的基本理念、政策推进方针和推进体制等。

（2）建立行政机构：为了推行以海洋基本法为核心的综合性海洋政策，应建立和完善负责政策制定和实施工作的行政机构。必须克服纵向分割和职能分工过细的弊端，加强合作与协调。具体措施为：设置内阁海洋会议；任命海洋大臣；设置（海洋）政策统筹官和海洋政策推进办公室；设置涉海省厅联络协调会议；设置海洋咨询会议。

3. 对扩大的海洋国土的管理和国际协调

（1）构建专属经济区和大陆架管理体制：制订符合海域特点的管理计划；加强对远海岛屿及其周边海域的管理。

（2）确保海洋安全：确保海洋国土安全，建立统一的信息管理体制，开发无人监视技术；加强海运安全保障。尽快采取下列具体措施：维护马六甲海峡的安全；应对海盗问题；加强海上反恐。

（3）推进海洋环境保护、保全与恢复：构建海洋环境保护、保全与恢复的环境影响评价体系；加强海洋生态系统和生物多样性保护。

（4）推进兼顾海洋生态系统的海洋资源开发：合理管理渔获量；强化保护世界渔业资源的措施；加强对海洋微生物和基因资源的研究与开发；促进能源和金属矿物资源的开发。

（5）加强海岸带综合管理系统建设：构建以地方为主体的海岸带管理系统；构建公众参与的管理系统；加强与流域管理工作的合作；建立特定封闭海域综合管理体制。

（6）推进防灾减灾工作：制订地方性防灾计划；深入开展防灾减灾教育和训练。

（7）建立为海洋管理服务的海洋信息机制：制定海洋信息收集国家战略；强化海洋信息管理；建立统一的海洋调查、观测与监视系统；构建区域海洋信息网络。

（8）加强对实施综合性海洋政策的研究、教育和宣传：加强海洋教育；加强海洋管理研究与教育；加强宣传普及活动；加强海洋科学技术研究。

二、日本《海洋基本法》

2007 年 4 月，日本国会参议院通过《海洋基本法》，该法于 2007 年 7 月 20 日正式实施。

（一）总则

总则部分共 15 条，内容如下。

（1）目的：明确海洋的基本概念；明确国家、地方公共团体、企业和国民的责任；确定海洋基本计划和其他有关涉海政策的基本内容；促进日本经济与社会的健康发展和国民生活的稳步提高；推进海洋与人类和谐共存。

（2）保持海洋开发利用和海洋环境保护之间的平衡。

（3）确保海洋安全。

（4）充实海洋科学知识。

（5）促进海洋产业的健康发展。

（6）加强海洋综合管理。

（7）促进海洋国际合作与协调。

（8）政府的职责。

（9）地方公共团体的职责。

（10）企业的职责。

（11）国民的职责。

（12）有关各方面的合作与协调。

（13）海洋纪念日活动。

（14）法制措施。

（15）编写及公布信息。

（二）海洋基本计划

该法在"海洋基本计划"部分指出，"为了综合和有计划地推进海洋相关政策的落实，必须制订海洋基本计划"，并就以下事项做出规定：

（1）海洋相关政策基本方针；

（2）针对海洋相关政策，政府综合并有计划地推出海洋相关政策的必要事项；

（3）推进海洋相关政策的必要措施。

该计划还规定每隔五年修订一次。

（三）基本政策

（1）推动海洋资源的开发与利用：包括保护和管理水产资源，保护和改善水产动植物繁殖环境，提高渔场生产力，开发利用海底石油、天然气、锰和钴等矿产资源。

（2）保护海洋环境：通过保护和改善繁殖环境来保护海洋生物多样性；增加流入海洋的径流量，以降低污染负荷，防止向海洋倾倒废弃物，防止并迅速消除因船舶事故造成的溢油污染，保护海洋自然景观和其他海洋环境。

（3）推动专属经济开发：根据海域特点推动专属经济区开发，防止在专属经济区发生侵犯日本主权权利的行为，并推动对其他国家专属经济区的开发。

（4）确保海上运输：确保船舶安全，培养和保持船员队伍，完善枢纽港口。

（5）确保海洋安全。

（6）推进海洋调查。

（7）推进海洋科技研发。

（8）振兴海洋产业，提高海洋产业的国际竞争力。

（9）加强海岸带综合管理。

（10）保护离岛：建立为海洋资源开发利用服务的设施，保护周边海域自然环境，保障当地居民的基本生活。

（11）推进国际合作。

（12）增进国民对海洋的认识。

（四）综合海洋政策本部

该法规定，"为了集中而全面地推进海洋政策，在内阁设立综合海洋政策本部"。其职责如下：

（1）推进与海洋基本计划的制订及实施有关的工作；

（2）综合协调有关行政机构基于海洋基本计划而实施的政策；

（3）综合处理上述两条规定之外的与海洋政策有关的重要规划和立项工作。

《海洋基本法》明确了综合海洋政策本部的组织结构，即由综合海洋政策本部长、副本部长和本部部员组成。综合海洋政策本部长由内阁总理大臣兼任，副本部长由内阁官房长官和海洋政策担当大臣兼任，本部部员由除本部长和副本部长以外的国务大臣兼任。

三、日本《海洋基本计划》

日本于2007年7月实施的《海洋基本法》规定，政府应制订海洋基本计划。为此，根据《海洋基本法》设置的综合海洋政策本部于2008年2月颁布了《海洋基本计划（草案）》。2008年3月，内阁会议批准了《海洋基本计划》。《海洋基本计划》的有效期为5年，确定了5年内日本海洋政策的基本方针。2013年4月内阁会议通过了新的《海洋基本计划（2013—2017年）》。

新《海洋基本计划》由总论、实施海洋政策的基本方针、为实施海洋政策政府应采取的综合而规范的措施、为综合而规范地推进海洋政策的必要措施等部分组成。

（一）政策目标

新《海洋基本计划》的总论部分提出了推进海洋政策的三个目标：一是海洋需在解决全人类的问题中发挥先导作用；二是需构筑完善持续利用海洋资源与空间的制度；三是为使国民安全与安心生活要求海洋领域做出必要的贡献。

（二）基本方针

新《海洋基本计划》细化了《海洋基本法》第2条至第7条规定的6项理念内容，提出了实施海洋政策的基本方针。

（1）在海洋开发利用与海洋环境保护之间予以协调内容。新《海洋基本计划》指出，人类对开发利用海洋能源的认识与开采技术还有待深化，在开发利用海洋资源时，应协调与海洋环境的关系。为此，应在技术开发、制订合理计划等方面完善必要的体制。

（2）确保海洋安全。新《海洋基本计划》指出，日本应采取措施，确保包括维护航行安全等海洋权益在内的海洋安全以及应对来自海洋的自然灾害威胁。

（3）充实海洋科学知识。对人类来说，海洋的未知领域众多，同时，由于调查海洋需要特殊的设施与设备，短期内不可能产生有效的成果，需要长期努力。所以，对海洋的调查与研究是一个战略性的课题，必须持续推进。为进一步提升日本海洋科技水平，必须培养海洋方面的优秀研究者，以改变日本目前在海洋先端领域缺乏支撑未来海洋事业的年轻人才严重不足的局面。另外，应在青少年的教育中，增加认识海洋和培养从事海洋工作方面的教育活动。

（4）健全发展海洋产业。新《海洋基本计划》指出，日本在海洋产业上面临两大难题：第一，服役船舶的陈旧与高龄化；第二，从事海洋产业人员的减少化与老龄化。为此，建议政府应采取紧急措施，以强化国际竞争力与海洋产业的经营基础，包括整合产学研部门的力量，制订实现具体目标的行动计划。

（5）海洋的综合管理。新《海洋基本计划》建议，应通过减少对海洋污染的方法保护海洋环境，积极收集、管理和监视与海洋资源开发利用有关的各种情报，并实施统一处置；协调海洋利用者之间的关系，包括根据国际规则处理与他国间的海域划界争议；进一步推进调查200海里外大陆架工作；应研究损害专属经济区制度中日本海洋权益的对策与措施；应推进远离陆地的岛屿开发与管理工作。

（6）海洋问题的国际合作。新《海洋基本计划》建议，日本应与相邻国家构筑与推进相关体制，以确保马六甲海峡附近海域的运输安全、控制海盗事件的发生。为此，应积极利用应对海盗事件的亚洲区域海盗事件合作协定，并尽可能地让更多的国家参与。为确保放射性物质的运输安全，应与对运输该物质有影响的国家间强化双方的信赖关系，建议日本政府应积极参与国际海事组织等制定国际公约工作，尽早缔结应对海洋恐怖事件及运输大规模杀伤性武器的国际公约。对于水产资源的开发利用问题，为保持日本在水产业上的传统优势，建议在中日韩的专属经济区内构筑合理利用资源的合作体制，以养护管理该海域的水产资源。另外，在应对地球温暖化引发的海洋灾害问题上，日本应积极采取措施支援亚太区域的地区合作工作，及时向可能受到海洋自然灾害的国家或地区提供相关情报，积极支援海洋自然灾害后的振兴工作。

（三）综合措施

海洋事务涉及多个领域和多个部门，日本政府在新的《海洋基本计划》中提出了12个重点施策领域。这些领域代表了日本海洋事业发展的水平，也是未来日本"海洋立国"的重要方向。

(1)推进海洋资源的开发与利用；

(2)保护海洋环境；

(3)推进专属经济区内资源开发活动；

(4)确保海上运输竞争力；

(5)确保海洋安全；

(6)推进海洋调查；

(7)研发海洋科技；

(8)振兴海洋产业与强化国际竞争力；

(9)实施沿海岸综合管理；

(10)有效利用与保护离岛；

(11)加强国际联系与促进国家间合作；

(12)增强国民对海洋的理解与促进人才培养。

此次修订的计划继承了之前确立的12个重点工作领域，但也针对各领域的具体施策进行了大幅调整。其中，新《海洋基本计划》着重强调了日本要在保卫领海和专属经济区安全、加强海上保安厅和海上自卫队能力、建立国际海洋秩序、统一开发和管理专属经济区与大陆架资源、完善海洋防灾减灾政策、推动北极事务等方面加快开展工作。此外，新《海洋基本计划》还首次提出重视通过国际法院等第三方机构解决海洋争端、加强海上保安厅和警察厅之间协同合作等内容。

第三节　俄罗斯的海洋政策

俄罗斯是一个有着悠久历史和传统的大国和海洋强国。20世纪70年代，苏联已成为能与美国抗衡的世界海洋强国，但苏联的解体使俄罗斯实力一落千丈。为了发展国家实力，从90年代起，俄罗斯采取了一系列发展海洋事业的重大举措：1997年颁布俄罗斯联邦《世界海洋计划》，谋划旨在保持和增进俄罗斯海洋强国地位的战略和策略；2001 年普京总统批准了《至 2020 年期间俄罗斯联邦海洋政策》，使俄罗斯第一次有了目标明确的海洋政策；2001 年俄罗斯成立海洋事务高层决策与协调机构——俄罗斯联邦海洋委员会；2010 年普京签署了《至 2030 年期间俄罗斯联邦海洋工作发展战略》。这些重大举措极大地强化了俄罗斯的海洋工作。

一、俄罗斯《世界海洋计划》

1997 年 1 月，俄罗斯总统发布第 11 号令，批准俄罗斯《世界海洋计划》。该计划旨在恢复俄罗斯在全球海洋领域的地位，从经济发展和国家安全利益的角度出发，全面解决俄罗斯在开发与利用世界海洋方面存在的问题。该计划提出了指导方针，确定了预期成果，提出了重点涉海工作领域以及为实现挑战性目标将采取的措施。

俄罗斯《世界海洋计划》的目的、任务和措施如下。

1. 目的

该计划指出，实施《世界海洋计划》的目的是维护俄罗斯的国家与地缘政治利益；促进沿海地区的社会与经济发展；稳定海洋经济结构；提高海上活动安全水平；进一步发展与俄罗斯世界海洋事业有关的科学技术能力。

2. 任务

《世界海洋计划》分为三个阶段。第一阶段：建立和完善法律法规，维护俄罗斯在世界海洋的利益；解决与邻国间的海洋边界问题；强化国家、区域和全球安全；为发展近期海洋工作所需技术奠定科学基础；为国民提供充足的鱼类和其他海洋食品，并确保货物与人员运输畅通。第二阶段：实现海洋矿产原材料的产业规模化生产；为沿海地区提供充足的能源；对沿海区域进行综合管理；有效地监测和预测天气与气候状况。第三阶段：通过强化在全球海洋的活动，提升俄罗斯在全球产品与服务市场中的地位；依靠新技术开发利用全球海洋及其海底资源，扩展俄罗斯空间和提供俄罗斯功能潜力；促进俄罗斯领土上各种自然系统的协调与平衡运行；促进世界海洋中自然系统与人类活动的相互作用与相互依存，实现俄罗斯经济、环境与社会的可持续发展。

3. 措施

《世界海洋计划》提出的实现俄罗斯海洋目标的措施有以下几点：

(1) 推进国际和国内海洋法律制度建设；

(2) 发展贸易关系，维护全球产品与技术市场的机会平等；

(3) 加强全球海洋研究；

(4) 维护俄罗斯在全球海洋的军事与战略利益；

(5) 开发利用全球海洋、北极和南极地区的矿物资源；

(6) 发展世界海洋资源与空间开发技术；

(7) 开发全球海洋生物资源；

（8）维护俄罗斯在世界海洋的运输航线；

（9）开发利用北极和探索南极；

（10）建设共享的国家级世界海洋信息系统；

（11）加强人员安全、健康与教育等人文工作。

二、《至 2020 年期间俄罗斯联邦海洋政策》

2001 年 7 月，俄罗斯总统普京批准《至 2020 年期间俄罗斯联邦海洋政策》。该海洋政策不仅为未来的海洋事业奠定了法律基础，而且还从根本上改变了俄罗斯的条块分割式海洋管理模式。

（一）《至 2020 年期间俄罗斯联邦海洋政策》的目的

该政策的目的是实现并保护俄罗斯联邦在世界海洋上的利益，巩固俄罗斯联邦在世界海洋大国中的地位。

（二）《至 2020 年期间俄罗斯联邦海洋政策》的原则

（1）遵守国际法公认的准则和俄罗斯联邦在进行海上活动时所签订的国际条约；

（2）在解决世界海洋上的矛盾和消除针对俄罗斯联邦国家的、来自海洋上的危险时，优先采取政治、外交、经济、情报和其他非军事手段；

（3）拥有必要的海军实力并在必要时武力支持国家的海上活动；

（4）海洋活动总体步骤统一，但因地缘政治局势变化而需改变优先次序时，要区别对待个别活动；

（5）将俄罗斯联邦的海洋潜力保持在与国家利益相适应的水平上，包括保障远洋地区国家船队和南极大陆俄罗斯研究人员的安全；

（6）加强联邦国家权力机关、地方自治机关和社会团体在组织和执行国家海洋政策问题上的协调和协作；

（7）加强组织和执行国家海洋政策的科学研究的协作与联合；

（8）国家有权对悬挂俄罗斯联邦国旗的船只、港口以及对内海水域、领海、专属经济区、大陆架的自然资源状况和使用状况进行监察；

（9）在俄罗斯联邦主体领土上，按军民通用标准集中力量建设和发展俄罗斯船队的基础设施；

（10）保障俄罗斯船队能随时完成所面临的任务，包括可随时动员的商船、渔船、科学考察船及其他专业船只；

（11）集中中央和地方的财力和物力，发展中央与沿海地区之间的交通线，特别是中央与远东和北部边疆区之间的交通线，以利于该地区的进一步开发；

（12）进行有利于俄罗斯联邦的海洋综合科学考察，发展海洋自然环境和海岸状态

的监测系统;

(13)保留并完善干部培养体制、青年培训和教育体制;

(14)有效地宣传国家的海洋政策。

(三)国家海洋政策的职能方向

国家海洋政策的职能部分系指与其职能作用相符的海洋活动范围。如:国家和社会的海上运输、开发和保护世界海洋及其资源、海上科学活动、军事行动和其他领域的海洋活动。

1. 海上运输

海上运输范围内的国家海洋政策是实现俄罗斯联邦航运政策构想中的条例,即:使俄罗斯的船队和港口设施保持在确保国家经济独立和国家安全的水平上,同时降低运输成本,扩大外贸额和过境运输量。为此需完成以下长期任务:

(1)制定既符合国际法准则,又符合俄罗斯利益的海洋活动法规;

(2)确保海上运输的竞争力,为吸引投资和固定资金增值创造条件;

(3)创造条件,使受俄罗斯航运公司控制并在俄罗斯联邦注册的船只持续增长;

(4)增加俄罗斯航运公司在国家外贸和过境货物运输总量中的份额;

(5)更新船队,缩短受俄罗斯航运公司控制的船舶平均船龄,建造符合国际标准的新船只;

(6)把造船任务列入国家优先完成的任务,创造条件,促使船舶在本国企业建造;

(7)用基础类船只充实运输船队,包括集装箱运输和特种货物运输船,使船队能在战争动员时期尽可能将部分船只划归海军序列,全面保障国家之急需;

(8)根据天气预报、水文地理导航和水文气象导航条件,择优使用运输船队向北方运送货物;

(9)在建造和使用原子能破冰船领域保持世界领先地位;

(10)根据现有和未来的运输量、货场状况和过境货流量,发展沿岸港口基础设施,提高港口吞吐量;

(11)增加本国航运公司和海港的出口业务;

(12)采用现代的合理运输技术,发展海运和其他种类的货物混合运输;

(13)采用包括建立许可证条例和有关规章在内的办法提高海上运输安全、加强劳动保护、加强环境保护,消除因海洋活动而可能产生的负面后果;

(14)通过完善法律,制定能使航运公司的船只确保国家临时之需的条款。

2. 开发和保护世界海洋资源

开发和保护世界海洋资源是保持和扩大俄罗斯联邦的原料基地、保障经济发展和食品供应的必要和必需条件。

3. 完善科技活动

国家海洋科学的成就，在世界海洋上进行的、与海洋活动有关的基础研究和实用研究及其开发成果，是实现和保卫俄罗斯联邦在海洋活动领域内国家利益的保障。在这一方面的长期任务是：保留和发展科技综合体，以确保俄罗斯船队的建造对海洋环境、世界海洋资源和空间的研究；发展科学考察船队和航标船队；确保导航图、地球物理图、渔业图和其他专业海图的绘制以及在世界海洋所有海区航行指南的编写；建立电子数字化的海图储备和海图资料库；恢复国产海洋和水文气象仪表的生产基地。

4. 实施海上军事活动

俄罗斯联邦的海上军事活动是为本国的国防和安全，在研究、开发和利用世界海洋时进行的国家活动。参与者为俄罗斯海洋潜力中的军事组成部分：俄罗斯联邦海军和俄罗斯联邦边防局海防机关。

与保卫和保护俄罗斯联邦国家利益和安全有关的海上军事活动，属于国家最高优先范畴。保持足够的海军实力，为完成消除威胁、确保俄罗斯联邦及其盟友在世界海洋上的国家利益和安全的任务奠定基础。

按地区配置的海军战略行动联合体，即北方舰队、太平洋舰队、波罗的海舰队、黑海舰队以及里海区舰队，是在相应地区完成国家海洋政策任务的实力基础。

（四）国家海洋政策的地区方向

这是与俄罗斯联邦和世界个别地区特点有关的海洋活动的范畴，对俄罗斯联邦而言，这些地区可概括为有重要意义的、由共同的自然地理、经济地理、政治地理或军事地理特性连接在一起的领土和水域。

俄罗斯联邦国家海洋政策的主要地区方向可分为：大西洋方向、北冰洋方向、太平洋方向、里海方向和印度洋方向。

（五）国家海洋政策的实施

1. 海洋活动的行政管理

组织和实施国家海洋政策的行政管理包括：俄罗斯联邦国家权力机关和俄罗斯联邦各主体的国家权力机关确定国家海洋政策优先完成的任务和近期及长期规划的内容；管理国家海洋潜力的组合和与海洋活动有关的经济、科技部门；对海洋活动和俄罗斯船队建设作出长远规划。

俄罗斯联邦总统确定国家海洋政策优先完成的任务和近期及长期规划的内容；根据宪法的授权采取措施保卫俄罗斯联邦在世界海洋上的主权，并在海洋活动中保护和实现个人、社会和国家的利益；领导国家海洋政策的制定。

俄罗斯联邦的联邦会议在宪法的授权范围内从事保障国家海洋政策实施的立法活动。俄罗斯联邦政府通过联邦执政机关和海洋委员会对国家海洋政策任务的实施进行领导。作为俄罗斯联邦总统的咨询机构，俄罗斯联邦安全会议负责指出潜在的危险，确定最重要的社会利益和国家利益，制定出确保俄罗斯联邦在世界海洋安全的基本战略方针。

联邦执政机关应互相协作，在自己的权限范围内对俄罗斯联邦的海洋活动进行管理。

2. 经济保障

俄罗斯联邦海洋活动的经济保障对顺利实施国家海洋政策有决定性意义。经济保障的内容如下。

(1)经济管理能力的综合利用：即调节货币信贷关系、签订国家合同；实行最佳的赋税、反垄断和海关制度；实施国家的差别援助；

(2)在完善法律依据和国家明确支持投资方案的基础上，为吸引预算外财政来源(包括国外投资)创造有利的条件；

(3)创造条件，使水产品供应转向国内市场；

(4)在各地区方向上合理地发展和配置俄罗斯联邦海洋潜力的组合；

(5)按照确保有效支出优先的原则使用联邦预算资金和领土上有俄罗斯船队的俄罗斯联邦各主体的预算资金；

(6)创造条件，将劳动力吸引到自然气候条件恶劣的沿海地区；

(7)改组战略作用重要但效率低下的运营中的船运公司和船队组织；

(8)限制国外资本介入影响国家安全的某些海洋活动项目；

(9)支持科技含量高、节能和节省资源的技术，用于在勘探、开发和利用世界海洋空间和资源；

(10)确保必要数量的国家拨款，用于完成建设和发展俄罗斯海洋潜力中军事部分的国家项目；

(11)创造条件，提高俄罗斯船队、港口和确保其效率的工业部门的竞争力；

(12)国家支持在教学内容上与俄罗斯联邦履行培训干部、保障海上航行安全方面国际义务相关的海洋学校和教学组织；

(13)国家支持独立的运输系统；国家拨款维修、建造和使用破冰船，重点是有原子能装置的船只，并为其建造专用的停泊系统；

(14)国家支持在公海和在俄罗斯海域进行的科学考察；支持建立统一的有关世界海洋状况的信息系统；支持采用新工艺和无废料生产设备；

(15)支持和发展用于地球遥感探测、导航、通信和观察的国产轨道卫星组，俄罗斯海域污染的监测系统以及地面卫星信息接收中心；

(16)确保沿海地区少数民族传统海洋经济部门的发展；为他们建立稳固的食品和日常用品保障系统。

3. 海洋活动的安全保障

实现海洋活动，需采取必要的、符合海洋自然力特点的、具体的安全保障综合措施。

海洋活动安全包括海上航行安全、海上搜索和救援、海洋环境保护。

4. 干部保障

保障各类海洋活动中所需的干部有着头等重要的意义，为此应当：

(1)创造条件，保留和吸引专业干部参加海勤和海洋活动管理工作；

(2)保留和发展海洋活动所有专业类别的教育结构；

(3)建立海洋活动范围内的俄罗斯联邦国家权力机关、俄罗斯联邦各主体国家权力机关的领导干部培训体系；

(4)巩固俄罗斯的海洋传统，扩大儿童海洋学校、少年海员俱乐部的覆盖面，将其教学视为在俄罗斯船队服务和工作的第一步；

(5)国家确保对训练船只的维修和使用，对海洋专业教学机关的材料技术基地提供支持。

5. 信息保障

保障海洋活动的信息首先应做的工作是：支持和发展保障俄罗斯海洋活动的全球信息系统，其中包括水文地理导航、水文气象导航及其他保障系统；支持和发展统一的有关世界海洋状况的信息系统、统一的国家水面及水下情况通报系统。为统一和合理地使用各部门所属的系统、设备和资金，整个系统将依靠俄罗斯联邦国防部、俄罗斯联邦水文气象和环境监测局及其他有关俄罗斯联邦执政机关的人力和物力来建立。信息保障是所有级别海洋活动领域的决策依据。

三、《至2030年期间俄罗斯联邦海洋工作发展战略》

2010年12月，俄罗斯总统普京签署《至2030年期间俄罗斯联邦海洋工作发展战略》。该战略阐述了至2030年俄罗斯的海洋工作战略目标、发展方向和未来面临的挑战。

其主要战略目标和战略任务如下。

(一)提高俄罗斯在世界海运市场中的竞争力

提高俄罗斯船队的竞争力，完善俄罗斯国际船舶名录，简化船舶注册手续，减少行政障碍(包括税收和海关障碍)，提高俄罗斯港口竞争力，建设新港口。

(二)为俄罗斯市场提供充分的渔产品，提高捕捞船队效率

扩大俄罗斯捕捞船队在专属经济区、协议区和世界大洋和公海的捕获量；发展水产养殖；保护水生生物资源；增加捕捞船队的港口维护与装卸设施和生产设施，提高

设施使用效率。

（三）完善俄罗斯内水、领海、专属经济区和大陆架以及里海和亚速海中俄罗斯海域的安全防御系统，保护自然资源，强化区域渔业协定

更新和扩大俄罗斯海岸警卫队船舶队伍，提高其在专属经济区的活动能力；发展俄罗斯联邦渔业巡逻舰，提高其在专属经济区和远海的活动能力；确保俄罗斯海岸警卫队在俄罗斯管辖范围内渔业区的存在与活动；确保俄罗斯联邦渔业署巡逻船在俄罗斯联邦签署的渔业协定区域的存在和活动。

（四）开发大陆架矿物资源和能源

提高国内产业部门研发和生产用于海洋矿产资源开发所需的现代化技术和设备的能力；在北极和远东地区发展海上核电站和可再生能源，为开发海洋矿产资源和发展海岸基础设施服务；加强俄罗斯大陆架油气开发活动。

（五）提高造船能力，满足国家对国产船舶的需求

改造和更新造船设施和技术；发展高新技术，扩大造船产量和提高造船质量。

（六）提高海军作战能力，保障俄罗斯在重要海洋区域活动的安全

提高海军在近海和远海的活动能力；确保俄罗斯海军在俄罗斯海域和大洋的存在。

（七）维护航天安全，保护海洋环境免受船舶污染

发展俄罗斯管辖海域的航海和海道测量能力；积极参与国际组织的活动；确保俄罗斯船只遵守国际公约。

（八）开发为世界大洋调查和水文气象安全保障服务的方法和设备，加强对关键海区、北极和南极地区的考察

开发俄罗斯海上活动保障系统和水文气象安全保障系统；建设世界大洋综合观测和检测系统；维护俄罗斯在北极地区的国家利益；改进俄罗斯的南极考察交通保障系统和基础设施；加强南极科考和科学应用研究；确保俄罗斯在世界大洋，尤其是高纬度地区和南半球的科考和捕捞活动；加强世界大洋海底矿产勘探。

（九）提高海上搜救能力

更新技术和设施，提高现有搜救系统的能力；加强海上搜救协作和部门间协调；建设海上搜救作业自动化信息支持系统。

（十）整合和合理利用不同隶属关系的系统、设施和装备，完善海上活动信息保障系统

建设统一的国家级世界大洋环境信息系统，发展部门和行业海洋信息技术与系统。

（十一）保护俄罗斯联邦海洋环境

建设自然保护船队；发展海洋生态监测系统。

（十二）制定和实施海洋发展规划

制定和实施相关法律法规及海岸带和海洋综合发展规划。

（十三）履行俄罗斯根据与船舶航行有关的公约承担的义务

检查督促俄罗斯在履行船旗国、港口国和沿海国方面承担的国际义务的情况。

第四节　韩国的海洋政策

韩国陆域面积狭小，自然资源缺乏，促使韩国重视海洋开发。韩国有比较完善的海洋战略、政策和法规体系，包括《海洋与渔业发展法》《海岸管理法》《公共水域管理法》和《21世纪韩国海洋战略》等。2000年出台的《21世纪韩国海洋战略》，提出了韩国海洋与渔业的发展远景和基础目标。根据形势的发展情况，《21世纪韩国海洋战略》每十年修订一次。2010年，韩国第二个《21世纪韩国海洋战略》（2010—2012年）出台。2013年3月韩国海洋与渔业部恢复后，发布了包括强化韩国的海洋存在、振兴海洋、保护韩国水域和创造就业机会等方面的施政方针。此外，2009年，韩国修订了2002年颁布的《海洋和渔业发展框架法》，为韩国海洋与渔业事业的发展建立法律框架。

一、恢复后的韩国海洋与渔业部确定的主要施政方针

（一）至2017年的具体目标和保障措施

1. 具体目标

海洋与渔业部确定的海洋与渔业领域的具体目标如下。

（1）海洋的渔业产业对韩国GDP的贡献率从现在的6.3%上升到2017年的7%；

（2）海洋与渔业产业新增就业岗位34 595个，其中2013年2200个，2014年5106个，2016年7576个，2017年8208个。

2. 七项保障措施

(1)把创造就业岗位放在首位:确定2014年创造就业岗位的目标;在公共领域实行弹性工作和弹性岗位制,同时扩充非全时岗位,培养有创造性的人才,确保教育的可持续性。

(2)把海洋与渔业产业建设成充满活力和富于创造力的产业;消除各种妨碍经济增长的阻碍;为增长缓慢的产业搭建增长梯子;解决产业面临的困难和完善法规;发展有前景的海洋与渔业产业;发展生态友好型技术,开辟新市场。

(3)扩展全球海洋经济领土;提高探索极区的能力;建设新的欧亚物流航线;支持韩国公司进入世界市场;更好地发挥韩国在海洋与渔业领域的国际领导作用。

(4)把海洋、海岸带和岛屿建设成为所有人服务的乐土;加强海岛管理,有效利用岛屿土地;发展沿海地区,让沿海地区成为经济复苏的重要战略阵地;建设使用方便快捷的海洋交通运输网络;扩大海洋国土管理基础,提高调查能力。

(5)建设可信赖的安全与洁净的海洋:建设海洋安全管理体系;建设防灾减灾体系和食品安全保障体系;建设洁净与健康的海洋;严格执行与预防、遏制和消除非法捕捞有关的法规。

(6)确保海洋旅游和海洋文化的繁荣;加强对游轮产业和游艇业的投资力度;培育海洋休闲业和海洋旅游业,使其成为地方经济的重要产业;奠定扎实的海洋文化与教育基础,鼓励公众广泛参与海洋文化与教育活动。

(7)切实履行好职能,提高公众的信任度和信心:实行公开、透明的管理制度,促进信息共享,加强对公共部门的管理,更好地满足公众需求;解决人们日常生活中面临的各类问题。

(二)政策目标和措施

1. 大力强化韩国在全球的海上存在

目标:走出国界,提升韩国在世界五大洋和七大洲的经济实力。

具体措施包括以下几个方面。

(1)维护领海管辖权,巩固海洋边界和加强海洋研究。

(2)维护韩国专属经济区的安全与秩序,确保捕捞权利。

(3)勘探太平洋、大西洋和印度洋。

(4)向南极和北极地区推进。

2. 未来的增长引擎

目标:创造更美好的未来,发现和发展可确保未来增长的驱动力量。

具体措施包括以下几个方面。

(1)发展生物技术新型产业。

(2)加强信息与通信技术和前沿装备研究与研制。

(3)开发基于环境技术的生态友好型能源。

(4)打造世界一流的造船业和海上工厂产业。

3. 渔业

目标：攀登新高峰，大力提高韩国渔业产业的竞争力。

具体措施包括以下几个方面。

(1)完善渔业配送体系，支持海产品加工产业。

(2)建设结构合理的水产养殖和海洋资源管理体系。

(3)更好地应对自由贸易区制度和增加渔产品出口。

4. 海洋物流和港口

目标：挑战极限，建设世界一流的海洋强国，迎接各类挑战。

具体措施包括以下几个方面。

(1)将造船与物流产业建设成新的增长引擎。

(2)将港口建设成促进经济发展的战略枢纽。

(3)提高釜山港的集装箱转运枢纽港地位。

5. 发展海洋休闲旅游

目标：发展休闲旅游，让韩国海洋为各类人群提供全年性休闲娱乐场所。

具体措施包括以下几个方面。

(1)促进海洋休闲活动与运动。

(2)发展海上旅游基础设施。

(3)发展为海洋和渔业产业服务的教育基础设施。

(4)划设为民众福祉服务的高品质海洋空间。

(5)发展渔港，帮助乡村渔区进步。

6. 保护水域和水生生态系统

目标：让水域更安全和更洁净，保护和养护可持续的海洋。

具体措施包括以下几个方面。

(1)制定和实施涉及政府所有部门的海洋安全措施。

(2)发展先进的海洋交通运输设施，提高国内的设备制造能力。

(3)为渔船和渔民建设有效的安全管理系统。

(4)创建无灾害港口。

(5)让海水更蓝、更洁净。

(6)创建可确保沿海居民安全的海洋空间。

7. 创造就业机会

目标：扩大就业，创造为国家增加附加值的公平就业机会。

具体措施包括以下几个方面。

(1)支持高附加值的渔业，扩大劳动力市场。

（2）创造与航运和港口有关的就业机会。

（3）培养海洋与渔业产业专门人才。

（4）提高偏远和被忽视的岛屿居民、海员和港口工人的福利。

二、《21世纪韩国海洋战略》

2000年，韩国出台《21世纪韩国海洋战略》，即韩国21世纪海洋与渔业发展战略。该战略是指导韩国海洋与渔业发展的最高综合战略，由100个具体计划组成，包括7个特定目标，对韩国21世纪的海洋和渔业事业的发展具有指导意义，每十年修订一次，以适应不断变化的形势的需要。韩国21世纪海洋发展战略以实施"蓝色革命"为基础，建设海洋强国为目标，将发达国家主张的"蓝色革命"作为实施政策，体现出其实现海洋强国的意志。

为了实现21世纪海洋发展目标，该战略提出了创造有生命力的海洋国土、发展以高科技为基础的海洋产业和保持海洋资源的可持续开发三大基本目标。海洋产业产值在国内生产总值中的比重，将从1998年的7%提高到2030年的11.3%。

2008年，当时的国土和海洋部着手修订《21世纪韩国海洋战略》。2010年，修订后的《21世纪韩国海洋战略(2011—2020年)》正式出台。

（一）基本目标和战略领域

1. 基本目标

《21世纪韩国海洋战略(2011—2020年)》提出三大基本目标：通过合作利用与养护，改善海洋环境；革新海洋产业；扩展海洋区域。

2. 五大战略领域

（1）合理管理和安全利用海洋与海岸带；

（2）依靠海洋技术，营造新的增长势头；

（3）发展海洋文化和旅游产业；

（4）建设和发展先进的海洋物流基地；

（5）有效行使海洋管辖权和发展全球海洋基地。

（二）《21世纪韩国海洋战略(2011—2020年)》的具体措施

1. 合理、安全和可持续地利用和管理海洋

（1）建立可持续的海洋管理体系（引入生态友好型侵蚀控制方法，保护海洋生态系统，治理和恢复被破坏的海洋生境和湿地等）；

（2）系统地研究和应对因全球气候变暖而出现的更频繁和更严重的海洋灾害（例如，建立缓冲区、规定后退线等）；

（3）建设与西北太平洋行动计划和其他国际计划及组织相连的气候－海洋预报系

统，扩大海洋观测网络；

（4）控制非点源污染，减少海洋废物和强化河口污染管理，禁止向海洋倾倒陆地废物；

（5）继续实施污染物总量控制制度；

（6）将海洋保护区面积从占韩国海洋面积的10%扩大到20%，推进海洋空间规划制度；

（7）实施第二个海洋与海岸带综合管理计划：开展新的功能区划；建立19个海洋功能区；采取多种办法保护自然海岸，加强海岸设计管理；

（8）通过引入下一代船舶交通管理系统、信息技术、自动信息系统、差分全球定位系统、动态电子海图显示和信息系统等，建立海洋安全系统；

（9）采取多种措施打击海上恐怖活动和海盗。

2. 依靠海洋技术，营造新的增长势头

（1）发展可再生能源，在朝鲜半岛周围建造潮汐电站、海流电站和波能发电站等；

（2）发展二氧化碳海底封存系统和将高浓度的二氧化碳从陆地运向海洋的运输系统；

（3）发展海藻养殖技术，以便捕获和存储大气中的二氧化碳，并利用海藻生产生物燃料和生物乙醇等；

（4）开展与气候变化有关的研究和开发活动；

（5）发展养殖海藻的海上工厂，研究和建造不排放二氧化碳的流体推进船舶等；

（6）开发海底石油、天然气和天然气水合物等；

（7）从海洋中提取锂、锰等金属；

（8）加强深海矿物资源的商业化研究与开发，包括专属经济区的锰结核、富钴结核、深海热液喷口和天然气水合物等；

（9）促进深海海水的利用，建设大规模海水淡化厂，从海水中提取锂、锰和铀等；

（10）发展海洋生物产业，促进新海洋药物、新材料、新功能和新生物能等的研究和开发；

（11）发展海洋调查与勘探设备，开发深海矿产资源；

（12）加强对赤潮、溢油和缺氧现象的研究与监测和对海洋生态系统变化的研究；

（13）积极参与全球性观测系统和国际研究计划；

（14）制订和实施韩国海洋补助金计划。

3. 促进海洋文化和旅游

（1）建造二氧化碳排放量低的休闲旅游船舶，用电动游艇替代摩托游艇；

（2）制定激励政策，鼓励发展绿色节能的近海和远洋游轮，建设绿色航运系统；

（3）发展生态友好型娱乐垂钓系统，建设低能耗的海洋博物馆和水族馆，建设清洁码头；

(4)促进海洋体育运动;

(5)建设国际游轮港口,促进东北亚游轮网络的发展;

(6)利用沿海湿地、渔业社区、沙丘、岛屿和国家海洋公园等,发展生态旅游;

(7)建设海洋文化基础设施;

(8)振兴沿海港口和渔港;

(9)在各地区建设海洋旅游和海洋文化枢纽,将周边旅游点连成网络;

(10)建设海洋旅游信息和数据库;

(11)扩展海洋文化内容,将历史遗产、海洋英雄人物、历史遗址、自然现象和各类活动等纳入海洋文化范畴。

4. 建设东北亚生态友好型国际物流基地

(1)发展绿色航运系统(符合排放标准和燃料标准,用太阳能、风能等替代常规能源、建造绿色船舶等);

(2)实施转变运输方式的政策,用高效率的船舶和货车代替高排放的旧式船舶和货车;

(3)建设符合绿色标准(装卸设备、传输与运送设备)的绿色港口体系;

(4)通过亚洲的各种渠道和世界市场,加强国际合作;

(5)积极支持发展具有世界竞争力的物流公司;

(6)将现有的船运服务拓展到金融、咨询和教育领域以及重大活动中等,营造新的增长势头;

(7)在釜山建设东北亚枢纽港,并建设区域性专用港口;

(8)先由中央政府进行港口开发,然后由各地区政府自主运营;

(9)通过滨海综合性开发和居住区开发,振兴港口地区;

(10)通过开展瓶颈理论(TOC)业绩评估,建设安全体系和港口网络体系等,建设高效的港口开发系统;

(11)加强培训体系、福利体系、职业发展体系等建设,加强人力资源开发。

5. 有效地行使管辖权和发展全球海洋基地

(1)在世界海域和大陆架建设全球性基地,以解决陆地资源匮乏问题;

(2)加强海洋资源研究与开发,特别是在极区和深海地区;

(3)继续与邻国开展专属经济区划界谈判;

(4)保护和管理偏远的无人岛屿,将这些岛屿作为领海基点;

(5)制定领海和专属经济区管理规划,强化领海和专属经济区管理;

(6)建设和发展海洋观测和监视系统;

(7)发展与国际组织和包括朝鲜在内的其他国家的国际合作。

三、韩国《海洋与渔业发展框架法》

2002 年，韩国颁布了《海洋与渔业发展框架法》，2009 年进行了修订。该法为韩国发展海洋与渔业建立了总体政策框架。

（一）《海洋与渔业发展框架法》的宗旨和基本概念

1. 宗旨

确定政府在海洋与渔业领域的基本政策与方向，促进对海洋及其资源的合理管理、养护和可持续利用，促进海洋产业的发展，进而促进韩国经济的发展，为国家创造更大的福祉。

2. 基本理念

海洋是资源的宝库、维持生计的基础和物流的通衢，对国家经济和国民生活具有重要意义。因此，必须发展海洋科学和知识，依靠海洋科学知识发展海洋产业，用环境友好型和可持续的方法保护和开发利用海洋及其资源，建设富有生产力和生机勃勃的海洋，为当代人和后代公平地创造财富。

（二）政府的责任

（1）保护海洋环境、海洋资源和海洋生态系统；

（2）在促进海洋产业发展的同时，保持海洋环境及其资源的管理、养护和发展与海洋及其资源利用之间的和谐与协调；

（3）为海洋渔业的发展奠定坚实的基础和创造所需环境。

（三）海洋与渔业事务高层协调机构

主管海洋与渔业事务的政府部门负责"组建海洋与渔业发展委员会"。该委员会由主管海洋与渔业事务的政府部门管理。

1. 性质与任务

韩国海洋与渔业发展委员会是韩国海洋与渔业事务的高层决策和协调机构，归主管海洋与渔业事务的政府部门管理。

主要任务是研究和制定海洋与渔业发展基本计划和重要的海洋环境政策，协调海洋管理、海洋资源开发、海洋环境保护和其他涉海事务。

2. 委员会的组成与条件

委员会成员最多25名，其中主席1人，由主管海洋与渔业事务的政府部门的部长担任，委员会委员由经总统以法令形式委任的相关政府部门的副部长担任。主席从这些委员中挑选一些具有海洋、海洋资源、海洋产业或海洋环境等方面的专业知识并富有丰富经验的人任常务委员，常务委员最多5名，任期2年，可连任。

3. 要求有关部门提供信息和发表意见的权利

为了履行职能，委员会可要求相关政府部门提供委员会所需的资料和阐述部门意见。如果没有正当理由，有关部门必须按照委员会的要求办理。

4. 工作层面的委员会

为了确保海洋与渔业发展委员会的有效运行，在委员会下设立工作层面的海洋与渔业发展委员会，以为海洋与渔业发展委员会提供支撑和制定与落实委员会的议程。工作层面的委员会和分委员会可视需要设立，组成与运行由总统以法令形式决定和公布。

（四）发展海洋与渔业事业的举措

（1）保护和可持续利用海洋环境及其资源，包括韩国享受主权权利和管辖权的专属经济区和大陆架及其资源，并发展相关能力。

（2）维护海洋安全，包括保护海上人员和财产的安全，措施包括制定海洋安全管理政策、发展海洋安全技术、改善海洋交通安全环境，并建设环境事故应急系统。

（3）制定和实施海洋及其资源开发利用政策。

（4）加强海洋调查和观测，建设国家海洋观测网络。

（5）发展海洋科学技术，建设海洋科学技术研究机构，促进学术界和产业界的海洋科技合作，促进海洋科学技术成果的产业化。

（6）科学合理地利用海域空间，包括建设海洋城市、人工岛和其他海洋构筑物。

（7）为开发利用海外海洋生物资源和海洋矿藏资源建设海外前进基地。

（8）加强南极、北极科研基地建设。

（9）加强海洋国际合作，包括与外国和国际组织建立科技合作组织、加强信息交流、组织联合调查和研究等。

（10）加强与朝鲜的渔业合作，包括开展联合海洋科学研究、共同开发资源、开放海上通道、交换渔业产品等。

（11）发展海洋运输和港口产业，提高海洋运输和港口产业的国际竞争力，提高港口作业效率。发展港口和渔业港口基础设施。

（12）发展渔业技术，推广使用先进的渔业捕捞技术。

（13）改善渔村环境，提高渔民生活水平，促进岛屿的协调发展。

（14）发展海洋旅游，建设海底观光区，将渔村建设成旅游点。

（15）加强海洋科技人才培养，改善涉海就业环境，提高海洋福利。

（16）加强海洋与渔业信息收集、处理和分发，建设国家海洋渔业信息中心。

（17）发展海洋文化，提高全民海洋意识。

第五节 英国的海洋政策

进入 21 世纪，英国的旧有海洋管理体制与政策已无法适应新形势的需要，英国政府开始认真研究海洋管理体制和政策问题，组织开展了全国性讨论。在此基础上，2007 年 3 月发布了《英国海洋法案白皮书》，决心改革现有海洋管理体制，成立"英国海洋管理组织"。2009 年，出台了《英国海洋法》。随后在 2010 年，发布了《英国海洋科技战略》(2010—2025 年)，以规划、支持和协调英国海洋科技事业；2011 年，颁布《英国海洋政策》，阐述了与海洋可持续发展事业有关的一系列方针政策；同年，发布了《英国海洋产业增长战略》，提出了海洋产业的重点发展主题和推进海洋产业发展的举措。2014 年，发布了《英国国家海洋安全战略》，确定了海洋安全目标与措施。

一、《英国海洋法》

2009 年，英国政府出台《英国海洋法》。《英国海洋法》由 11 部分组成：①海洋管理组织；②专属经济区、其他海洋区域与威尔士渔业区域；③海洋规划；④海洋许可证；⑤海洋自然保护；⑥近海渔业管理；⑦其他海洋渔业事务与管理；⑧海洋执法；⑨海岸休闲与娱乐；⑩其他；⑪补充条款。

(一)海洋管理组织

《英国海洋法》第一部分就英国海洋管理组织的设置、性质与职能等做了明确规定。依据该法，英国政府将成立全面负责海洋管理工作的"英国海洋管理组织"，以实现可持续发展等海洋领域的诸多目标。该组织将采用综合、统一和连贯的管理方法，减少管理层次，提高管理效率，促进信息资源共享，实现科学化、规模化与现代化的海洋管理。

1. 主要职能

海洋管理组织的主要职能是：组织编制海洋规划与海洋计划；审批海洋使用许可证；负责海洋自然保护；海洋执法；海洋渔业管理；海洋应急事件处理；海洋可持续发展问题咨询与建议。

2. 性质与归属

英国海洋管理组织是一个肩负管理职能的公共机构，受主管海洋事务的大臣领导，通过大臣向英国议会报告工作。

3. 人员配制与本部所在地

英国海洋管理组织的工作人员属公务员系列；本部设在英格兰东北部港口城市纽卡斯尔。

(二)英国的海洋区域

过去，英国按用途把海洋分为渔业区、海洋污染区、可再生能源区、二氧化碳储存区等。《英国海洋法》颁布后，将按照 1982 年《公约》规定，将英国海域划分为领海、毗连区、专属经济区和大陆架等，改变了英国长期以来与国际不接轨的海洋区域划分方法。《英国海洋法》第二部分宣布设立英国专属经济区，并指出，英国专属经济区的设立，可以使英国根据《公约》提出自己的权利主张并承担相关义务。《英国海洋法》还规定了威尔士海洋渔业区域划分方法。

英国专属经济区界限的确定有待与周边国家谈判。

(三)海洋规划

为了扭转目前英国的分散式海洋管理局面，《英国海洋法》为英国建立了战略性海洋规划体系。该体系的第一阶段工作将是编制海洋政策，确立海洋综合管理方法，确定海洋保护与利用的短期与长期目标；第二阶段将制订一系列海洋规划与计划，以帮助各涉海领域落实海洋政策。

《英国海洋法》规定，英国政府负责规划的海域范围为 200 海里内的海域和 200 海里以外大陆架区域(但不包括苏格兰、威尔士和北爱尔兰的近海区域，这些近海区域归三个地区行政机构管理)。英国中央政府管辖海域的规划职能由英国海洋管理组织承担，因此英国海洋管理组织也被称为海洋规划与计划主管部门。

(四)海洋许可证审批与发放

海洋许可证审批与发放的目的在于促进经济、社会与环境的协调发展，以实现海洋可持续发展目标。

《英国海洋法》对原有的海洋许可证审批发放法规进行了合并与简化，建立了新的海洋许可制度。经过修改后的许可制度将更合理，审批更为系统与统一。

(五)海洋自然保护

《英国海洋法》为保护海洋野生动植物增加了一些新的条款，以便提高英国的海洋自然保护水平。具体目标为：扭转英国海洋生物多样性的下降趋势；促进海洋生物多样性的恢复；提高海洋生态系统的运行功能和对环境变化的应变能力；在决策过程中更多地考虑海洋自然保护问题；更好地履行英国在欧盟和国际上做出的海洋自然保护承诺。

(六)近海渔业管理

渔业与海洋环境管理是《英国海洋法》的重点领域之一。该法提出了更为有效的管理与保护措施，以实现海洋环境与生态系统的有效管理和促进近海渔业的可持续发展，提高生产效益与管理效率。为了提高近海渔业管理的现代化水平，英格兰将成立近海渔业保护与管理局，以替代原来的海洋渔业委员会。

（七）其他海洋渔业事务与淡水渔业管理

本部分由四方面的内容组成：洄游性鱼类与淡水鱼类；贝类；娱乐性垂钓和对1967 年《海洋渔业法》的修改；对过时和重复的渔业法规的处理。

《英国海洋法》规定了对商业性捕捞许可证的收费标准，但同时提出，收费时应考虑英国捕捞业的国际竞争力和不同捕捞业之间的公平性问题。

《英国海洋法》列举了 9 部过时的渔业法规，处理办法是依据提高管理效率的原则，或废除，或简化，或合并。

（八）海洋执法

《英国海洋法》指出，为了公正和认真落实涉海法规，必须大力加强海洋执法工作。为了建立合理而强有力的海洋执法体系，将由新成立的海洋管理组织统一负责和协调海洋执法工作。在许可证发放与海洋自然保护的执法方面，将按照英国 2008 年《管理执法与惩处法》的规定，引入经济惩处措施。在海洋渔业执法方面，将仿照欧盟的办法，针对英国国内的渔业违法行为，引入行政惩罚制度。

在执法区域和分工方面，《英国海洋法》规定，英格兰的海洋渔业与自然保护执法范围为近海海域(从海岸线算起 6 海里内的海域)和河口区域，主要负责部门是"海洋管理组织"，环境保护部门和近海渔业保护机构也承担相关任务。环境部门主要负责淡水渔业和迁移性鱼类的管理执法，近海渔业管理部门主要负责地方渔业管理执法和在捕捞活动对海洋环境产生不利影响时的执法，如果涉及国家渔业管理问题，执法牵头部门仍为英国海洋管理组织。威尔士有关涉海部门和环境部门负责的执法区域也是离海岸线 6 海里内的近海和河口。《英国海洋法》对其他海域的执法工作也做了相关规定。

（九）进入海岸区、利用海岸和在海岸休闲娱乐

英国研究报告称，在英国，不允许人们靠近或因道路问题而无法靠近的海岸区约占 30%。英国人有到海边活动和娱乐休闲的传统习惯。《英国海洋法》第九部分专门就海岸地区的开放与利用问题做了明确规定，其中包括海岸附近道路的建设与管理问题。

二、《英国海洋科技战略》

2010 年 2 月，英国政府、苏格兰政府、北爱尔兰政府和威尔士议会政府联合发布《英国海洋科技战略(2010—2025 年)》，总体目标是规划、支持和协调英国海洋科技事业，使英国海洋科技进入世界领先行列。

(一)优先领域

该战略确定的三个高层次的优先领域有如下几个方面。

(1)了解海洋生态系统的运行规律。

(2)应对气候变化及气候变化与海洋环境的相互作用。

(3)保持和提高生态系统为社会创造福祉的能力。

根据这些优先领域,该战略提出了需要解决的关键政策问题以及为重大决策提供科学证据而需要开展的自然、社会和经济方面的科学研究。

(二)消除实施战略道路上的障碍

战略确定了一系列旨在加强科技项目主要资助方和海洋科学机构之间的协调和消除障碍的横向措施,以确保各种资源能够更好地为实现让英国海洋科技进入世界先进行列这一目标服务,进而为决策服务。

该战略确定的第一阶段优先行动领域,主要有以下几个方面。

(1)加强海洋科技工作的协调与配合。

(2)对资金适用情况进行持续和长期的监督跟踪。

(3)制定积极主动的沟通策略。

(三)战略的实施

海洋科学协调委员会将负责推动战略的实施,其工作将由部长级海洋科学组织进行监督指导,每年发布一份年度报告,介绍战略实施进展,详细叙述公共部门在海洋科学领域的开支情况。

将根据战略框架制订滚动式(战略实施)计划,该计划将提出与利益相关者一道协商确定的优先领域。

三、《英国海洋政策》

《英国海洋政策》于2011年3月18日由英国政府、苏格兰政府、北爱尔兰政府和威尔士议会政府联合发布,目的是为英国实现其"建设洁净、健康、安全、富有生命力和生物多样性丰富的海洋"的目标服务。

(一)海洋规划

使各种海洋活动按计划发展并有序进行,加强政策的协调与统一,强化对海洋及其资源的管理和对各类海上活动以及这些活动之间的相互作用的管理,使管理工作更具有前瞻性和主动性,进一步重视发挥海洋空间规划的作用。

（二）高层决策

英国海洋政策要求，进行任何涉海决策时，必须以相关涉海政策文件为依据，权衡各种方案的利弊，考虑到各项方案产生的影响。

（三）海洋保护区

英国政府承诺到 2012 年完成具有生态意义的海洋保护区网络建设，并将此作为英国自然保护工作的有机组成部分。

（四）国防与国家安全

英国国防部有权制定相关法规，对海域进行管理和对海洋的临时或长期使用活动加以限制。海上活动不应该影响国防和国家安全利益，如果为了保持国防能力，必须开展相关活动，国防部将尽可能地采取管理措施和其他应对措施，减少对环境产生的不利影响。

（五）能源市场与能源基础设施建设

在能源供应与配送方面，海洋发挥着日趋重要的作用。在保护环境的同时实现英国的能源目标，是英国海洋规划工作的优先任务之一。

（六）港口与海运

港口与海运是英国经济的重要组成部分，是英国进出口的重要渠道。港口还支持可再生能源等新兴产业的发展，通过增加海运来减少公路运输，也起到了减少气候变化影响的作用。

（七）海砂

英国海砂资源十分丰富，可满足建设事业对砂石材料的大部分需求。用于维护旨在应对气候变化的沿海防护工程所需的砂，也只能依靠海洋。海砂还在维护能源安全和发展经济方面发挥着重要作用。

（八）海洋疏浚与疏浚物倾倒

海上疏浚与倾倒活动，大部分是为了航行目的和扩大现有港口或建设港口。自 1998 年以来，英国政府严格履行国际义务，严格限制疏浚和倾倒作业。

（九）通信电缆

电信和电力电缆是英国和全球经济的重要基础设施。制订海洋计划和统筹研究跨边界海洋计划时应重视海底电缆问题。

(十)渔业

英国将不断推出旨在改善渔业资源状况的更符合可持续发展原则的渔业管理，避免大幅度削减捕捞配额，使渔业产业获得更好的利润并使海洋环境更加健康，进而维护渔业产业的稳定。

(十一)水产养殖

英国各级政府支持和鼓励发展管理良好和采用环境保护措施的高效、具有竞争力和可持续的水产养殖。

(十二)地表水管理和废水处理与处置

确保高质量地管理地表水和处理废水，保护人们的健康，提高社会福祉和更好地保护环境，是英国政府追求的目标。土地利用规划应与海洋规划相衔接，制订海洋计划或审批新的海洋活动时，规划部门应权衡用海活动带来的效益和最终代价。

(十三)旅游和娱乐

英国政府在承认旅游业推动国家经济发展中的作用的同时，采取措施提高旅游产业的竞争力，鼓励在不破坏环境的情况下发展旅游业。

四、《英国海洋产业增长战略》

2011年9月，英国发布《英国海洋产业增长战略》。该战略是在吸取和整合企业、政府和学术界的意见和建议的基础上形成的。

(一)六大发展主题

该战略确定了发展英国产业的六大主题：
(1)为英国海洋产业形成统一的声音和塑造良好的形象；
(2)提高英国海洋产业对英国可持续增长的贡献率；
(3)由政府和产业界确定海洋技术与创新优先领域，并制定路线图；
(4)制定和实施产业界所需技能长期发展路线图；
(5)开发海洋可再生能源产业的潜力，共享新机遇方面的知识；
(6)研究和确定现有法规存在的问题和出台新法规。

(二)落实战略主题的措施

英国海洋产业领导委员会负责落实战略确定的六大主题。措施包括：

（1）制定和实施旨在促进前沿性创新和提高生产力及竞争力的措施，将英国海洋产业建设成世界一流的可持续产业；

（2）鼓励和组织围绕影响造船、游艇制造和相关海洋工程和供应链有关的问题进行经常性讨论；

（3）鼓励利益相关者为政府制定有关的产业政策提出意见和建议。

五、《英国国家海洋安全战略》

2014 年 5 月，英国政府发布《英国国家海洋安全战略》。该战略阐述了海洋对英国的重要性，确定了英国处理海洋安全问题的方法和希望实现的目标，介绍了强化英国海洋安全工作的措施和英国海洋安全管理架构。

《英国国家海洋安全战略》的目标是，将英国建设成一个繁荣、安全、现代化和外向型的，且在全球范围推广其价值观和理念的国家，宗旨是通过维护航行自由、减少国家安全面临的威胁以及通过利用海洋领域提供的机遇，维护英国的利益和促进繁荣。

（一）海洋安全的含义

海洋安全的含义即通过对位于海洋和来自海洋的风险与机遇进行积极管理，推进和捍卫英国的国家权益，进而促进英国的繁荣与安全和提高应变能力，并帮助建设一个稳定的世界。

（二）重点保护的海洋利益

（1）在任何国家船舶上的英国公民和享有英国权利的人；

（2）英国的海域；

（3）悬挂英国旗帜的客轮和货船；

（4）位于英国海域的海上基础设施，包括海上海事基础设施；

（5）英国拥有的海上基础设施；

（6）英国商业贸易。

（三）维护海洋安全的手段和方法

1. 实现海洋安全目标的手段

核心是两大手段：一体化与合作。一体化是指涉及海洋安全的所有部门通过国家海洋安全委员会会议进行磋商和协调，最大限度地提高所采用的方法的统一和效率。合作是指在国家、区域和国际层面上与盟国和伙伴开展密切合作，是维护建立在规则基础上的国际体系的最佳办法。

2. 维护海洋安全问题的战略性方法

维护海洋安全问题的战略性方法是：了解、影响、预防、保护和响应。

(四)海洋安全目标

(1)促进全球海洋领域的安全，维护国际海洋规范；

(2)帮助位于具有重要战略意义的地区的国家提高海洋管控和治理能力；

(3)确保港口、海上基础设施和悬挂英国旗帜的客轮、货轮的安全，保护英国和海外领地及其公民和经济；

(4)确保位于英国海域内、地区和国际上的重要的海上贸易与能源运输通道的安全；

(5)保护英国和海外领地的资源与公民免受非法和危险活动的威胁，包括来自严重的有组织犯罪和恐怖主义的威胁。

第五章　中国海洋政策及完善

第一节　中国海洋政策的发展历史

一、清代以前中国的海洋政策

中国是世界上开发利用海洋最早的国家之一，一些朴素的海洋管理思想伴随着早期的海洋开发活动而产生。先秦时期，海洋开发主要是"渔盐之利"和"舟楫之便"。在周代，中国就已经开始设立渔官，是兴渔盐之利最早的国家之一。原始社会末期，沿海地区就掌握了"煮海为盐"的方法。周朝统治者对于舟船十分重视。周武王设立了专门管理舟船的管理机构，称为舟牧，建立舟楫检查制度。据《尔雅·释水》记载"天子造舟，诸侯维舟，士特周，庶人乘泭"。

秦汉时期，我国军队建制中正式设置的水军——楼船军建立起来。当时的汉武帝就是用这支军队进攻朝鲜，渡海作战，是我国古代海军大规模渡海作战的先例，标志着政府建设控制海洋力量的开始。

唐朝时期，在广州、泉州和明州，政府设立了对外贸易的管理机构——市舶司。其主要职能是掌管从事航海贸易的船舶与货物。市舶司是中国外贸史上第一个专门机构，开创了古代海外贸易管理的新制度，为宋以后所继承沿用，至清代才为海关制度所取代。

宋朝与东南沿海国家绝大多数时间保持着友好关系，广州成为当时中国海外贸易第一大港。宋代海上贸易的持续发展，大大增加了朝廷和港市的财政收入，促进了经济发展和城市化生活，也为中外文化交流提供了便利条件。法国年鉴派史学大师布罗代尔（Fernand Braudel）在考察15—18世纪世界城市发展史时指出，中国的广州是当时地理位置与港口条件最优越的地方，他甚至认为，当时世界上可能没有一个作为港口的地点比广州更优越。

北宋时期，朝廷注重发展海洋贸易，鼓励"商贾懋迁""以助国用"。南宋时期，由于金人的入侵，朝廷农税不足，为获得海洋带来的利益，统治者鼓励民间航海。于北宋时期1076年制定、1080年实施的《广州市舶条》，是中国历史上第一部管理海外贸易的专门法规，虽名为《广州市舶条》，但却在中国的东南沿海城市被广泛推行，对后世的相关法律产生了深远的影响。1314 年，元朝颁行了被认为是中国古代第一部完整和系统的海外贸易管理法规——《延祐市舶法》，即是在《广州市舶条》的基础上制定的。

明朝时期，朱元璋针对国内动荡的局势，行"禁海"先稳定国内。在稳定的基础上，朱棣解"禁海"平天下，继续元朝的"大一统"。明朝初期是海洋开发的鼎盛时期，郑和下西洋是其显著标志。明中后期和清朝，市舶贸易开始衰落。统治者为了加强海防，实行全面禁海政策。

清朝时期，政府先后两次颁布禁海令，规定"寸板不得下海"。清朝时期还 3 次颁布"迁海令"，沿海居民一律内迁 50 里。值得一提的是，在康熙年间，颁布了《开海征税则例》，是第一个海关法例。在乾隆年间，又颁布了专门针对外商的《防范夷商规定》。

清朝以前中国海洋政策的特征主要就体现在"海禁"二字上。在海洋管理的过程中，往往出现一些游离于封建统治者控制之外的不安定因素，为了消灭这些不安定因素，统治者往往都采取海禁政策。

第一，对官方航海活动严加监控。除了最高统治阶层外，其他涉及航海的中央与地方官员绝不许私自下海，牟取利益。例如，明成祖在组织开展郑和下西洋的同时，即诏告天下，凡泛海出洋人员，非受钦命不许迈出国门。如"私自下番，交通外国"，即"所司以遵洪武事例禁治"。

第二，对民间航海基本实行海禁。在官方垄断航海的同时，历代封建王朝大都对民间航海活动实行严格的"海禁"政策。明清时期，这种"海禁"政策更趋严酷。洪武三十五年（建文四年，1402 年）九月，朱棣登位未久即宣诏，"凡中国之人逃匿在彼（指东南亚一带）者，咸改前过，俾复本业，永为良民；若仍恃险远，执迷不悛，则命将发兵，悉行剿戮，悔无及"。

二、新中国的海洋政策

新中国成立初期，由于当时的国内国际环境，建设强大海军和海上钢铁长城是当时的主要战略任务。加强海军建设，把海洋工作的重点放在抵御侵略、保卫大陆安全成为这一时期海洋政策的核心。在海洋开发方面，政府在部分海域划定了禁航区和封闭水道。在法律法规方面，这一阶段颁布了一些海洋法规：1949 年 1 月，中共中央政治局在《目前形势和党在 1949 年的任务》的决议中，明确提出"争取组成一支能够使用的空军及一支保卫沿海沿江的海军"。1953 年 12 月 4 日，毛泽东对海军建设总方针、总任务作了这样的阐述："为了肃清海匪的骚扰，保障海道运输的安全；为了准备力量于适当时机收复台湾，最后统一全部国土；为了准备力量，反对帝国主义从海上来的侵略，我们必须在一个较长时期内，根据工业发展的情况和财政的情况，有计划地逐步建设一支强大的海军"。

随着国家社会经济的不断发展，海洋权益和海洋资源问题越来越引起人们的重视，海洋开发已超出行业生产的局部问题，事关国家利益和经济发展大局。海洋事业的发展也需要建立相应的管理机构。1963 年 5 月 6 日，国家科学技术委员会海洋专业组组长袁也烈等 29 名专家，联名上书国家科学技术委员会，建议设立国家海洋局，以加强对全国海洋工作的领导。1964 年 1 月 4 日，国家科学技术委员会党组向中共中央书记处和邓小平提交报告，正式建议成立国家海洋局。1964 年 2 月 11 日，中共中央批复同意在国务院下成立直属的海洋局，由海军代管。同年 7 月，经第二届全国人民代表大会第 124 次常务会议审议批准，国家海洋局正式成立。国家海洋局成立后，迅速整合已有的资源和队伍，完善组织机构，于 1965 年在青岛、上海和广州分别设立国家海洋局北海、东海和南海三个分局。国家海洋局初建时的行政职能是负责海洋环境监测、资源调查、资料收集整编和海洋公益服务。国家海洋局的成立标志着中国从此有了专门的海洋管理部门，国家海洋管理体制开始走向一个新阶段，是中国海洋科学和海洋管理发展史上的重要一页。

改革开放时期，我国的海洋政策发生了很大改变，开始从海洋战备转到保卫海洋领土主权完整、维护海洋权益上来。1988 年我国设立海南省，以便管理南海诸岛。在海洋开发方面，邓小平提出"坚持主权、搁置争议、共同开发"。搁置争议、友好协商、双边谈判、推动合作成为中国解决海洋权益争端的主要政策。在法律法规方面，这个时期是中国海洋法律制度的快速发展时期，关于海洋资源开发的法律法规迅速出台。例如，合作开发海洋油气资源。1982 年 11 月 30 日，国务院总理赵紫阳在第五届全国人民代表大会第五次会议上，作了《关于第六个五年计划的报告》，报告在石油工业建设内容中指出："五年投资一百五十四亿元，重点勘探东北松辽盆地、渤海、河南濮阳地区和内蒙古二连盆地……同时积极开展海上石油的勘探和开发"，这样，我们就可以补充原有油井产量由于每年采收形成的自然递减，使五年内石油年产量稳定在 1 亿 t 的水平上。这里提到的"开展海上石油的勘探和开发"主要指与国际合作的勘探和开发。再如，合作开发有争议海岛。1984 年 10 月 22 日，邓小平在中央顾问委员会第三次全体会议上指出："'共同开发'的设想，最早也是从我们自己的实际提出来的。我们有个钓鱼岛问题，还有个南沙群岛问题。我访问日本的时候，在记者招待会上他们提出钓鱼岛问题，我当时答复说，这个问题我们同日本有争议，钓鱼岛日本叫尖阁列岛，名字就不同。……当时我脑子里在考虑，这样的问题是不是可以不涉及两国的主权争议，共同开发。共同开发的无非是那个岛屿附近的海底石油之类，可以合资经营嘛，共同得利嘛"。邓小平此处指的"共同开发"海底石油，既是对"国际合作"的海洋开发政策的延续，也是当时处理国际问题的一种策略。

20 世纪 90 年代后与时俱进的和平与发展的海洋政策时期的海洋政策更加完善。政府高度重视海洋，强调发展海洋事业，推动国民经济和社会发展。1996 年中国加入《公约》，该公约确立了新的海洋国土观。这时期新中国海洋开发政策的主要特点是：发展迅速，形成了比较全面的海洋开发体系。内容主要有以下几个方面。

1. 统筹海洋开发和整治方面的政策

1991 年 1 月，首次海洋工作会议通过了《九十年代我国海洋政策和工作纲要》，提出"以开发海洋资源，发展海洋经济为中心，围绕'权益、资源、环境和减灾'四个方面开展工作，保证海洋事业持续、稳定、协调发展，为繁荣沿海经济和整个国民经济，实现我国第二步战略目标做出贡献"。1995年5月编制完成了《全国海洋开发规划》。"我国第一部跨世纪《全国海洋开发规划》经国务院原则同意，已由国家计委、国家科委、国家海洋局联合行文印发全国有关省、自治区、直辖市人民政府以及国务院有关部门贯彻实施""该规划确立的基本战略原则是实行海陆一体化开发，提高海洋开发综合效益，推行科技兴海，求得开发和保护同步发展。总体构想是要建立一个海运体系，开发五种主要资源、发展五个重点开发区，同时规划三个海洋特殊开发区"。

2. 资源开发和环境保护方面的政策

这里有两个文件值得提及：《中国21世纪议程——中国21世纪人口、环境与发展白皮书》和《中国海洋21世纪议程》。"《中国海洋21世纪议程》是根据《中国21世纪议程——中国21世纪人口、环境与发展白皮书》的精神制定的，是'九五'期间和21世纪初我国海洋工作的指导性文件和行动纲领。它把'海洋资源的可持续开发与保护'作为主要领域，通过该议程的实施，可以提高有关部门和地区以及社会广大公众参与海洋可持续发展事业的积极性和能力，促进我国海洋事业和沿海经济持续、稳定、高速、协调地发展，为解决我国人口、资源、环境和发展等紧迫问题拓宽道路。"

3. 科学技术研究和开发政策

1993年3月研究制定的《海洋技术政策》，其目的是"通过国家引导海洋科技队伍形成整体力量，重点发展海洋探测和海洋开发适用技术，有选择地发展海洋高新技术并形成一批相应的产业，使中国海洋科学技术在20世纪末逐步接近世界先进水平，以满足开发海洋资源、保护海洋生态环境和维护中国海洋权益的需要"。

新中国海洋政策具有以下几个方面的特征。

（1）对海洋的重视程度越来越高。新中国成立初期是为了国家安全的需要，实现保护国家的军事目的，把沿海地带作为天然的战略屏障。改革开放之后，沿海地区的经济开发成为重点。20世纪90年代后，政府将开发海洋提到了前所未有的战略高度。

（2）管理海洋的手段越来越综合。以前对于海洋主要是一种军事的管理。后来经济手段也成为一种管理措施，无论是进出口政策还是国际贸易等都成为海洋管理的强有力的手段之一。法律也成为海洋管理的手段。为了维护我国的海洋权益，解决海洋争端，我国颁布施行了一系列的法律法规，为规范我国的海洋管理做出了贡献。

（3）始终坚持和平解决争端。我国始终坚持建立在平等基础上的对话，协商和谈判是解决争端、维护和平的正确途径。以"搁置争议、共同开发"的政策为例，体现了和平、共赢的理念，是和平解决争端的有效手段。

三、21世纪的海洋政策

中国21世纪的海洋策略是在逐步成为海洋经济强国的同时，更要成为科学合理地开发利用和保护海洋资源的大国和强国。

国家海洋局原局长王曙光曾说过："21世纪是海洋的世纪，海洋是人类未来的希望，是世界可持续发展的重要基地。开发海洋，向海洋进军已经成为世界性的大趋势和各国的战略选择""把我国建设成为现代化的海洋强国，是近代以来饱受屈辱的中华儿女孜孜以求的崇高理想，也是中华民族实现伟大复兴的重要组成部分。"新中国成立以后，我们党的历届领导集体都非常重视我国的海洋事业，唯一的区别在于出发点和侧重点上，正是基于对海洋利益认识的全面深入，才使得新世纪新中国海洋开发政策比前一时期更加全面、科学，并在不断合理发展中迈向强国战略的好势头。这一时期的海洋开发政策，重点围绕贯彻落实"实施海洋开发"和"发展海洋产业"两大战略。

从政策层面上看，2002年11月，中国共产党召开了第十六次全国代表大会，在大会上提出了全面建设小康社会的国家战略，在总体战略部署中提出了中国"实施海洋开发"的要求。2003年5月9日，国务院印发了《全国海洋经济发展规划纲要》，"我国是海洋大国，管辖海域广阔，海洋资源可开发利用的潜力很大。加快发展海洋产业，促进海洋经济发展，对形成国民经济新的增长点，实现全面建设小康社会目标具有重要意义"。2006年，十届全国人大四次会议批准了修改后的《国民经济和社会发展第十一个五年规划纲要》。在《国民经济和社会发展第十一个五年规划纲要》中，对于海洋方面有了更明确的指示，提出"保护海洋生态，开发海洋资源，实施海洋综合管理，促进海洋经济发展"。2007年，中国共产党第十七次全国代表大会又提出了要"发展海洋产业"的明确要求。2008年2月7日，国务院批准了《国家海洋事业发展规划纲要》（以下简称《纲要》）。"《纲要》是建国以来首次发布的海洋领域总体规划，是海洋事业发展新的里程碑，对促进海洋事业的全面、协调、可持续发展和加快建设海洋强国具有重要的指导意义""国务院要求，要始终贯彻在开发中保护、在保护中开发的方针，进一步规范海洋开发秩序"。2008年10月，国家海洋局联合科技部发表了《全国科技兴海规划纲要（2008—2015年）》，在指导思想中指出："以邓小平思想和'三个代表'重要思想为指导，全面贯彻科学发展观，落实'实施海洋开发'和'发展海洋产业'的战略部署，以建设海洋强国为目标……"2009年《政府工作报告》中提出了我国应"加快合理开发利用海洋"的政策，为我国加快海洋开发进程提供了理论指导。

此后，中国海洋综合管理体制改革在2013年取得了历史性的突破。为加强海洋事务的统筹规划和综合协调，中国决定设立高层次议事协调机构——国家海洋委员会，负责研究制定国家海洋发展战略，统筹协调海洋重大事项。国家海洋委员会的具体工作由国家海洋局承担。

第二节　中国海洋政策的体系构成

海洋政策，是指一个国家为实现其海洋事业的发展目标、战略方针或规划而制定的行动准则。制定海洋政策的目的在于有效地组织各种海上活动，协调国内有关海洋事业各部门之间的关系，正确处理海洋国际问题，维护本国的海洋权益，有效地促进本国的海洋开发利用和国际合作。海洋政策通常以国家的立法、政府的法规和行政指令、事业规划等方式具体化、条理化和法制化，借以发挥其指导、协调和制约的作用。

在我国，议行合一体制下的公共政策主要来源于中国共产党、全国人民代表大会以及各级国家行政机关。中国共产党制定的政策是其在一定历史时期为实现一定的目标和任务而规定的调整国际上国与国之间、国内团体与团体之间、人与人之间关系与行为方式的依据和准则。立法是中国人民代表大会的首要职权，主要表现为宪法、基本法、其他法律、地方性法规、自治条例、单行条例以及人大决定等。决策是各级国家行政机关重要的职能表现，行政部门所作的决策，即行政决策，是当代中国公共政策的一个重要组成部分。海洋政策的来源同样具有多样化，因此，构建我国现行的海洋政策体系首先要厘清海洋政策与海洋法规、国际海洋公约与国内海洋法律之间的关系。

海洋政策与海洋法律有着根本利益的一致性，都是为了实现国家对海洋的科学开发与综合治理。这种一致性决定了它们的关系极为密切，二者相互影响、相互作用。海洋政策对海洋法律的制定和实施具有指导作用，海洋法律是海洋政策最基本的实现形式。因此，我国的海洋政策不仅包括海洋法律法规，还包括政府有关海洋发展的计划、指示、决议，甚至政府领导人有关海洋的某些特定意图和表征符号也会起到海洋政策的功能。

国际条约是海洋法的最主要渊源，各国在国内立法实践中大都在宪法中明文规定，本国签署的国际条约具有国内法律效力。虽然中华人民共和国宪法对于条约与国内法的关系并未做出直接的规定，但是，从立法实践来看，中国在处理国际条约与国内法律衔接和适用的问题时，大体采用两种方式：一是制定相应的国内法律规则，就国际条约的适用问题做出原则规定；二是根据中国缔结或参加的国际条约，及时对国内法做出相应修改与补充。因此，我国尊重国际法，忠实履行国际义务（包括国际条约和国际习惯所确立的国际义务），积极促进国内法与国际法相互联系、相互渗透、相互补充。具体到国际海洋公约及国际或地区合作协定，我国根据国情及立场在宪法许可的范围内给予批准并在国内生效。

综上所述，我国现行海洋政策的具体表现形式主要有三个方面：①在我国被批准正式生效的海洋国际公约及国际或地区合作协定；②中国现行的海洋法律制度，主要包括海洋法律、法规、规章、规范性文件和政策性文件；③中国海洋规划。

一、海洋国际公约及国际或地区合作协定

新中国成立后，积极加强国际间的交流与合作，逐步融入国际海洋事务，先后签署了一系列的海洋国际公约及国际或地区合作协定。截至 2007 年，我国参加的国际海洋公约、条约近 200 个，包括 1982 年 12 月 10 日签订的《公约》，1972 年 12 月 29 日签订的《1972 伦敦公约》和《1996 议定书》，1991 年 6 月 23 日在马德里签订的《关于环境

保护的南极条约议定书》等。

这些海洋国际公约及国际或地区合作协定在我国得到贯彻和执行，与国内海洋法律共同为我国的海洋事业服务。根据公约的不同性质，对没有涉外因素的国内案件，对其中某些公约我国通过不同方式直接或间接地部分适用该公约，在国内贯彻执行中，主要有四种情况：①通过立法采纳与国际公约相同的规则。②通过立法部分采纳与国际公约相同的规则。③国务院主管部门以下发通知的方式规定国际公约对无涉外因素当事人的适用范围。对一些技术性较强，或者没有必要区分涉外涉内因素的我国加入的国际公约，国务院主管部门以下发通知的方式明确公约的适用范围。④参加公约时或公约对我国生效时，没有任何法律、法规或规章明确该公约是否适用无涉外因素的国内当事人。此时，尽管我国已参加了国际公约，但对无涉外因素的国内当事方，只能适用国内法。

二、我国现行的海洋法律制度

（一）海洋法律

新中国成立后，先后颁布了《中华人民共和国领海及毗连区法》（以下简称《领海及毗连区法》）、《中华人民共和国专属经济区和大陆架法》（以下简称《专属经济区和大陆架法》）、《中华人民共和国海域使用管理法》（以下简称《海域使用管理法》）、《中华人民共和国渔业法》（以下简称《渔业法》）、《中华人民共和国海洋环境保护法》（以下简称《海洋环境保护法》）、《中华人民共和国海岛保护法》（以下简称《海岛保护法》）等海洋法律，形成了具有中国特色的海洋法律体系。

1.《领海及毗连区法》

1958 年 9 月 4 日，我国政府发表了《中华人民共和国政府关于领海的声明》（以下简称《关于领海的声明》），初步建立了中国的领海制度，声明"领海宽度为 12 海里"。该声明还不能认为是严格意义上的领海立法，1992 年 2 月 25 日全国人大审议通过了《领海及毗连区法》。

该法共 17 条，对我国领海及毗连区的法律制度作了系统规定。根据该法规定，我国领海和毗连区基线采用直线基线法划定，由各相邻基点之间的直线连线组成。因此，领海和毗连区的宽度自领海基线量起，分别是 12 海里和 24 海里。外国非军用船舶，享有依法无害通过中华人民共和国领海的权利。外国军用船舶进入中华人民共和国领海，须经中华人民共和国政府批准。任何国际组织、外国组织或者个人，在中华人民共和国领海内进行科学研究、海洋作业等活动，须经中华人民共和国政府或者其有关主管部门批准，遵守中华人民共和国法律、法规。而外国航空器只有根据该国政府与中华人民共和国政府签订的协定、协议，或者经中华人民共和国政府或其授权的机关批准或者接受，方可进入中华人民共和国领海上空。而且该法特别指出，中华人民共和国的陆地领土包括中华人民共和国大陆及其沿海岛屿、台湾及其包括的钓鱼岛在内的附属各岛、澎湖列岛、东沙群岛、西沙群岛、中沙群岛、南沙群岛以及其他一切属于中华人民共和国的岛屿。这对维护我国岛屿的领土主权，防止其他国家和地区侵占我国岛屿起到重要的指导意义。

2.《专属经济区和大陆架法》

我国一贯支持发展中国家维护国家主权和海洋权益，支持发展中国家建立 200 海里专属经济区的合理主张。经过 20 世纪 70 年代的酝酿和 80 年代的研究，1998 年 6 月 26 日，全国人大审议通过了《专属经济区和大陆架法》。

该法作为我国海洋基本法，主要内容是关于管辖区的范围、权利和义务以及专属经济区和大陆架划界的规定。该法规定我国的专属经济区为领海以外并邻接领海的区域，从测算领海宽度的基线量起延至 200 海里。大陆架，为领海以外依本国陆地领土的全部自然延伸，扩展到大陆边外缘的海底区域的海床和底土。如果从测算领海宽度的基线量起至大陆边外缘的距离不足 200 海里，则扩展至 200 海里。

3.《海域使用管理法》

我国的改革开放政策促使外商纷纷投资开发利用我国海域，由此引发了涉及国家主权、权益、规划、政策及有偿使用等诸多问题。1991 年，国家海洋局和财政部联合向国务院呈送了一个专题报告，正式提出了对外商使用我国海域实行海域使用许可制度和有偿使用制度的建议，并于 1993 年 5 月颁布实施了《国家海域使用管理暂行规定》。由于该规定法律层次低，缺乏权威性，1996 年，正式启动了海域使用管理立法工作，经过多次讨论、审议和修订，2001 年 10 月 27 日正式颁布《海域使用管理法》，2002 年 1 月 1 日起实施。

该法确立了"海域属国家所有，由国务院代表国家行使海域所有权"的原则。国家是海域的唯一所有权人，任何单位或个人不得侵占、买卖或者以其他形式非法转让海域，使用海域必须依法取得海域使用权。在此基础上，确定了四项基本制度：①海域使用的功能控制制度；②海域有偿制度；③海域使用权属管理制度；④海域审批制度。

海域使用管理法把我国的海洋管理推向法制化轨道，从根本上调整了海洋开发利用和保护及其资源之间的关系，对中国海洋开发管理产生了深远的影响。该法颁布实施以来，国家先后发布了与其相关的 20 多个配套制度，沿海各地都根据该法和本地区的实际情况，出台了实施细则和管理办法等，形成了从中央到地方一套完整的海域使用行政管理的法规体系，规范了用海管理。

4.《渔业法》

1986 年 1 月 20 日，全国人大审议通过《渔业法》，并于 2000 年 10 月 31 日完成了修正。

该法是我国渔业资源开发与保护的基本法，确定了我国渔业生产的方针：以养殖为主，养殖、捕捞、加工并举，因地制宜，各有侧重。该法共 6 章，除总则和附则以外，主要是对养殖业和捕捞业的管理以及渔业资源的增值和保护作了明确的规定：①国务院渔业行政主管部门主管全国渔业工作，各级政府和部门负责所辖区域的渔业工作，实行统一领导、分级管理；②国家对水域利用进行统一规划，确定养殖业的水域和滩涂；③国家根据捕捞量低于渔业资源增长量的原则，确定渔业资源的总可捕捞量，实行捕捞限额制度；④国家保护水产种质资源及其生存环境，并在具有较高经济价值和遗传育种价值的水产种质资源的主要生长繁育区域建立水产种质资源保护区。

5.《海洋环境保护法》

1999 年 12 月 25 日，全国人大审议通过《海洋环境保护法》，并于 2013 年 12 月 28 日完成了修订。

该法是为了保护和改善海洋环境，保护海洋资源，防治污染损害，维护生态平衡，保障人体健康，促进经济和社会的可持续发展而制定的法规。该法作为我国海洋环境保护的基本法，确定了我国海洋环境保护的基本制度。该法共 10 章，除总则和附则外，主要对海洋环境监督管理、海洋生态保护、防治陆源污染物对海洋环境的污染损害、防治海岸工程建设项目对海洋环境的污染损害、防治海洋工程建设项目对海洋环境的污染损害、防治倾倒废弃物对海洋环境的污染损害、防治船舶及有关作业活动对海洋环境的污染损害以及相关的法律责任进行了规定。

该法明确规定，国家建立并实施重点海域排污总量控制制度，确定主要污染物排海总量控制指标，并对主要污染源分配排放控制数量。一切单位和个人都有保护海洋环境的义务，并有权对污染损害海洋环境的单位和个人，以及海洋环境监督管理人员的违法失职行为进行监督和检举。国务院环境保护行政主管部门作为对全国环境保护工作统一管理的部门，对全国海洋环境保护工作实施指导、协调和监督，并负责全国防治陆源污染物和海岸工程建设项目对海洋污染损害的环境保护工作。国家海洋行政主管部门负责海洋环境的监督管理，组织海洋环境的调查、监测、监视、评价和科学研究，负责全国防治海洋工程建设项目和海洋倾倒废弃物对海洋污染损害的环境保护工作。

6.《海岛保护法》

2009 年 12 月 26 日，全国人大审议通过《海岛保护法》，于自 2010 年 3 月 1 日起施行。

该法是为了保护海岛及其周边海域生态系统、合理开发利用海岛自然资源、维护国家海洋权益、促进经济社会可持续发展而制定的。该法共 6 章，除总则和附则外，主要对海岛保护规划、海岛保护、监督检查和法律责任进行了规定。

该法明确规定，国务院和沿海地方各级人民政府应当将海岛保护和合理开发利用纳入国民经济和社会发展规划，采取有效措施，加强对海岛的保护和管理，防止海岛及其周边海域生态系统遭受破坏。国务院海洋主管部门和国务院其他有关部门依照法律和国务院规定的职责分工，负责全国有居民海岛及其周边海域生态保护工作。沿海县级以上地方人民政府海洋主管部门和其他有关部门按照各自的职责，负责本行政区域内有居民海岛及其周边海域生态保护工作。国务院海洋主管部门负责全国无居民海岛保护和开发利用的管理工作。沿海县级以上地方人民政府海洋主管部门负责本行政区域内无居民海岛保护和开发利用管理的有关工作。国务院和沿海地方各级人民政府应当加强对海岛保护的宣传教育工作，增强公民的海岛保护意识，并对在海岛保护以及有关科学研究工作中做出显著成绩的单位和个人予以奖励。任何单位和个人都有遵守海岛保护法律的义务，并有权向海洋主管部门或者其他有关部门举报违反海岛保护法律、破坏海岛生态的行为。

（二）海洋法规

海洋法规是国家机关制定的有关海洋的相关法规，如我国制定和颁布的涉海行政法规，省、市、自治区人民代表大会及其常务委员会制定和公布的涉海地方性法规。省、市、自治区人民政府所在地的市，经国务院批准的较大的市的人民代表大会及其常务委员会，也可以制定地方性的涉海法规，报省、自治区的人民代表大会及其常务委员会批准后施行。法规也具有法律效力。海洋法规分为海洋行政法规和地方海洋法规。海洋行政法规由国务院制定并修改，地方海洋法规由省、直辖市人民代表大会常务委员会制定并修改，也有部分城市人民代表大会常务委员会可以制定行政法规自治条例，由民族自治地方的人民代表大会常务委员会制定并修改。

新中国成立以来，我国颁布了一系列海洋法规。

海洋行政法规有：1979年2月颁布的《中华人民共和国水产资源繁殖保护条例》；1983年12月颁布的《中华人民共和国海洋石油勘探开发环境保护管理条例》（以下简称《海洋石油勘探开发环境保护管理条例》）《中华人民共和国防止船舶污染海域管理条例》（以下简称《防止船舶污染海域管理条例》）；1990年3月颁布的《中华人民共和国盐业管理条例》（以下简称《盐业管理条例》）；2003年颁布的《倾倒区管理暂行规定》；2008年1月颁布的《海洋计量工作管理规定》等。

关于海域使用的地方法规有：《河北省海域使用管理条例》《山东省海域使用管理条例》《江苏省海域使用管理条例》《山东省海域使用管理条例》《广东省海域使用管理条例》《天津市海域使用管理条例》《大连海域使用管理条例》《厦门市海域使用管理条例》《宁波市无居民海岛管理条例》等。关于海洋环保的地方法规有：《海南省海洋环境保护规定》《山东省海洋环境保护条例》《浙江省海洋环境保护条例》《江苏省海洋环境保护条例》《海南省珊瑚礁保护规定》《福建省海洋环境保护条例》等。

（三）海洋规章

在我国，海洋规章分为部门规章和地方规章。部门规章是由国务院各部、委、总局、局、办、署等根据宪法、法律和行政法规的规定和国务院的决定，在本部门的权限范围内制定和发布的调整本部门范围内的行政管理关系的，并不得与宪法、法律和行政法规相抵触的规范性文件。主要形式是命令、指示、规章等。地方规章是指省、自治区、直辖市人民政府以及省、自治区、直辖市人民政府所在地的市、经济特区所在地的市和国务院批准的较大的市的人民政府，根据法律、行政法规和本省、自治区、直辖市的地方性法规所制定的规章。地方法规的法律效力低于宪法、法律、行政法规和地方性法规，也不得与部门规章相抵触。地方政府规章可以规定的事项包括：为执行法律、行政法规、地方性法规的规定需要制定规章的事项；属于本行政区区域具体行政管理的事项。

新中国成立以来，我国公布了一系列海洋规章。

与海洋相关的部门规章有：《海洋石油勘探开发环境保护管理条例实施办法》《海洋标准化管理规定》《海域使用测量管理办法》《海底电缆管道保护规定》《海域使用管理违法违纪行为处分规定》等。

与海洋相关的地方规章有：《辽宁省海域使用管理办法》《浙江省海域使用管理办法》《上海市海域使用管理办法》《厦门市无居民海岛保护与利用管理办法》《广西壮族自治区山口红树林生态自然保护区管理办法》等。

(四)海洋规范性文件

规范性文件是各级机关、团体、组织制发的各类文件中最主要的一类，因其内容具有约束和规范人们行为的性质，故名称为规范性文件，主要指的是各级行政机关、法律法规授权组织为执行国际法律、法规和规章，对社会实施管理，依法定权限和法定程序制定和发布的具有普遍约束力、可以反复适用的决定、命令和措施。在我国，规范性文件主要有三种解释：①指法律范畴(即宪法、法律、行政法规、地方性法规、自治条例、单行条例、国务院部门规章和地方政府规章)的立法性文件和除此以外由国家和其他团体、组织制定的具有约束力的非立法性文件的总和。②指各类国家行政机关为实施法律、执行政策，在法定权限内制定的除行政法规、行政规章以外的具有普遍约束力的决定、命令及行政措施等。③指没有行政法规和行政规章制定权的国家行政机关为实施法律、法规和规章而制定的具有普遍约束力的决定、命令及行政措施等。对规范性文件一般都采用第三种解释，即狭义的概念，主要是行政规范性文件。

我国海洋规范性文件主要涉及海域使用、海洋环境保护、海洋科技、海洋人力资源管理等领域。涉及海域使用的海洋规范性文件有《关于加强区域建设用海管理工作的若干意见》《关于印发〈填海项目竣工海域使用验收管理办法〉的通知》等。涉及海洋环境保护的海洋规范性文件有《关于印发〈海洋计量工作管理规定〉的通知》《关于进一步加强海洋灾害应急管理工作的通知》等。涉及海洋科技的海洋规范性文件有《海洋科技成果登记暂行办法》《国家海洋局青年海洋科学基金管理办法》等。其他还有《海洋听证办法》《海洋行政执法监督规定》《中国大洋协会项目管理办法》等。

海洋规范性文件数量多，涉及面广，是海洋管理的体系，直接关系到海洋利益、秩序，因而日益受到关注。其中，对违宪、违法或不适当的海洋规范性文件进行撤销越来越受到重视。改变涉海"红头文件""只能颁布，不能废止""只能生，不能死"的历史还需要进行系统规划，从法制上建立起海洋规范性文件的退出机制。

三、我国现行的海洋战略规划

随着我国海洋事业的发展，迫切需要加强对海洋规划的研究，以利于加快海洋开发利用。新中国成立以来，我国在海洋战略规划上也取得了一定的成绩，先后发布了《国家海洋事业发展规划纲要》《全国海洋经济发展规划纲要》《中国海洋事业的发展》《中国海洋21世纪议程》《全国海洋功能区划》《海水利用专项规划》《国家"十一五"海洋科学和技术发展规划纲要》《全国海洋标准化"十一五"发展规划》《全国科技兴海规划纲要(2008—2015年)》等海洋发展战略规划。

(一)《国家海洋事业发展规划纲要》

我国海洋事业取得了长足的进步，但仍存在许多困难与问题，比如，岛屿被占、资源遭掠问题严重，我国海洋维权形势严峻；海洋资源开发不足与过度开发并存；海洋产业结构不尽合理，区域布局尚需优化；海洋污染形势严峻，海洋生态环境压力依然较大；海洋资产家底不清，海洋科技水平与科技贡献率低；全民海洋意识有待进一步提高；海洋灾害使人民生命财产遭受严重损失等。基于这种现状，2008年2月7日，国务院正式批复同意国家发改委、国家海洋局报送的《国家海洋事业发展规划纲要》，这是新中国成立以来中国首次发布的海洋领域总体规划，是海洋事业发展新的里程碑，对促进海洋事业的全面、协调、可持续发展和加快建设海洋强国具有重要的指导意义。

该规划共分为10个部分：机遇与挑战；指导思想、基本原则、发展目标；海洋资源的可持续利用；海洋环境和生态保护；海洋经济的统筹协调；海洋公益服务；海洋执法与权益维护；国际海洋事务；海洋科技与教育；实施规划的措施。

(二)《全国海洋经济发展规划纲要》

改革开放30多年来，我国海洋经济发展的社会条件、经济规模已经使其成为整个国民经济的重要组成部分。海洋产业总产值高于同期国民经济增长速度，海洋各产业持续快速发展。但是，海洋经济发展中还存在一些问题，缺乏指导、协调和规划，体制上不够完善，产业结构性矛盾突出等。这些问题需要研究制定一个突出国家层次、具有宏观指导性、综合性、跨部门、跨行业的海洋经济发展规划，以保证我国海洋经济健康快速发展。2000年12月，国务院总理温家宝对国家海洋局的工作做出重要批示，要求"海洋局协同国家计委制定《全国海洋经济发展规划》，并监督实施"。经过广泛调研，反复征求有关方面的意见和建议，2003年年初，《全国海洋经济发展规划纲要》上报国务院，2003年5月9日国务院批准实施。

《全国海洋经济发展规划纲要》共有6个部分：第一部分是海洋经济发展现状与存在的问题；第二部分是发展海洋经济的指导原则、发展目标；第三部分是海洋产业；第四部分是海洋经济区域布局；第五部分是海洋生态环境与资源保护；第六部分是发展海洋经济的措施。这是我国政府为促进海洋经济综合发展而制定的第一个具有宏观指导性的文件，这对于我国加快海洋资源的开发利用，促进沿海地区经济合理布局和产业结构调整，努力促使海洋经济各产业形成国民经济新的增长点，进而保持国民经济持续健康快速发展、实现全面建设小康社会目标有着重要意义。

(三)《中国海洋21世纪议程》

1992年联合国环境与发展大会通过《21世纪议程》，把海洋作为重要的组成部分之一。1992年中国政府根据联合国环境与发展大会的精神，制定了《中国21世纪议程》，把"海洋资源的可持续开发与保护"作为重要的行动方案领域之一。为了在海洋领域更好地贯彻《中国21世纪议程》精神，促进海洋的可持续开发利用，中国在1996年制定了《中国海洋21世纪议程》。

《中国海洋21世纪议程》共分11章：战略和对策；海洋产业的可持续发展；海洋与沿海地区的可持续发展；海岛可持续发展；海洋生物资源保护和可持续利用；科学技术促进海洋可持续利用；沿海区、管辖海域的综合管理；海洋环境保护；海洋防灾、减灾；国际海洋事务；公众参与。

继《中国海洋21世纪议程》之后，国家海洋局又制定了《中国海洋21世纪议程行动计划》，是将《中国海洋21世纪议程》的行动方案领域分解列项而成的可操作性计划，是实施该议程的重大步骤和具体行动计划。

(四)《全国海洋功能区划》

为了合理使用海域、保护海洋环境，2000年颁布实施的《海洋环境保护法》第六条规定：国家海洋行政主管部门会同国务院有关部门和沿海省、自治区、直辖市人民政府拟定全国海洋功能区划，报国务院批准。国家海洋局在广泛征求国家有关部门及沿海省、自治区、直辖市人民政府意见的基础上，2002年9月10日，经国务院批复同意，发布了《全国海洋功能区划》。

《全国海洋功能区划》突出了三个方面的内容：①将我国管辖海域划定了港口航运区、渔业资源利用与养护区、旅游区、海水资源利用区、工程用海区、海洋保护区、特殊利用区、保留区等10种主要海洋功能区，并提出了每种海洋功能区的开发保护重点和管理要求；②确定了渤海、黄海、东海、南海四大海区中30个重点海域的主要功能，重点海域包括近岸海域、群岛海域及重要资源开发利用区；③制定了实施区划的主要措施，包括完善海洋功能区划体系、认真组织实施海洋功能区划、加强监督检查、完善海洋功能区划的技术支撑体系、搞好宣传教育五个方面。

(五)《海水利用专项规划》

早在2000年，海水利用领域已被列入国家重点鼓励发展的产业。2003年，海水利用被正式列入《中华人民共和国国民经济和社会发展第十个五年计划纲要》和《全国海洋经济发展规划纲要》。2003年9月4日，海水利用专项规划编制工作正式启动。经过两年多的努力，2005年10月，国家发展改革委员会、国家海洋局和财政部联合发布了

《海水利用专项规划》。

《海水利用专项规划》的规划期为"十一五"（2006—2010 年），展望到 2020 年。规划阐述了我国海水利用的现状、面临的形势，明确了指导思想、原则和目标，提出了今后将实施的十大重点工程等。该规划是我国水资源综合利用战略工程的重要组成部分，又是指导我国中长期海水利用工作的纲领性文件，标志着我国海水利用工作进入一个全新的阶段。

第三节　中国未来海洋政策的发展与完善

一、我国海洋政策存在的问题

我国出台了大量的海洋资源政策，也基本形成了体系，但是，我国目前的海洋资源政策体系不足以支持《国民经济和社会发展第十一个五年规划纲要》提出的"合理开发海洋资源，实施海洋综合管理，促进海洋经济发展"的海洋战略方针，在合理利用和综合管理功能的实现上存在一些问题。

（一）在纵向体系上政策层级总体偏低

虽然我国也有"实施海洋开发""合理利用海洋"等元政策，《中国海洋 21 世纪议程》等基本政策，但是都没有上升到法律的层面。仅存的元政策和基本政策不能上升到国家意志的层面，致使海洋资源开发活动失去行为准则，缺乏实施综合管理的法律基础。我国海洋资源政策大多停留在行政法规、地方法规、部门规章、地方规章及规范性文件等层次上，大多表现为一些通知、条例、细则、办法等，例如《渔业行政处罚程序》《海域使用权登记办法》《关于加强区域建设用海管理工作的若干意见》等。这些海洋资源政策效力层次较低，难以实现对海洋资源的规范作用。海洋资源政策停留在部门规则的层次上，在执行中势必会引发利益纷争，导致海洋资源的过度开发。

1. 缺乏宪法根据

我国既是一个大陆国家，又是一个海洋国家，管辖海域约占陆地面积的 1/3，但是，我国的根本大法《中华人民共和国宪法》（以下简称《宪法》）却没有明确将"海洋"列入其中，只有第九条涉及海洋。我国现行《宪法》第 9 条规定："矿藏、水流、森林、山岭、草原、荒地、滩涂等自然资源，都属国家所有"，其中矿藏可以包括海洋矿产，滩涂可以包括沿海滩涂。《宪法》是国家法律政策建设的母法，其对海洋规范的缺失导致我国海洋政策建设缺乏根据。在我国的海洋法律建设中，海洋法律的开篇宗义不像其他部门法律声明的"根据宪法，制定本法"，而是将海洋法律制定的目的作为依据。虽然这不能作为评判海洋政策的依据，但是从海洋政策法律体系建设的角度而言，海洋政策是缺乏《宪法》根据的。

2. 缺少海洋基本法

我国在基本政策层面上有《中国海洋 21 世纪议程》等介于法律和规划之间的政策，没有出台海洋基本法。《中国海洋 21 世纪议程》的效力层级较低，不能发挥海洋基本法的指导性作用。在我国生效的《公约》，虽然在一定程度上能够指导海洋政策建设、规范海洋开发活动，但具体条款的规定不明确，对内对外都不能实现国家对所辖海域的有效管制，而且《公约》属于国际法，存在一定程度的不适应。健全的海洋政策体系的一个重要特征是有高层次的海洋基本法，海洋基本法的缺少使我国的海洋事业建设没有统一的步调。2007 年，日本出台了《海洋基本法》集中反映了日本"海洋立国"的战略构想，确立了日本在海洋事务中应遵循的基本理念、基本政策和具体措施，为海洋具体行业的政策建设提供应遵循的准则。

(二)在横向体系上具体政策缺位

我国海洋资源政策在横向体系上缺乏对海岸带管理、海洋资源保护、海洋新能源开发、传统海洋资源开发升级以及海洋资源综合管理等内容的规范。

1. 缺少《海岸带法》

海岸带作为海洋空间资源的一个领域，是海洋资源利用的重要内容，已经受到包括美国在内的海洋国家的重视。美国 1972 年就颁布了《海岸带管理法》，联合国《21 世纪议程》的第十七章以及后续的计划要求国家管辖海域的管理和开发采取新的一体化的方针，1994 年发展中小岛国家大会和海岸带管理大会也涉及海岸带管理的探讨。而我国《海岸带法》立法草案提出已近 20 年，因争议太大未能通过，成为我国海洋资源政策的一大空白。

2. 缺乏海洋资源的生态保护政策

海洋资源是一个生态系统，包括可再生性资源和非再生性资源，分别需要相应的政策保证其生态循环和有效利用。目前，我国没有系统的海洋资源保护政策。有些海洋资源虽有保护政策出台，但没有有力的监控措施，流于形式。海洋渔业资源政策虽有《水产资源繁殖保护条例》等保护政策，不是遵循海洋生物资源的自然生态规律，而是通过水产养殖的社会性介入以弥补已被破坏的生态循环系统。海洋资源保护政策的缺位，也是海洋资源政策体系的一大缺陷。

3. 传统及新兴资源政策出台较少

传统的海水化学领域及新兴的海洋新能源领域也没有相应的政策出台，对这两大领域的深度开发缺乏政策依据，也不能鼓励该领域的快速发展。我国的海洋资源政策分布不平衡，传统行业、资源消耗性行业的政策建设较多，新兴行业政策建设有待进一步加快。我国的海洋资源政策较多地集中在对海洋生物、矿产、空间资源的规范上，海洋能量资源和海水化学资源方面的政策较少。例如，海洋生物资源政策先后出台了

《渔业法》《中华人民共和国农业法》(以下简称《农业法》)等，既有专门的法律政策，在其他法律政策中又有规定性的条款。海水化学资源只有《盐业管理条例》《关于加强海水利用工作的意见》属于专门性政策，其余都隐含在其他部门的法律政策中。海洋能量资源根本没有专门性的政策，涉及的其他部门的法律政策也较少。海洋生物资源的政策集中在海洋渔业上，海洋空间资源的政策集中在海域使用和港口管理上，海洋矿产资源政策则集中在石油天然气上。在海洋生物范围内的政策，海洋渔业政策有《渔业法》《中华人民共和国渔业法实施细则》《渔业行政处罚程序》《渔业资源增殖保护费征收使用办法》等，海洋植物政策根本没有也很少有条款去涉及。

4. 海洋资源综合性政策的缺乏

海洋资源政策的规范幅度较窄，从另一种概念上说就是缺乏海洋资源综合性政策。政策幅度是政策所能规范的领域。如《渔业行政处罚程序》等专业性政策，即便是海洋规划也出现了诸如《全国沿海港口布局规划》《海水利用专项规划》等幅度不宽的规划。虽然国家先后颁布了《海洋环境保护法》《中华人民共和国海上交通安全法》(以下简称《海上交通安全法》)、《全国海洋开发规划》《全国海洋功能区划》《渔业法》《中华人民共和国矿产资源法》(以下简称《矿产资源法》)等海洋法律与政策，具有一定的综合性功能，但是随着海洋重要性的凸显及海洋技术的进步，已经不能满足海洋资源综合利用的现实要求。较窄的海洋资源政策幅度容易造成政策的越位、缺位。海洋资源政策的越位，形成了政出多门、多头管理、互不协调的复杂局面，如《渔业法》《中华人民共和国港口法》(以下简称《港口法》)、《海域使用管理法》等行业性法律在海域利用上存在利益纷争。海洋资源政策的缺位，使海洋资源的某些领域出现无人问津，例如渔业资源保护领域。

5. 国际海洋资源政策过于保守

纵观我国历史，我国对海洋的认识和利用也仅限于"兴渔盐之利""通舟楫之便"，没有将海洋看成大陆的支持系统，甚至在历史上还有"闭关锁国"的阶段。新中国成立后，海洋并没有受到重视，北部湾的白龙尾岛无偿租借给越南使用造成永不回归的事实。中国在国际海洋资源的争夺上始终保持着守势，合作过多，竞争不足。在国际海洋问题上中国都采取了积极配合的姿态，积极批准《公约》等国际公约在我国的生效，签订条约，开展海洋国际合作，以期赢得海洋社会的生存空间。中国积极和周边国家进行合作，对有争议的海域实行"搁置争议、共同开发"的策略。中国并没有采取更为积极得力的措施，阻止海洋资源惨遭掠夺、岛礁被侵占、管辖权逐渐丧失等事实的发生。周边国家都制定了海洋基本法并采取了积极措施以争取海洋的生存空间，如日本2007年出台了《海洋基本法》，美国2004年发布了《美国海洋行动计划》，韩国颁布《海洋开发基本法》和《韩国海洋21世纪》，越南也做出了《关于2020年海洋战略的决议》等。这些海洋政策都明确了自己国家的海洋权益，成为牵制他国、获取最大海洋资源的有力依据。

我国在极地及国际海底区域的海洋资源竞争上也缺乏相应的积极政策。截至2015年，中国在南北极地区建立了长城站、中山站、昆仑站、泰山站和黄河站五个科学考察站，组织了 30 次南极科学考察活动和 6 次北极科学考察活动。1978 年以后，中国科学家进行了多次海上勘探工作，并在联合国登记注册成为国际海底先驱投资者，以合同形式确认了我国对 7.5 万 km² 多金属结核矿区、西南印度洋 1.0 万 km² 多金属硫化物矿区、西太平洋 3000km² 富钴结核矿区等的专属勘探权和优先商业开采权。世界上其他国家在极地上的科学考察活动较为深入，还拥有被冻结的领土主权要求，并且制定了极地及国家海底区域的相关政策。美国自 1956 年以来，在南极建立了 3 个永久性考察站、6 个半永久性考察站，有 10 艘船用于南极活动，并于 1959 年正式出台《美国南极计划》，规定由联邦政府下属科学机构全国科学基金会负责管理美国对南极的所有考察活动。20 世纪 60 年代，美国、德国、英国、苏联、日本等一些发达国家及其财团陆续开展了海底多金属结核资源的勘查活动。1980 年以美国《深海海底固体矿物资源法》的出台为开端，西方一些工业化国家先后制定了与《公约》所确定的海底制度相对立的深海采矿法律。

（三）在过程体系上政策运行不够顺畅

我国海洋资源政策过程体系运行不够顺畅，公众参与不够。在制定上往往开发在前、规范在后，在执行上片面强调部门利益，在监督上缺乏独立的监督体系。我国海洋资源政策的过程运行不畅，政策就无法实现对海洋资源开发活动的规范，从而也无法达到合理开发海洋的战略要求。

1. 政策制定进程滞后

新中国成立后，对海洋资源的认识仅限于海洋权益的宣示，1958 年 9 月 4 日，我国政府发表了《关于领海的声明》。80 年代即改革开放后，我国的海洋资源政策制定才开始进入酝酿期。90 年代颁布了《领海及毗连区法》《专属经济区和大陆架法》《矿产资源法》《盐业管理条例》《全国海洋开发规划》等海洋资源法律政策。进入 21 世纪以来，我国海洋资源法律政策的制定才达到了一个空前的繁荣期，《国民经济和社会发展第十一个五年规划纲要》《海域使用管理法》《港口法》《中华人民共和国循环经济促进法》《国家海洋事业发展规划纲要》《全国海洋功能区划》《海水利用专项规划》等重要海洋资源政策出台。而美国建国后海洋政策的制定较快，20 世纪 70 年代基本完成了海洋资源政策体系的构建，比中国早了近 30 年。我国针对海洋资源某一领域的政策制定也严重滞后。新中国成立后，特别是改革开放后，中国海洋经济发展使海域利用的矛盾日益突出，但我国 1993 年才由国家海洋局和财政部联合出台了《国家海域使用管理暂行规定》，这是中国政府通过部门规章、文件，第一次公开、正式地对海域的所有权问题表明立场。这样的部门规章并不能有效解决海域的使用问题，国家在 2001 年又颁布了《海域使用管理法》。

2. 政策制定上公众参与不足

新中国成立后，中国海洋资源政策的表现形式主要有各级人民代表大会、各级政府部门制定的法律、法规、规章、规范性文件以及各种规划，形式多样，政出多门。

虽然中国政府也颁布了制定海洋政策的政策——《国家海洋局海洋法规制定程序规定》，但在首长负责制的引导下，决策权基本上归集于组织内部的主要负责人及少数专家身上。1994 年公布的《中国 21 世纪议程》明确规定"海洋资源、环境的开发利用和保护，单靠政府部门的力量不够，必须有广大公众的参与，包括教育界、传媒界、科技界、企业界、沿海居民及流动人口的参与"，这种规定表明了我国政府意识到海洋政策的建设需要公民的广泛参与，但是并没有相关的法律法规对公民参与海洋政策制定的过程做出规定。当前虽然有些海洋政策在制定过程中积极采纳公众的意见，但是，目前绝大多数中央政策还是由全国人大、国务院、国务院各部委等制定、颁布，地方政策由地方人大、政府及各部门等制定、颁布，中国海洋政策的制定颁布相对较分散，没有统一的政策制定规范。没有政策制定的听证会制度，没有海洋政策委员会对制定海洋政策进行科学组织，致使我国的海洋政策制定环节缺乏公众参与。

3. 政策执行不到位

在海洋资源政策的执行上，有的没有明确的执法主体，有的是多个执法主体，虽然职责范围有分工，但管理的总体责任不清楚，造成关系不顺，部门之间、上下级之间行政执法难以协调。中国海洋资源政策的执行由各级政府及其部门、各类海洋行政管理机关及其公职人员对上级政府尤其是中央海洋政策的遵从和执行，海洋资源政策在各层次、各区域和部门行政管理机关内部有序运行。中国的海洋资源政策没有确定的管理部门，缺乏实施海洋政策的制约机制，经常出现"上有政策，下有对策"的现象。而且国家海洋局虽然是国家的海洋行政主管部门，但不是国家海洋执法管理的唯一主体，涉海各相关部门和行业不重视国家总体海洋政策的贯彻，各自为政，片面强调部门利益，只考虑本行业海洋政策的执行，导致重复建设，多头执法，效率低下，一旦发生政策冲突，不能及时协调解决。

4. 政策监控不力

海洋资源政策过程中，需要对其进行全程监控，以保证政策系统的良性运行和政策目标的实现，减少决策失误，避免政策执行中发生变形。中国的海洋政策监督有人大监督、行政监督及社会监督等形式，专门监督机构主要有执政党的纪检部门和政府的监察机关。我国的行政监察机关主要是对平级机关和下级机关，自然也包括对本级政府及政府领导的监督，各级政府部门、国家海洋管理部门、港务部门、国家渔政渔港管理机构、海洋与水产部门等实施对海洋政策的监控。人大监督和社会监督的监督主体包括国家权力机关、司法机关、民主党派、社会组织、社会舆论以及人民群众等。人大监督多从政策制定角度实施对海洋资源政策的监督，社会监督则多从政策执行的角度进行监督。中国海洋资源政策监控主体的独立性较弱，往往政策过程的主体可能就是政策监控的主体，监控主体的混淆使监控作用抵消。再加上中国海洋资源政策的行业性特征，使政策过程的监控活动呈现出条块分割的状态，政策监控成为一纸空文。

二、中国未来海洋政策的发展与完善

(一)政策纵向体系的发展与完善

我国海洋政策的纵向体系,即元政策—基本政策—具体政策的纵向结构,目前还缺乏元政策及基本政策,已经出台了较多的具体政策。虽然我国也有"实施海洋开发""合理利用海洋"《中国海洋 21 世纪议程》等高层次的海洋政策,但都没有上升为国家的意志。因此,构建海洋资源政策体系的纵向结构需要修订《宪法》、制定海洋国策和出台《海洋基本法》,形成层次分明、效力有别和科学合理的政策纵向体系。

1. 修订《宪法》

我国《宪法》缺乏特别条款对海洋的规定,有其历史原因:①1954 年颁布《宪法》时,新中国成立不久,面临很多复杂的国际国内环境,整个国家海洋观念集中体现为认识海军的重要性,不仅海洋在其内没有得到特别对待,其他领域也存在这种现象;②我国拥有海洋意识薄弱的传统,在历史上也因为海洋意识薄弱,"闭关锁国",丧失了很多机会,付出了沉重的代价,如《宪法》历次修改都不提及海洋便是海洋意识仍然没有觉醒的明证。

我国海洋在《宪法》中的缺失,一方面导致我国的海洋政策体系存在着严重的缺陷,另一方面致使我国海洋政策的建设缺乏根本大法作为依据。修订《宪法》,将"海洋"写进宪法,在我国的根本大法《宪法》中定制特别条款或修订有关条文,增加有关海洋战略、海域物权、海洋资源开发和海洋环境保护等方面的内容,以作为国家政策海洋活动的根本指针和制定其他海洋政策的依据,推动海洋活动的有序开展。如将《宪法》第 9 条中增加"海洋"两字,改修为:"矿藏、水流、山岭、草原、荒地、滩涂、海洋等自然资源,都属于国家所有"。将海洋写入《宪法》是一个了不起的进步,将影响中国的未来和造福子孙后代,在社会和法律界产生不凡的影响,主要包括以下几个方面:①改变中国人几千年来的传统观念,提高海洋意识;②在国家根本大法上确立海洋地位,提升海洋在国家发展战略中的地位;③为我国包括海洋资源政策建设提供最根本的基石。

2. 制定海洋国策

美国提出的国家海洋政策概念和行动,把海洋开发和管理提升到国家政策的高度上来,通过制定国家海洋国策,逐渐完善海洋政策体系的层级。海洋国策在某种意义上属于海洋基本政策的范畴,在海洋资源领域起到指导和统率作用。

制定我国的海洋国策,我国应建立海洋政策委员会,通过系统评估我国的海洋资源及其政策,确定我国在海洋上的定位,制定海洋国策。按照国内经济发展和国际权益之争的新形势,制定符合我国当前和长远利益的海洋国策,以便科学开发我国所辖海域内的海洋资源和开展国际海洋资源的竞争。美国的《21 世纪海洋蓝图》给我们提供了很好的范本。

我国海洋国策的制定在一定程度上为国家处理一切海洋事务提供基本的政策依据，为政府筹划对海洋开发、利用、管理、保护的依据，同时也能够推动我国海洋资源政策体系的完整构建。

3. 出台海洋基本法

我国是人口大国，由于陆地空间和资源的相对短缺，海洋将是我国可持续发展的重要空间和资源支撑。为应对我国海洋事业面临的问题，迎接挑战，管好、用好、保护好子孙后代赖以生存和发展的海洋，提高全民海洋意识，我国需要尽快出台海洋基本法。

通过系统调研，依据我国法律出台的规程，经全国人大的讨论、审议，颁布我国的《海洋基本法》，将"海洋强国"的政策提升为国家意志。《海洋基本法》应该体现海洋综合管理、海洋资源保护、国际海洋权益要求等方面的内容。出台《海洋基本法》，确定我国是一个海洋国家的法律地位，统领我国海域和国际海洋资源领域的竞争，体现我国的海洋战略，确立我国海洋的基本制度和原则，为我国进行海洋资源开发和处理海洋国际争端、参与国际海洋事务行动提供法律根据和战略指导。

(二)政策横向体系的发展与完善

我国海洋资源政策的横向体系主要是指海洋资源领域内的综合性或行业性的具体政策。目前，在我国海洋资源领域内海洋资源政策尚不完备，需要通过制定海洋资源综合政策、保护政策、新能源政策、国际竞争政策，完善我国海洋资源政策的横向体系。

1. 制定海洋资源综合性政策

中美海洋资源政策体系的纵向结构、横向结构及过程结构都表明，美国的海洋资源政策都倾向于海洋资源的综合管理与利用，中国的海洋资源政策规范的幅度较低、行业性较强。因此，制定符合中国国情的海洋资源综合利用政策是中国海洋资源开发的大势所趋。

海洋资源综合利用是一个紧密联系的整体，各单项政策只是规范海洋资源综合利用中某一方面的行为。由于部门、行业利益不同，难以实现海洋资源综合利用的有序状态。我国海洋资源政策一直遵循传统的行业部门管理，使得各行业、各地区自成体系，各自为政，长期缺乏统一规划、统一政策。虽然国家先后颁布了《海洋环境保护法》《海上交通安全法》《全国海洋开发规划》《全国海洋功能区划》《渔业法》《矿产资源法》等海洋政策，随着海洋重要性的凸显及海洋技术的进步，仍不能满足海洋资源综合利用的现实要求。首先，海洋资源政策的行业性分割造成海洋资源政策的越位，形成了政出多门、多头管理、互不协调的复杂局面，而一个部门或行业的开发利用极容易影响其他部门或行业的开发利用，进而影响海洋资源利用的整体效益和长远利益。如《渔业法》《港口法》《海域使用管理法》等行业性法律的规范内容上存在利益纷争，造成海洋资源综合效益低下。其次，我国的海洋资源政策还存在缺位的现象。最后，我国的海洋资源政策效力等级偏低。虽有《国家海洋事业发展规划纲要》《全国海洋开发规划》《全国海洋功能区划》等海洋综合性政策，但还没有上升到法律的层次，无法得到切实的贯彻执行。

《公约》明文规定："海洋区域的种种问题都是彼此密切相关的，有必要作为一个整体来加以考虑。"我国制定海洋资源综合利用政策，需要依托国家海洋政策，整合海洋资源各行业的具体政策。目前需要尽快完成《海洋资源综合利用法》及《海岸带法》。通过《海洋资源综合利用法》明确国家拥有所有海洋资源，统一规划，并根据规划授权各部门及地方政府实施开发，协调涉海各部门的利益冲突，强化海洋行政主管部门的监督管理地位，形成集中统一的海洋资源综合利用机制。通过《海岸带法》规定管理部门、权限、具体法律制度、法律责任等内容，规范人们在海岸带开发中的活动，为依法管理和使用海域提供强有力的法律依据。

2. 完善海洋资源的保护政策

海洋资源保护一直受到世界各国的重视，我国由于受到海洋自然环境的影响，在海洋资源保护上存在一定的欠缺。美国的海洋政策中都贯穿着海洋资源保护的基本原则。美国的国家海洋政策中明确提出的生态系统为基础的管理原则、可持续性原则、生物多样性原则等。这些原则确保海洋的可持续利用，确保未来子孙的利益不受侵犯，保护生态环境，保持和恢复生物多样性。

我国目前的海洋资源政策没有很好地体现海洋可持续发展的一些基本原则和基本精神，同美国的海洋政策体系相比较，完善我国海洋资源的保护政策需要从以下几个方面入手：①在海洋基本法中对海洋政策贯彻可持续理念做出明确规定；②制定海洋资源的专项保护政策；③针对生态系统依赖性较强的行业出台可持续发展法。完善我国海洋资源的保护政策，为我国科学合理地开发海洋资源、加强海洋环境污染的监控、发展海洋生态经济、最终实现海洋资源的永续利用、促进经济和社会的可持续发展提供政策规范。

3. 制定海洋资源的新能源政策

虽然我国在海洋新能源的开发技术、利用程度方面同美国相比较尚有一定的差距，但我国的海洋新能源政策建设严重滞后。我国需要制定海洋能量资源政策，对海洋潮汐能、波浪能、海流能、风能、温差能、盐差能等的开发利用提供政策支持，一方面通过对基础研究的投入为这些能源开发提供技术支撑，另一方面对这些能源的开发利用进行统一规范。

4. 制定国际海洋资源竞争政策

《公约》生效前后，全球1/3的海洋逐渐成为各沿海国和岛屿国家的领海和专属经济区，国际海洋资源领域的竞争就显得尤为激烈。美国1980年就出台了《深海底硬质矿物资源法》，在《21世纪海洋蓝图》中也阐述了国际海洋政策，力争在国际海洋资源领域占据领先地位。我国制定国际海洋资源竞争政策：①完善国内政策与《公约》《南极条约》等国际海洋公约及条约的协调统一，通过积极的国家海洋政策同周边国家进行海洋资源的争夺；②制定和出台《深海海底资源法》以及《极地资源法》，完善我国在国家海洋资源领域内的事务处理机制，从而规范、保障、引导我国在该领域内的科学研究、矿产资源、渔业资源开发等活动有序进行。

（三）政策过程体系的发展与完善

1. 成立国家海洋政策委员会

积极借鉴美国的成功经验，成立我国的国家海洋政策委员会，从海洋权益、海上安全到海洋经济和海洋科技，全面负责我国海洋目标与政策的规定和我国海洋事业的统筹协调。在我国海洋资源领域内，具体协调我国各部门海洋资源开发的重大计划和区域发展规划，使全国的海洋资源活动形成一个有序的整体。国家海洋政策委员会应由涉海领域的专家学者、海洋高级管理者组成，对海洋政策过程实施管理，系统研究海洋政策的缺陷与不足，编制科学的海洋政策体系。

2. 组建统一的海上执法队伍

针对我国海洋资源政策执行上的利益导向行为，我国需要组建统一的海洋执法队伍对海洋政策的执行贯彻进行监管。统一的海洋执法队伍对海监、港监、渔政、海岛建设、海洋环境保护、海洋生物资源保护、海洋综合开发利用等海洋政策的执行活动进行执法管理，统一协调中央与地方的海洋行政执法活动。

3. 强化海洋政策的监控机制

控制是管理的重要环节，是政策制定、执行的重要手段。实行严格的政策监控，才能保证政策的科学制定和有效执行。强化我国海洋政策的监控机制，必须确立监控的制度和机构监控制度要赋予监控主体的独立性，建立完善的信息沟通渠道、科学的绩效评估体系、严格的激励惩罚措施。监控机构需要具有相对的独立性，强化同级国家权力机关对海洋行政机关科学制定与有效执行海洋政策的监督智能，又要合理运用上级海洋行政机关的监督作用，还要保证海洋行政管理机关内部专门监察机关的独立地位，更要发挥公众独特的监督作用。

4. 完善公民参与机制

我国海洋资源政策的运行，需要遵循政策科学化、民主化的要求。因此我国海洋资源政策的制定、执行和监控过程中需要全国人民尤其是沿海省、市的民众，社会团体，企业，非政府组织在内的海洋实践主体的广泛参与，以切实保护好海洋资源、海洋环境，实现海洋经济的可持续发展。在制定海洋政策和进行海洋开发的重大决策时，应充分听取社会各界特别是沿海民众的意见，充分照顾他们的利益，给予他们决策发言权。而在海洋政策的整个执行过程中，也应积极发挥他们的监督力量，健全意见的反馈和处理机制，保障海洋政策切实取得实效。

第六章　海洋资源管理

　　海洋约占地球表面积的71%，和陆地一样，海洋是人类生存的基本条件，与人类的生存、发展有着极为密切的关系。20世纪60年代以来，海洋科学已从认识海洋的阶段向开发利用海洋的阶段发展。21世纪是海洋的世纪，当今世界面临人口、资源、环境三大问题，开发利用海洋资源、保护海洋生态环境，是解决上述问题的重要途径。随着陆地上多种资源的日益减少以及开发利用技术的不断进步，越来越多的沿海国家把目光转向海洋，海洋逐渐成为大规模开发利用资源的新领域。中国海域辽阔，海岸线漫长，岛屿众多，资源丰富，为开发利用海洋提供了优越的条件。向海洋要财富、变海洋资源优势为经济优势，已成为越来越多人的共识，前所未有的开发利用海洋资源的活动正在日益蓬勃地开展，开发海洋资源对建设社会主义现代化强国起着越来越重要的作用。中国也十分重视海洋资源的开发利用，新中国成立后，开展了首次全国海洋普查，着手建设强大的海防力量。改革开放以来，组织了全国范围的大规模的海洋资源调查，开创了大洋和极地考察事业，并在沿海地带开辟经济特区，激励沿海经济高速发展。以战略的眼光直接经营海洋，从国家发展战略的高度部署海洋开发与利用。

第一节　海洋资源与海洋资源管理

一、海洋资源的定义

　　在研究海洋资源管理之前，我们需要明确海洋资源的内容。人们对海洋资源的理解是随着科学技术的不断进步和新的海洋领域的不断扩展而发展的，所以人们对使用海洋资源一词的含义也不尽相同。在国内外专业文献和一些专著中，存在狭义和广义两种说法。

　　从狭义上讲，海洋资源指的是能在海水中生存的生物（包括人工养殖）、溶解于海水中的化学元素和淡水，海水运动，如波浪、潮汐、海流等所产生的能量，海水中所蕴藏的能量以及海底的矿产资源。这些都是与海水水体本身有着直接关系的物质和能量。从广义上讲，除了上述能量和物质外，海岸港湾、海上航线、水产资源、海洋上空的风能、海底地热、海洋景观、海洋里的空间乃至海洋的纳污能力都视为海洋资源。

总之一切沿岸海洋空间的利用都属于此列，不论是水体本身还是空间利用，凡是可以创造财富的物质、能量以及设施、活动，都属于海洋资源研究的范畴。根据上述两种范围的定义，我们可将海洋自然资源概括为：海洋固有的，或在海洋内外力作用下形成并分布在海洋地理区域内的，可供人类开发利用的自然资源，简称海洋资源。据现有资料显示，世界海底蕴藏着大约 1.3×10^{12} t 锰结核资源量，富钴结核仅在西太平洋火山构造隆起带的潜在资源量就高达 1×10^9 t 以上，经探明的海底石油资源将近 1.35×10^{11} t，天然气 1.4×10^{14} m^3；目前，海洋中还蕴藏着巨大的能量，海水机械能、海水热能和盐差能等，可供开发利用的总量在 1.5×10^{11} kW 以上，相当于目前世界发电总量的十几倍；海洋中存活的 20 万种生物，可供人类蛋白质的吸收量约占人类食用蛋白质总量的 22%。毫无疑问，海洋资源开发和利用将会成为人类社会发展的重要方向之一。

二、海洋资源的分类

海洋辽阔广大、资源丰富多样，故海洋资源所涵盖的内容也相当复杂。具体的资源管理工作要根据不同的海洋资源性质进行不同角度的分析，根据不同海洋资源的特性进行区别管理，实行不同的管理措施。为了便于开展研究工作，有必要对海洋资源进行分类。目前，常见的分类方法有以下两种。

（一）按照资源的属性分类

按照资源的属性，将海洋资源分为生物资源（渔业资源、药物资源、珍稀物种资源）、矿产资源（金属矿产资源、非金属矿产资源、石油气和天然气资源）、海洋空间资源（土地资源、港口与交通资源、环境空间资源）、海水资源（盐业资源、溶存的化学资源、水资源）、海洋新能源（潮汐能资源、波浪能资源、海流能资源、温差能和盐差能资源、海上风能资源）、海洋旅游资源（海洋自然景观旅游资源、娱乐与运动旅游资源、人类海洋历史遗迹旅游资源、海洋科学旅游资源、海洋自然保护区旅游资源）六个大类。这样的分法既简单明确，又能体现海洋资源的属性、特征和分布状况。比如，海洋生物资源，它包括了海洋中一切有生命的动植物；海水化学资源是指溶解在海水中的一切化学元素，尽管它们的含量有多有少，但共同的特点是布满整个水域，并且主要是以离子状态存在；海底矿产资源是指那些被海水覆盖于海底的各种矿物质；而海洋动力资源则不是指某一种具体物质，而是物质运动所产生的能量，这些能量也同样存在于整个水域。

（二）按照资源是否可耗竭的特征分类

按照资源是否可能耗竭的特征，将海洋资源分为耗竭性资源和非耗竭性资源两大类。耗竭性资源按其是否可以更新或再生，又可分为再生性资源和非再生性资源。再生性主要是指各种生物及有生物和非生物组成的生态系统。其特点就是再生力快，被利用后，在短时间内就能得到恢复，甚至是取之不尽、用之不竭的。再生性资源在正确的管理和维护下，可以不断地更新和利用，如果使用管理不当则可能退化、解体并且有耗竭的可能。非再生性资源主要是指各种矿物和化石燃料。此类矿产资源是在漫长的地质时期形成的，开发一些就少一些。即使恢复，也是十分缓慢的，甚至在人们短促的一生中，几乎不能"再生"。目前，一些学者将非再生海洋资源进一步分为恒定性资源、亚恒定性资源和再利用过程中由于误用易导致污染及改变的资源，对于非耗竭性资源则要充分利用，同时要发展低污染的开发技术。

三、海洋资源管理的基本含义

当前，在海洋资源开发事业飞速发展的压力下，海洋资源的开发也出现了一系列问题，如全球范围内海洋生物资源出现了不同程度的衰退；海洋油气资源开发时造成的石油污染；海洋航运造成的污染和陆源污染对海洋环境造成了严重的污染破坏；对环境的破坏性因素等。这类问题的出现，极大地影响了海洋资源对人类未来发展的支持力，引起人们的普遍关注。要实现海洋资源的高效益、有秩序地合理开发，减少人为破坏，必须通过加强管理，通过把海洋资源的开发和保护有效结合才能实现。因此，海洋资源管理与海洋资源开发同等重要。

海洋资源管理是国家的基本职能，政府部门和政府赋予权限的有关机构对一切从事海洋资源开发利用的企事业单位、组织或个人及其海洋资源开发活动的调控、干预的行政行为，包括政策指导、区划、规划、所有权形式及开发实施中的监督、协调等活动。就其性质而言，海洋资源管理属于社会上层建筑领域内容，它应发挥巩固经济基础、推动社会生产力发展的作用。管理行为发生后，事物总体的运动、发展、要求、协调可以根据变化的情况而产生各种相适应的、能够促进事物向目标方向进展的一般管理职能，如计划的调整，新关系的协调，人力、物力的投入等。海洋管理的对象包括自然资源系统、海洋自然环境系统、海洋的使用者及其海洋活动等。

第二节 海洋资源的特征及海洋资源开发

一、海洋资源的特征

(一)海洋资源的多样性与有限性

海洋资源种类多样，包括岸线、港口、路由资源(如海底隧道、海上桥梁、海底油气管道、海底光缆、海底电缆等)、土地资源、领空资源、盐、天然气、石油、重金属、稀有金属、放射性元素、潮汐能、波浪能、海流能、温差能、盐差能以及多种多样的海洋生物。

海洋资源虽然丰富，但并非取之不尽、用之不竭。海洋资源中大部分具有不可再生性，如矿产资源等；即使是可再生资源，其再生能力也是有限的。如近海水产品的可捕量有限，如不注意保护、合理开发，超越其再生能力开发，也会造成资源枯竭。因此，确定海洋资源的合理开发程度具有重要意义。

(二)海洋资源的公共性与私有性

海洋资源是私人物品与公共物品的总称。私人物品是指物品具有可分割性、可供不同人消费性以及对他人不会造成外部收益或成本，可以通过市场进行有效分配等品质。公共物品是指物品的效用扩展与他人的成本为零。例如，灯塔具有公共品格，它向100只船舶发出警告的费用与向一只船舶发出警告的费用相同。通过竞争，个人可以独占某些国家海洋资源，海洋物质资源就具有很强的私人品格，比如海洋矿产资源和海洋生物资源可以分割，提供给不同人使用，使用的获得具有竞争性，而且可以独占。

海洋资源的公共品格是由海洋水体繁荣流动性和海洋空间的立体性决定的。海洋不可制止私吞独占，海洋亦可包纳百物、洗涤污秽。所以一些海洋资源，比如海洋空间资源就具有公共品格，它的使用是非竞争性的和非独占性的，在使用这种资源时会产生外部性的共享。共享资源是指一定范围内任何主体都可享用的资源，如国家公园、野外游乐场、自然界的空气和阳光、世界公海等。海洋资源属于典型的公共资源，其产权难以界定，如海洋水体覆盖下的生物资源可以游动，深海和公海资源尤其如此。因此，海洋资源具有较强的非竞争性、非排他性和共享性，比如海洋水体可以泊船、航行、捕鱼、养殖、排污等，可供多个开发主体共同开发利用，也产生了外部性，出现了掠夺性开发、破坏性污染等行为现象。

(三)海洋资源的自然性与社会性

海洋资源的自然特性是资源自然属性的反映，是海洋资源所固有的，如海水的流动性、海洋空间的立体性、质量差异性等。海洋资源种类繁多，性质功能各异，但都是不依赖于人类而客观存在的自然要素，它们的发展变化遵循一定的自然规律。海洋资源具有质量态、时间和空间的多重规定性。人类对它的获取和利用不是随心所欲的。

从海洋资源利用的社会性看，应将海洋资源理解为一个动态概念，没有被发现或发现了不知其用途的物质不算是海洋资源。一项资源的价值取决于它的效用，但它的效用却随着兴趣、技术的变化或新发现而实时产生变化。它的社会性还表现在海洋资源是人需要的，并且这种需要是可满足的自然资源，是生产资料和生活资料的天然来源，它存在的目的就是满足人类生产和生活的需要。人类对它仅有需要而不能实际获得也是不行的，因此在人类还不能达到的领域，海洋资源立法要有前瞻性，为人类的逐渐认知留有空间。

(四)海洋资源的经济性和生态性

海洋资源作为地球生态系统的重要组成部分，具有有限性、稀缺性和效用性，是人类生存和生产的物质条件，具有经济价值。海洋资源的经济价值决定了人类对它的开发利用像其他物质资源一样，以效率作为基本的价值取向，通过资源的市场配置来实现利益最大化。同时，它又是组成地球生态系统和引起生态变化的重要因素。海洋资源是一个可循环的生态系统，它对于维护地球生态平衡起着至关重要的作用。

海洋资源的经济功能和生态功能相互依存、相互影响。故此，它的开发利用不仅追求占有、使用收益效率最大化，还要考虑海洋生态系统的平衡以及与其他生态系统的协调。

(五)海洋资源的复杂性与脆弱性

海洋资源的分布在空间区域上符合程度较高。海洋表面、海洋底部都广泛分布着各种资源，立体性强。另外在同一海区也存在多种资源。海洋资源区域功能的高度复杂性，使得海洋资源的开发利用效果明显，响应速度快，这就为合理选择开发方式增加了困难，要求必须强调综合利用，兼顾重点。

海洋水体具有流动性，潮间带和近海水域水层浅，交换慢，环境复杂，海水自净能力差。一旦受污染，容易引发病害，并能迅速蔓延至整个海域，直接影响海洋水产业。同时对旅游业、人文景观以及人类的身体健康造成的损失也难以估量。因此必须注意海洋环境保护。

二、世界范围内海洋资源开发利用状况

人们对海洋的深度开发始于20世纪60年代的深海海洋勘探，它为地球科学做出了显著的贡献，也为全球板块构造学说提供了强有力的证据。由海底勘探的海底沉积物，可以推出其存在年份是从大洋中脊向两侧逐渐增加的，这有力地支持了海底扩张学说。全球板块构造学说不仅加深了我们对地球本身的认识，而且为广泛的国际合作(如国际地壳上地幔计划、国际岩石层计划、深海钻探计划以及大洋钻探计划等的实施)提供了重要的理论依据。目前，海洋开发利用已进入一个新的时期，即现代海洋开发利用阶段。随着海洋开发利用规模和领域不断扩大与延伸，已形成包括海洋生物医药业、海洋交通运输业、滨海旅游业、海洋船舶工业、海洋盐业、海洋油气业、海洋电力业、海洋化工业、海水利用业、海洋工程建筑业、海洋渔业、海洋矿业以及海洋新空间等相关产业。据专家预言，到21世纪50年代，世界将全面进入海洋经济时代。在我国，近年来海洋开发也有很大的发展，海洋经济上了一个新的台阶。2014年全国海洋生产总值59 936亿元，比上年增长7.7%，海洋生产总值占国内生产总值的9.4%。海洋第

一、第二、第三产业增加值占海洋生产总值的比重分别为 5.4%、45.1% 和 49.5%。

(一)海洋能源开发

据有关专家估计,世界石油资源量最可能值为 3.25×10^{11} t,未探明的石油资源量为 $4.2 \times 10^{10} \sim 14.4 \times 10^{10}$ t,其最可能值为 6.70×10^{10} t;天然气资源量为 3.23×10^{14} m^3,未探明的天然气资源量为 1.32×10^{14} m^3。按照 2000 年美国地质调查局(USGS)对全球的最新计算,世界石油和天然气液的待发现资源量和储量增长潜量之和为 16 663 亿桶,占全球全部资源量 33 499 亿桶的 49.74%。这就意味着,到 2025 年左右,世界新增加的可采储量与已探明的可采储量大致相当,石油累计可采储量值有翻番的可能。因此,无论从储量估计还是从开发趋势来看,在未来世界油气开发和能源供应中,海洋油气资源无疑具有重大的战略意义。我国近海大陆架面积 140km^2,蕴藏有丰富的海底油气资源,根据国务院 2003 年 5 月 9 日颁布的《全国海洋经济发展规划纲要》,中国近海石油资源量约 2.4×10^{10} t,海洋可再生能源理论蕴藏量 6.3×10^8 kW。2005—2020 年期间,中国石油天然气产量将远远不能满足需求,供需缺口将越来越大。中国对天然气的需求将以每年 15% 左右的速度增长,2020 年将达到 2.0×10^{11} m^3,占整个能源构成的 10%。届时海洋油气在我国石化能源中的地位将有显著提高。但是迄今为止海上油气资源尚未查清,为了充分开发海上丰富的油气资源,还必须依赖于海洋科学技术的支持,需要对许多海洋科学问题进行深入研究,其中包括与油气勘探有关的海洋地质科学问题、与保障开采活动安全有关的物理海洋问题和开采引起的污染海洋环境问题等。

1992 年联合国国际环境发展大会结束后,英国为进一步加强对海洋能源的开发利用,把波浪发电研究放在新能源开发的首位,曾因投资多、技术领先而著称。英国除在苏格兰西海岸兴建一座装机容量 2 万 kW 的固定式波力电站外,在潮汐能开发利用方面也进行了大规模的可行性研究和前期开发研究,并已具有建造各种规模的潮汐电站的技术力量;日本在海洋能开发利用方面也十分活跃,成立了海洋专业委员会,仅从事波浪能技术研究的科级单位就有日本海洋科学技术中心等 10 多个,还成立了海洋温差发电研究所,并在海洋热能发电系统和换热器技术上领先于美国,取得了举世瞩目的成就;美国把促进可再生能源的发展作为国家能源政策的基石,由政府加大投入,制定各种优惠政策,经长期发展,成为世界上开发利用可再生能源最多的国家,其中尤为重视海洋发电技术的研究。1979 年在夏威夷岛西部沿岸海域建成了一座 MINI - OTCE 的温差发电装置,其额定功率 50W,经处理达 18.5kW,这是世界上首次从海洋温差能获得具有实用意义的电力;法国早在 20 世纪 60 年代就投入巨资建造了至今仍是世界上容量最大的潮汐发电站——装机容量 24 万 kW,年发电量 5 亿 kW·h 的朗斯潮汐电站;中国从 20 世纪 50 年代末开始兴建潮汐电站,在沿海地区共建成潮汐电站 11 座,其中有 4 座长期运行。相信在全社会的呼吁和关心与支持下,我国潮汐能开发利用在 21 世纪会得到应有的重视和快速发展。

(二)海洋生物资源开发

海洋生物具有独特的营养价值,含有多种生物活性物质,这种生物活性物质是陆生生物不可相比的。由于海洋生物含有人类所必需的营养成分,从而提高了人体内的天然氧化系统。因此对于预防和治疗心脑血管疾病、促进细胞代谢、抗癌防癌、保护体内细胞的正常功能、延缓脑的衰老,都有很好的作用。20世纪60年代初海洋生物资源便成为医药界关注的新热点,海洋药物研发引起了各国关注。90年代,许多沿海国家加紧开发海洋,把利用海洋资源作为基本国策。美国、日本、英国、法国、俄罗斯等国家分别推出包括开发海洋微生物药物在内的"海洋生物技术计划""海洋蓝宝石计划""海洋生物开发计划"等,投入巨资发展海洋药物及海洋生物技术。我国2013年海洋生物医药业总产值224亿元,比上年增长20.7%。2015年,我国海洋捕捞产值达1278亿元,海洋捕捞业增加值为716亿元。

尽管海洋生物产业迎来了"黄金岁月",但产业发展目前仍存在一些问题,中国海洋生物研发能力有限,产、学、研结合不紧密,知识产权保护也严重滞后。面临这些问题,中国应加大海洋生物技术科研经费的投入,提高科研水平,培育高素质的中青年科研人员,相关学者应树立起知识产权保护的意识,大学等科研机构与企业实现专业化协作,加快科技成果的转化,充分合理开发利用海洋生物资源。

(三)海水和海水化学资源开发

地球上97%以上的水是人类难以直接利用的水。这个巨大的海水水体蕴藏着取之不尽、用之不竭的巨量淡水资源和其他丰富的物质资源。随着现代科学技术的发展,从海水中发现的贵重元素越来越多,如碘、锶、铀、铷、锂、重氢等,其中尤以陆地储量少、分布分散而价值极大的元素——铀最为重要。海水中铀的总量约为$4.5 \times 10^9 t$,为陆地铀储量的$2000 \sim 3000$倍,金的总储量也达$5.5 \times 10^8 t$。当前,人类正面临陆上淡水紧缺和物质资源不断减少的威胁,开发利用海水资源是发展的必然趋势。对我国来说开发利用海水资源,也是对解决缺水困扰、发展国民经济、建设海上强国具有重大战略意义的措施。人类对海水资源的开发利用主要侧重于海水淡化利用。据1998年国际脱盐协会调查报告统计,全世界100 m^3/d以上的海水淡化装置共计12 451台,造水总量已达2273.5万 m^3/d,比上一个调查周期的统计数,台数增加39%,造水总量增加64%。特别是中东一些国家发展更快。沙特阿拉伯20世纪60年代就大规模发展海水淡化产业,成立了海水淡化总公司,全面负责海水淡化工程建设和管理,并已建立了25个世界大型海水淡化厂,修建了一条世界上最长的海水淡化输水管线,管线直径1.5m,长466km,由东部把淡化水输送到首都利雅得。沙特阿拉伯的海水淡化产业不仅解决了西部缺水问题,还为1/3地区提供了电力。近20年来,我国海水淡化有了较大发展,不少岛屿建立了供居民饮水的海水淡化厂,沿海工业,如发电厂已经开始用淡化的海水供作锅炉用水。根据《海水利用专项规划》，到 2020 年，我国海水淡化能力将达到 250 万 ~300 万 m³/d，海水直接利用能力达到 1000 亿 m³/a。海水直接利用主要形式以电力、化工、石化、冶金等行业的企业利用海水作为工业冷却水，其中电力企业直接利用海水约占总量的 85% 以上。

对于海水化学资源的开发，21 世纪我国应大力加强联产和综合提取技术的研究与开发，使海水化学资源的利用真正达到综合利用的目的，使产品向多样化、系列化、规格化和在市场竞争中有更强的适应性方向发展，并可望在以下几个方面有所突破：提高海盐产量、防止盐田海水和浓缩海水渗漏以及改革海水制盐工艺；重视发展高效、低毒、低烟（或无烟）及成本较低的溴系阻燃剂，高效、低毒、低残留、广谱杀虫及成本较低的农药和农产品储存用的熏蒸剂等，使某些品种的数量与质量达到国外 20 世纪末的水平；加快从苦卤中提取金属镁的生产速度，使其在 2010 年达到 1 万 ~5 万 t 的生产规模；2030 年力争实现海水提钾工业化；突破盐、碱、镁的联产技术；积极开展海水提铀、重氢、锂的研究，以解决 21 世纪的能源原料供给问题。

（四）海洋空间利用

海洋既是一个巨大的资源宝库，也是一个巨大的空间宝库。随着人口的膨胀、陆地资源与空间的枯竭，人类社会将向海面和海底发展。海洋空间按其利用目的可以分为：生产场所，如海上火力发电厂、海水淡化厂、海上石油冶炼厂等；贮藏场所，如海上或海底贮油库、海底仓库等；交通运输设施，如港口和系泊设施、海上机场、海底管道、海底隧道、海底电缆、跨海桥梁等；居住及娱乐场所，如海上宾馆、海中公园、海底观光站及海上城市等；军事基地，如海底导弹基地、海底潜艇基地、海底兵工厂、水下武器试验场、水下指挥控制中心等。按照这些海洋工程的结构，又可以分为两类：一类是建在海底、露出海面或潜于水中的固定式建筑物；另一类是用锁链锚泊在海上的漂浮式构筑物。

日本现已建成一座神户人工岛海上城市，位于神户南 3000m、水深 12m 的海面上。该岛长 3000m，宽 2000m，面积约 6km²，岛的中心区建有可供 2 万人居住的中高层住宅，拥有商业区、学校、医院、邮局等设施，还修建了公园、体育馆和万吨轮深水码头。世界上最早的海上机场是日本于 1975 年造的长崎海上机场，该机场一部分地基利用自然岛屿，一部分填海造成。此外，海上机场还有英国伦敦第三机场和美国纽约拉瓜迪亚机场。中国的珠海机场也是填海兴建的；荷兰的鹿特丹先后修建了 3 条海底隧道；中国香港的港岛和九龙之间修建了一条长 1400m 的海底隧道，使港岛与九龙间的交通大大改观。在传统海底同轴电缆的生产、铺设和维修的技术基础上，海底光缆应运而生。海底光缆与海底电缆相比，其成本、维修费用低，而且长距离海底光缆使用数字再生中继技术，可传输数据、音频、视频等多媒体信息。光纤传递信号具有品质高、可靠性强、抗电磁干扰、耐海水腐蚀等优点。1988 年，世界上第一条横跨大西洋，连接北美洲与欧洲的海底光缆投入使用。

但是，海岸带和近海空间的开发利用涉及众多海洋科学特别是海岸地质与环境问题，如海底地质、海岸侵蚀、泥沙运动、生态环境变化、海洋污染等，开发利用海岸带和近海必须进行有关的海洋环境基础研究。海洋开发利用必须依靠海洋科学研究的支持，以解决与资源和环境有关的应用基础问题，确保在最低限度的反作用环境的前提下，充分、合理和有效地开发利用海洋。

第三节　中国海洋资源管理现状及存在的问题

一、中国海洋资源管理现状

中国海洋资源管理体系从行业分类管理和区域综合管理两个层面进行构建，力求完整地对海洋资源开发利用活动进行监督管理。随着海洋开发活动的深入进行，海洋行业管理也必将逐步发展到区域综合性管理。

（一）海洋渔业资源管理

我国海洋分布着许多渔获量很高的渔场，如黄渤海渔场、舟山渔场、南海沿岸渔场、北部湾渔场、吕四、大沙、闽南等渔场，前四者被称为我国的四大渔场。由于我国海洋渔业捕捞强度越来越大，有时甚至酷渔滥捕，加上海洋污染日益严重，导致我国沿岸近海渔业资源不同程度地受到损害或破坏而呈技术衰退趋势。因此，我国加强渔业资源管理的主要内容有以下几个方面。

（1）国务院渔业行政主管部门主管全国的渔业工作。县级以上地方人民政府渔业行政主管部门主管本行政区域内的渔业工作；县级以上人民政府渔业行政主管部门可以在重要渔业水域、渔港设渔政监督管理机构；县级以上人民政府渔业行政主管部门及其所属的渔政监督管理机构可以设渔政检查人员；渔政检查人员执行渔业行政主管部门及其所属的渔政监督管理机构交付的任务。

（2）通过国家以及与国际组织合作，调查评估国家管辖海域和相关公海海域的渔业分布、数量、质量与变动情况，为资源的养护、持久利用和控制调节等管理活动提供科学依据。

（3）海洋渔业资源的有偿使用，实施海洋渔业资源的资产化管理，避免渔业资源开发中"竭泽而渔"的短期行为。依据有关法律法规通过控制使用渔船、渔具标准和规定捕捞对象技术标准，维护海洋渔业种资源的生态平衡，避免资源的严重破坏。

（4）按照国家立法和《公约》要求，确定各海区适宜捕捞量，再由渔政部门向生产单位或个人分配下达捕捞数量指标，发放捕捞许可证与限量捕捞许可证并负责进行监督、检查。

（5）制定并实施保障海洋渔业及所有海洋生物资源持久利用的战略。《渔业法》规定：县级以上人民政府渔业行政主管部门应当对其管理的渔业水域统一规划，采取措施，增殖渔业资源。大力鼓励近海海水养殖业和增殖渔业的发展，进一步提高资源的利用效益。

（6）国家对渔业的监督管理，实行统一领导、分级管理。海洋渔业，除国务院划定由国务院渔业行政主管部门及其所属的渔政监督管理机构监督管理的海域和特定渔业资源渔场外，由毗邻海域的省、自治区、直辖市人民政府渔业行政主管部门监督管理。国家渔政渔港监督管理机构对外行使渔政渔港监督管理权。

（二）海洋矿产资源管理

1. 海洋石油资源管理的主要法规

我国颁布的海洋石油资源开发与管理有关的法律、法规包括《矿产资源法》《中华人民共和国对外合作开采海洋石油资源条例》（以下简称《对外合作开采海洋石油资源条例》)《海洋石油勘探开发环境保护管理条例》等。其中，《对外合作开采海洋石油资源条例》专门对我国海洋石油资源国际合作开发与管理做出了明确规定。

中华人民共和国的内海、领海、大陆架以及其他属于中华人民共和国海洋资源管辖海域的石油资源，都属于中华人民共和国国家所有。在前款海域内，为开采石油而设置的建筑物、构筑物、作业船舶以及相应的陆岸油（气）集输终端和基地，都受中华人民共和国管辖。

中国政府依法保护参与合作开采海洋石油资源的外国企业的投资、应得利润和其他合法权益，依法保护外国企业的合作开采活动。在本条例范围内，合作开采海洋石油资源的一切活动，都应当遵守中华人民共和国的法律、法令和国家的有关规定，参与实施石油作业的企业和个人，都应当受中国法律的约束，接受中国政府有关主管部门的检查、监督。

依据国家确定的合作海区、面积决定合作方式，划分合作区块；依据国家长期经济计划制订同外国企业合作开采海洋石油资源的规划；制订对外合作开采海洋石油资源的业务政策和审批海上油（气）田的总体开发方案。

中华人民共和国对外合作开采海洋石油资源的业务，统一由中国海洋石油总公司全面负责。中国海洋石油总公司是经国务院批准，于1982年2月15日成立的国家石油公司。中国海洋石油总公司是具有法人资格的国家公司，享有在对外合作海区内进行石油勘探、开发、生产和销售的专营权。中国海洋石油总公司根据工作需要，可以设立地区公司、专业公司、驻外代表机构，执行总公司交付的任务。

中国海洋石油总公司就对外合作开采石油的海区、面积、区块，通过组织招标，采取签订石油合同的方式，同外国企业合作开采石油资源。前款石油合同，经中华人民共和国外国投资管理委员会批准即为有效。中国海洋石油总公司采取其他方式运用外国企业的技术和资金合作开采石油资源所签订的文件，也应当经中华人民共和国外国投资管理委员会批准。

企业或作业者在编制油(气)田总体开发方案的同时，必须编制海洋环境影响报告书，由海洋行政主管部门核准，并报环境保护行政主管部门备案。

2. 海洋矿产资源管理的组织形式

海洋矿产资源的所有权管理：国土资源部代表国家，依据有关法律对海洋石油等矿产资源实施统一管理。国土资源部的主要职能是土地资源、矿产资源、海洋资源等自然资源的规划、管理、保护和合理利用。依照《中华人民共和国矿产资源法》《中华人民共和国土地管理法》《中华人民共和国测绘法》等法律及法规，对海洋资源实施管理。

(三)海洋港口管理

1. 管理体制

根据交通部有关资料，我国的港口管理体制一直在进行改革。1984 年以前，全国 38 个主要港口(沿海 13 个港、江河沿岸 25 个港)均由交通部直接管理；1987 年以后，除沿海的秦皇岛港为交通部直属港口外，其他均改为"交通部与地方政府双重领导，以地方管理为主"的港口管理体制，形成中央政府港口、交通部和地方政府"双重领导"港口和地方政府领导港口三种类型；1999 年开始，作为交通部唯一直属港口的秦皇岛港已与交通部"脱钩"，双重领导的港口正在进一步深化改革。"双重领导"港口体制一直是我国港口的主要管理模式，但该体制已不适应社会主义市场经济的要求，港口管理体制改革的关键内容是：①政企分开，形成符合国际惯例的、具有中国特色的港口管理体制；②港口企业应建立现代企业制度，使之充满活力和生机。

2. 管理内容

(1)港口规划。我国港口实现合理布局规划的主要内容包括：①合理利用海岸线资源，控制低水平、区域性非深水港的重复建设，按照突出重点、兼顾一般的原则进行建设；②加快深水泊位和大型专用泊位的建设；③发展和完善散货、杂货、国际集装箱和旅客滚装运输的港口接运网络和配套支持系统，形成各种港口的网络布局结构；④鼓励发展我国国际集装箱沿海运输；⑤对老港区进行改造和功能调整，实现港口的全面现代化。

(2)港口收费。我国交通部门不断加强对港口收费的宏观管理，1999 年先后出台了一系列规章。为了更好地贯彻和实施《中华人民共和国交通部港口收费规则(外贸部分)》的各项规定，交通部颁发了《中华人民共和国交通部港口收费规则(外贸部分)解释》，对原交通部收费规则的有关内容做了相应的解释，并对有关费用的计算方法做了明确的规定，进一步厘清了进出我国港口的外贸船舶和货物的有关计费标准。

3. 管理方式

管理信息化是港口管理方式现代化的前提,运用现代化手段实施信息资料的收集和调查研究,及时准确掌握港口行业的基本情况,是行业管理的一项主要任务。政府和各省级交通主管部门正在着手共同建设全国统一联网的水运管理信息系统,包括港口信息数据库。为加快水路运输信息化建设,促进水运业健康有序发展提供了技术支持。

(四)海洋旅游资源管理

我国海岸线漫长而曲折,岬湾相间,岛屿众多,气候类型多样,风光旖旎,因而有着良好的海洋旅游资源开发基础。目前,海洋旅游资源的管理工作集中在以下几个方面:①开展海洋旅游资源分布、类型、数量的普查和价值登记评定,以全面掌握旅游资源的基本情况,并按照国家和地方制定的标准划分出资源等级,作为开发和管理的依据。②进一步研究并建立适应社会主义市场经济条件的合理的海洋旅游资源管理体制,提高管理效率。③对我国海洋旅游资源进行统一规划并进行开发秩序的管理。

(五)海盐资源管理

海盐是人们日常生活的必需品,也是从事化工生产的重要原料。目前,我国有宜盐土地和滩涂 $8400km^2$,其中山东省 $2740km^2$,河北省 $1670km^2$,辽宁省 $940km^2$,江苏省 $1170km^2$,福建省 $1050km^2$,天津市 $390km^2$,广东省 $130km^2$,广西壮族自治区 $70km^2$,浙江省 $160km^2$,海南省 $80km^2$ 。

当前,我国对海盐资源的管理主要是在以下几个方面。①进一步组织海盐资源调查、评价和区划。②协调盐业资源开发中出现的矛盾。③根据《盐业管理条例》开展盐资源的保护工作。④加强对盐资源开发的技术管理工作,努力提高开发效益。

二、中国海洋资源管理存在的问题

新中国成立后,海洋资源开发产业在我国得到飞速发展,特别是 20 世纪 80 年代后,在新建的海洋资源管理体制下,海洋产业布局和产品结构逐渐趋于合理,新兴产业逐步发展起来,如海洋化学工业、海洋油气业、海洋空间利用、海洋能开发等高技术产业都有了新的进展。同时,我国海洋资源管理方面还面临着一些必须加以妥善解决的问题和挑战。

(一)海洋资源资产观念不强,没有形成有效的资源管理机制

长期以来,人们习惯于海洋资源是自然力量形成的,自身没有经济学意义的价值观念,因而在海洋资源的开发和管理中,实际上执行的是资源无价和无偿或低价使用

的政策。近年来，我国虽然通过改革加强了海洋资源的所有权管理，海洋资源资产观念得到了强化，但适应现代海洋开发趋势和发展社会主义市场经济需要的海洋资源管理机制仍未完全建立，致使海洋资源开发利用中资源遭受破坏、浪费及效益不高等问题依然比较严重。

（二）管理体制不完善，没有形成科学合理的管理体系

多年来，我国海洋资源管理政策的制定在传统体制下从中央到地方基本上是分散在行业部门的计划管理，实行资源开发与管理一体化，实际上是传统陆地管理方式的延伸。这种管理模式在初始阶段曾发挥过积极作用，但随着国家海洋事业的发展，新增产业部门的设置，管理部门分散，相互联系不够，使得各行业、各地区自成体系，各自为政，各兴其业，形成了政出多门、多头管理、互不协调的复杂局面。另一方面，由于缺乏强有力的统一综合管理部门，使得实践中对海洋资源的管理综合协调难度也很大。在实践中，各管理部门仅仅从本行业、本地区、本部门的局部利益出发，不能充分发挥好管理部门的职能，严重影响着资源管理工作的正常有效开展，从而进一步引发出资源管理中更加复杂、突出的矛盾，甚至出现海洋资源管理整体上的宏观失控局面。

（三）管理缺乏必要而系统的法律法规支撑

海洋资源的法制建设在海洋资源开发与管理工作中是必不可少的一环，甚至是进行海洋资源管理的首要条件，各国对于海洋资源的管理都是靠系统的法制加以约束。无疑，它是保证海洋资源开发管理体系的形成、巩固、完善的重要条件，也是保证海洋资源有序开发、合理利用、维持海洋生态平衡、提高综合效益的基本保障。为了保护和有效开发海洋资源，国家先后颁布海洋法规二十几部，如《海洋环境保护法》《海洋石油开发环境保护管理条例实施办法》《渔业法》《海域使用管理法》等，这一系列的法规将中国的海洋资源管理带入了法制化的轨道，尤其是海域使用法的实施效果良好，对中国的涉海管理产生了深远的影响。但这些法律法规并没有形成完整而系统的海洋资源开发与管理的法律体系。其中绝大多数是单项法规，且基本上是陆上法规向海上的延伸，在治海方面法规没有具体的针对性，进而没有真正起到依法治海的作用。

（四）缺乏海洋资源开发管理的总体规划和总体方针政策

我国海洋资源的开发管理长期缺乏统一规划、统一政策，往往是开发在前，管理滞后。虽然我国先后颁布实施了《全国海洋经济发展规划纲要》等具有海洋战略性质的文件，但从整体上看，已经制定和实施的某些规划或战略仅是部门性的、区域性的或事务性的，有些只能称之为战略框架。但是，由于海洋资源环境复杂多样，各种资源相互关联，各个海洋产业的发展相互影响、相互依存，单一部门、区域性

的海洋发展规划不能协调各海洋产业之间的关系，难以促进海洋开发的整体效益。同时，各部门不同的海洋发展规划还容易导致在纵向上政策相互脱节，横向上各政策又在目标、内容和效应上相互冲突，缺乏统一、完整、清晰的可指导海洋事业各方面协调发展的国家海洋总体政策，影响我国海洋工作进行统筹规划的能力，难以形成整体力量。

第四节　国外海洋资源管理经验及其对我国的借鉴

一、国外海洋资源管理经验

(一)美国

美国是世界上海岸线漫长、海洋资源丰富的海洋强国，政府把海洋和海岸认定为国家最重要的经济资产，历来重视海洋资源的管理，已经形成了较为完善的海洋资源管理体系。

20 世纪 60 年代以后，美国建立了隶属国家海洋与大气管理局的国家海洋渔业局、海洋矿产与能源局等开发管理机构，并在沿海 39 个州建立了州级别和地方级别的海洋管理机构，从而形成了美国海洋管理机构从上至下，联邦政府、州政府和地方政府的三级机构与行业机构相结合，以政府机构为主导的海洋行政管理体系。美国中央政府与州政府海洋主管部门在海洋工作中实行分权管理，州政府对 3 海里的海洋生物资源和海洋非生物资源拥有管辖权和开发权。同时，美国拥有一支高度统一的海上执法队伍——海岸警备队，具有全天候海上执法权，维持海洋资源使用秩序，制止不正当海洋资源使用活动等。

20 世纪 60 年代以来，美国实施了海洋资源开发战略和海外资源发展战略。美国海洋政策报告《21 世纪海洋蓝图》首次明确提出"海洋资产"概念，多领域地评估海洋和海岸带价值，确定海洋在国家经济社会中的重要地位。2009 年美国海洋委员会向国会提交了"改变海洋，改变世界"的报告，针对美国海洋资源开发与保护提出了建设性意见。

美国的海洋资源法规体系较为健全，制定出台了以下法律法规。《海洋法》为美国在 21 世纪出台的新海洋政策奠定了法律基础。《水下土地法》确立沿海各州对 3 海里领海范围内资源的管理权，并建立水下资源的使用原则和控制原则。《外大陆架土地法》规定联邦政府管理 3 海里范围外的大陆架油气资源，并授权内务部长将含油、气、硫的区块出让给出价最高的投标人。《海岸带管理法》规定海岸带管理的政策和目的，建立联邦政府对州政府管辖沿岸和海域的决策进行干预的体制。《渔业养护和管理法》规定联邦政府管理和控制 200 海里专属经济区内大陆架上的生物资源。《海洋保护、研究和自然保护区法》规定保护和恢复具有生态和娱乐价值海域的目的和做法。同时，美国还实施了海洋资源开发与管理的许可证和有偿使用制度。

为有效管理海洋资源，美国制定出台了一系列规划和计划，20 世纪 90 年代后期，出台了《海洋地质规划(1997—2002 年)》《沿岸海洋监测规划(1998—2007 年)》《制定扩大海洋勘探的国家战略》等。2009 年美国总统签署了《关于制定美国海洋政策及其实施战略的备忘录》，并要求着手编制海洋空间规划，空间规划中要充分考虑到海洋、海岸与大湖区资源的保护及海洋资源的可持续利用问题。此外，还制定实施了以区域为基础的海洋规划，如《海岸带管理计划》《国家海洋保护区计划》《美国加利福尼亚州海洋资源管理规划》等。

(二)日本

日本是典型的海洋国家，四面环海，本土自然资源极为贫乏，尤其是金属矿藏基本枯竭，越发依赖海洋作为其重要资源来源地。因此，日本非常重视海洋资源的开发与管理。日本中央政府级别的海洋管理机构主要有以下 8 个：总务省、农林水产省、国土交通省、环境省、外务省、经济产业省、文部科技省和海上保安厅。其中，国土交通省主要负责沿岸海域的开发利用、空间利用和全国海洋国土的开发，制定有关规划和法规。海洋科技开发推进联络会议、海洋开发审议会、海洋开发有关省厅联席会、海洋开发产业协会和资源调查协会负责领导与协调海洋管理工作。同时，日本建有海上保安厅，负责国家海洋法律法规的执行。海上保安厅下设 11 个海上保安本部，对应负责全国管辖海域的 11 个海上保安区。

随着全球范围内对海洋资源的广泛关注，日本开始加紧制定国家海洋资源的相关政策。2007 年日本提出实施"渔政、渔港、渔场、渔村、渔民"五位一体化"大渔业"建设蓝图，旨在恢复和管理公海在内的渔业资源，创建具有国际竞争力的渔业经营实体，促进渔村生态环境建设，完善渔港、海藻场、滩涂和沿岸渔场的配套设施等。2009 年日本又出台了《海洋能源矿物资源开发计划》，部署开发石油、天然气、海底热液矿藏和国际海底矿藏等海洋能源矿物资源。

日本不断完善海洋资源的法规体系，制定和修订有关大陆架开发和海洋渔业开发等海洋资源管理的法律法规，主要有《关于防止海洋污染和海洋灾害的法律》(1976年)，控制船舶向海洋排放石油、有害液体物质和垃圾等危害海洋生态环境的物品；《养护和管理海洋资源法》(1996 年)，贯彻海洋法公约有关渔业保护的条款，规定有关养护和管理国家权力范围内，尤其是专属经济区的海洋生物资源；《石油和天然气资源开发法》，规定石油、天然气的开采和开采方法的相关管理事项；《海洋建筑物安全水域法案》(2005 年)，旨在为该国在其专属经济区内开发海洋资源提供财政支持和安全保障，牵制中国在东海海域的油气田开发活动。另外，还有《渔业法》《专属经济区渔业管辖权法》《海洋水产资源开发促进法》《关于归制外国人渔业的法律》《关于海洋资源的保存及管理的法律》《海上保安厅法》，同时又修改和完善了《水产资源保护法》《海岸带管理暂行规定》以及《无人海岛的利用与保护管理规定》等法律法规。

日本自 20 世纪 60 年代以来，出台了一系列有关海洋资源管理的规划，主要有：《深海钻探计划(1968—1983 年)》(1968 年)；《日本海洋开发远景规划的基本设想及推进措施》(1979 年)；《大洋钻探计划(1985—1994 年)》(1985 年)；《日本海洋开发基本构想及推进海洋开发方针政策的长期展望》(1990 年)，并据此制定了《日本海洋开发计划》；《天然气水合物研究计划》(1994 年)；《海洋研究开发长期规划(1998—2007 年)》(1998 年)；《综合大洋钻探计划》(2000 年)，该计划已有美国等国在内的 12 个国家参与；进入 21 世纪，日本先后制定了《21 世纪开发海洋空间计划》《产业集群计划》和《海洋基本计划》(2008 年)，将推进海洋资源的勘探开发，包括专属经济区内的天然气水合物及含稀有金属的海底矿床等；《海洋能源矿物资源开发计划》(2009 年)，筹划部署了石油天然气、天然气水合物、海底热液矿藏和国际海底矿藏等海洋资源的开发。

(三)加拿大

加拿大是一个三面环海的国家，海洋对其生存和发展至关重要。加拿大建立了渔业与海洋部，负责制定国家海洋管理战略并管理海洋资源，同时，通过由其统一领导的海岸警备队，负责海上统一执法。2009 年，加拿大通过《经济行动计划》，升级海岸警备队平台，计划新增 5 艘机动救生艇和 9 艘中型海岸巡逻舰。

加拿大海洋资源管理的相关法规较为完善，主要有：《海洋法》(1997 年)规定国家海洋管理战略的制定与实施，明确联邦政府管理海洋的职责，该法使加拿大成为世界上第一个具有综合性海洋管理立法的国家；《沿岸渔业保护法》规定渔业资源的监测、控制及监视活动的相关事项；《渔业法》规定渔业和生境的保护与管理、发照、执法、国际渔业协定等相关事项；《渔业发展法》规定渔业增值与开发，水产养殖及资源开发研究等相关事项。

为加强海洋资源的管理，加拿大出台了一系列相关规划，主要有：20 世纪 90 年代联邦政府制定了《绿色规划》，目的是促进保护沿海和海洋水域行动的进程，根据《绿色规划》，又相继启动了《弗雷泽河口行动计划》《圣·劳伦斯行动计划》《大西洋海岸行动计划》《五大湖行动计划》和《生境行动计划》。其中《五大湖行动计划》是由加拿大和美国共同负责，旨在恢复和保持五大湖流域生态系的化学、物理及生物完整性；《生境行动计划》主要是调查海岸和海洋资源。

（四）澳大利亚

澳大利亚是南半球最发达的海洋国家，历来非常重视海洋资源的开发与管理。澳大利亚建立了专职的海洋管理职能机构和全国海洋工作协调机制，负责全国海洋管理工作，并实行统一海上执法，具体由海岸警备队负责。

澳大利亚是世界上最先通过区域性海洋规划实施海洋政策的国家之一。1989 年，启动了《大陆边缘水深制图计划》，编制近海资源图集和大陆边缘的水深地形制图，以加速大陆架资源的勘探和开发需要。1990 年，制定了《海洋工业发展战略（1990—1994年）》，该战略主要目标之一是为目前和未来海洋资源管理提供构架，并维护其领海和管辖区海洋资源的主权。1997 年和 1998 年分别制定了《海洋产业发展战略》和《海洋科学技术发展规划》，提出了 21 世纪初澳大利亚发展海洋经济的战略和政策措施。《海洋产业发展战略》对推动澳大利亚海洋产业的发展发挥了重要作用，使该国海洋产业的许多方面处于世界领先地位或具有世界竞争力；《海洋科学技术发展规划》分析了政府、产业部门、资源管理人员等海洋资源用户的科学技术需求，并将其纳入未来海洋科技发展中。2007 年，实施了《海洋生物区规划》，进一步摸清了该国海底和水体环境。

（五）韩国

韩国是一个三面环海的半岛国家，发展离不开海洋。1996 年，韩国组建了海洋事务与渔业部，综合协调管理渔业、海上交通运输、船舶安全、海湾和渔港建设等领域，制定宏观的海洋政策，并领导海洋警察厅实施统一海上执法。

韩国高度重视海洋资源管理，制定出台了相关法律法规，如 20 世纪 80 年代颁布的《海洋开发基本法》；《海洋开发框架法》明确了全国海洋资源开发和保护的方向；《渔业法》确立了渔业的基本体制，旨在保护渔业资源；《关于外国渔船捕捞主权实施条例》规定了海洋生物资源保护、管理和利用的相关事项；《防止海洋污染条例》旨在消除海洋污染，保护海洋环境。

1995 年，韩国海洋管理体制实施了重大改革，组建了"海洋与水产部"，同时，制定了《海洋开发计划（1996—2005 年）》和《海洋开发技术计划（1996—2005 年）》。为确保《海洋开发计划》的顺利实施，1999 年制定了《海洋开发战略》。2004 年出台了海洋政策文件《海洋与水产发展基本计划》，提出依靠振兴和发展海洋产业，使韩国从陆地型国家发展为海洋型国家，确立了将韩国建设成为世界第五大海洋强国的目标。

（六）越南

越南地处中南半岛东部，东部和南部濒临南海，对海洋资源的开发与管理高度重视。越南海洋管理实行行业管理，由不同部门、机构和地方权力机关按行业分工负责管理。交通部负责港口和航运管理，渔业部负责渔业捕捞和生物资源管理，能源部负责海上油气资源开发管理，科技和环境部负责海洋环境管理。1999 年，越南成立海岸警备队，负责海上的统一执法。

越南建立了以《关于领海、毗连区、专属经济区及大陆架声明》(1997 年) 和《关于确定领海宽度基线的声明》(1982 年) 为基础的海洋法规体系，确立了基本的海洋管辖法律制度。其中包括《石油法》(1970 年)、《水产资源保护规定》(1987 年) 和《渔业法》等。

越南重视在政策方面加强海洋资源的管理。编制了《远洋海产捕捞计划》，并颁布优惠税则，支持远洋渔业的发展。1998 年制定油气投资活动优惠条件，以促进石油和天然气的勘探开发。1999 年通过《水产养殖计划(1999—2010 年)》，推动了海水养殖业的发展。2003 年制订了《水产设施计划(2003—2010 年)》，投资 1.3 亿美元在南部地区建造海洋水产品的核心设施。2000 年起草了《海洋保护区的国家计划》，保护以珊瑚礁和海草地为主的海洋资源。2007 年通过《至 2020 年越南海洋战略决议》，综合部署了海洋管理、海洋经济、海洋防卫和海洋政治等方面的工作。

二、国外海洋资源管理对我国海洋资源管理的借鉴

(一)强化海洋意识，增强海洋国土观念

长久以来，在观念上我国一直存在"地大物博"的片面认识。在这种意识的引导下，造成了海洋资源浪费、海洋环境人为破坏等现象。海洋观念、海洋意识是国家海洋事业发展和海洋权益维护的推动力量。转变观念、增强海洋意识是国家海洋资源政策之关键。这就需要我们从战略高度认识海洋国土资源的重要性和必要性，加强对公众的海洋国土教育，强化海洋国土意识，树立正确的海洋国土观、海洋经济观、海洋政治观和海洋防卫观，以增强公众对海洋国土的忧患意识，懂得保护海洋资源和海洋环境的重要意义，合理开发利用海洋国土资源，把海洋资源与陆地资源、海洋产业与其他产业相互联系起来，促进海洋资源的合理利用与科学管理。

(二)制定综合性海洋政策

海洋综合管理日益成为各国海洋开发管理的发展趋势，美国、日本等世界海洋强国都建立了较为完善的海洋资源管理的政策支撑体系。相比之下，目前我国还缺乏统一、完整、清晰的可指导海洋事业各方面协调发展的国家海洋总体政策。实施海洋资源管理，必须制定综合性的海洋政策，这既是海洋综合管理的主要内容之一，也是海洋综合管理实施的前提和基础。综合性国家海洋政策应该是指导海洋事业综合协调发展的国家政策，是综合考虑各种海洋资源利用活动的政策，是平衡各种涉海法律的政策，是协调各资源部门行动的政策，是区别于涉海行业政策的海洋政策。只有实施综合性海洋政策，才能打破我国现存的各自为政的行政体系，站在统筹管理的角度上，

国家的海洋事业才可以全面健康发展。因此，从综合、协调的和谐社会发展的理念出发，制定综合性的海洋政策，才能更好地提升其效力层次，保障我国海洋资源管理的顺利开展。

（三）健全和完善海洋资源管理的法律法规体系

海洋资源法律法规是海洋资源管理中最具权威的手段。要加强海洋资源开发的协调与管理，首先要加强海洋资源管理的立法工作，逐步建立国家海洋资源的法律体系。要在现有单项涉海法规的基础上，不断完善和充实这一法规系统，制定一部海洋管理根本法，理顺海洋各行业主管部门与国家海洋管理部门之间的关系，协调各部门的管理工作。另外，还要注重加强地方相关法律的修订，不少新的立法是需要地方立法相配套的，如落实实施法律所需要的经费来源，相应的机构、人员的配置和提供其他支持等。近年来国家新颁布和修改了许多相关法律法规，如《海域使用管理法》《渔业法》等，但是由于地方立法严重滞后，使得国家立法由于缺乏具体实施办法和配套措施而无法推行，有的地方立法已经非常陈旧却仍在使用，造成法律适用上的很多问题，因此需要根据当地的实际情况，加强单项海洋资源的立法。

（四）构建完备的海洋资源管理规划体系

海洋规划是海洋资源管理的重要手段，对于保障海洋资源开发活动有序有度进行、促进海洋经济又好又快发展至关重要。美国、日本、加拿大、韩国、越南等世界主要海洋国家在不同时期制定相应的海洋资源开发规划。在我国有关海洋资源的规划中，中长期规划和短期规划结构性问题突出，且相互间存在着不匹配的矛盾。因此，我国各级海洋政府应在制定相关海洋资源规划中尽早解决该问题，构建完备的海洋资源管理规划体系，更好地服务于我国海洋经济的发展。

（五）建立海洋资源开发的协调机构

由于管理海洋资源的单位分属不同的主管部门和不同的地方政府，各方出发点不同，利益交叉造成很多矛盾。因此，各类资源和各地区资源的开发能协调一致，是当前海洋资源开发中一个需要解决的突出课题。如不及时有计划地进行综合开发，势必引起用海秩序混乱，甚至引发社会不稳定因素。为此，建议在沿海各地省政府下设一个有权威的省级统筹协调机构，这种机构应是非常设的，由有关政府部门甚至沿海地方领导所组成，工作方式灵活方便，主要用以协调全省的海洋资源开发活动，保证海洋资源开发得以有序进行，并使各方利益均衡，使海域使用者的合法权益得到有效保护。此外，还可在其下设立一个专项基金，立项进行一些为海洋经济发展提供基础资料的前期工作。

（六）明晰海洋资源产权归属并将海洋资源资产纳入国民经济核算体系

根据我国《宪法》《中华人民共和国土地管理法》以及《海洋环境保护法》，国家海域与土地一样均属于国家所有。我国市场经济体制的确立和不断完善，为海洋资源实行资产化管理提供了基础条件。海洋资源管理依据市场规律运作是使资源得以合理保护，实现可持续利用的最好途径。对海洋资源行使职能的每个部门，必须转变观念，切实提高对海洋资源资产化管理的认识，真正做到从资产角度审视海洋资源，以资产化管理为纲，贯穿海洋资源管理的全过程。国家海洋资源专管部门对海洋资源的状况要依法定期开展调查工作，对海洋资源的变化状况应进行界定和登记，将海洋资源资产纳入国民核算体系，其价值量、实物量、对国家经济的保障程度、对环境的影响都应在国民经济核算表中得到反映，为国家经营海洋资源、开发海洋资源提供事实依据，保证海洋资源的有序开发和合理利用。

海洋是富饶而未充分开发的资源宝库。海洋资源是人类共同的继承遗产。人类的可持续发展必然越来越多地依赖海洋，开发利用海洋资源对于我国的长远发展具有十分重大的战略意义。海洋资源勘探开发还处于初始阶段，人类详细调查勘探过的海域不超过海洋总面积10%，许多已经发现的海洋资源还难以开发利用，海洋资源问题是长远战略问题，需要国家统筹规划。21世纪是海洋世纪，我们要用战略眼光筹划海洋资源的勘探开发，制定出合理的开发规划，积极利用世界海洋资源，为国民经济和社会的可持续发展提供资源基础和保证，为21世纪实现中华民族的伟大复兴做出更大贡献。

第七章　海洋环境管理

第一节　海洋环境与海洋环境管理

一、海洋环境

环境总是与某一中心事物相对而言的，并随着中心事物的变化而变化。通常我们所说的环境，是指直接、间接影响人类生存和发展的各种天然或经过人工改造的自然因素的总体，包括大气、水、海洋、土地、矿藏、森林、草原等。

从自然科学意义上来说，海洋环境是指地球上连成一片的海和洋的总水域，包括海洋水域、溶解和悬浮于水中的物质、海底沉积物和生活于海洋中的生物、海洋气候以及其他海洋性自然要素所构成的相互依赖的生态系统。这里所指的海洋环境是个广义的范畴，是人类赖以生存和发展的自然环境的重要组成部分，它包括海洋环境的自然因素和社会因素两个方面，突出体现在人类的海洋社会活动与海洋环境、海洋资源、海洋生态互动关系层面，涉及保护和改善海洋环境、保护海洋资源、防治海洋污染损害、维护海洋生态平衡、保障人类健康、促进经济和社会的可持续发展等诸多领域的问题。

二、海洋环境管理

海洋环境管理的概念可以从两个层次理解。从狭义的角度看，海洋环境管理可以理解为海洋环境保护部门采取各种有效措施和手段控制海洋污染的行为。这种狭义的理解仅把环境保护部门视为环境管理的主体，把污染源作为海洋环境管理的对象，把末端治理作为管理目标。从广义的角度理解，海洋环境管理是以政府为核心主体的涉海组织为协调社会发展与海洋环境的关系、保持海洋环境的自然平衡和持续利用而综合运用各种有效手段，依法对影响海洋环境的各种行为进行的调节和控制活动。它包括三个要点：①海洋环境管理主要体现为国家采取的行政行为，或者是以政府和政府间的海洋环境控制活动为主体；②海洋环境管理的目标在于或主要在于维护海洋环境要素的平衡，防止和避免自然环境平衡关系的破坏，为人类对海洋资源和环境空间的持续开发利用提供最大的可能；③实现海洋环境保护的途径和手段是法律制度、行政管理、经济政策，包括科学技术手段以及国际组织、团体合作等控制体系的建立和运用。

第二节　海洋环境的特征及海洋环境保护

一、海洋环境的特征

海洋是地球上广大连续的咸水水体的总称。全球海洋面积为 3.6 亿 km^2，海洋的体积约为 13.7 亿 km^3。根据海洋形态和水文特征等，可以把海洋分成主要部分和附属部分。前者叫洋，后者叫海、海湾或海峡。海洋一般远离大陆，面积广阔，水深在 2000m 或 3000m 以上，盐度、水温不受大陆影响，季节变化小，透明度大，有独立的潮汐系统和强大的洋流系统，沉积物多为深海特有的钙质软泥、硅质软泥和红黏土。世界上有太平洋、大西洋、印度洋和北冰洋。海一般邻靠陆地，水深在 2000m 或 3000m 以内，盐度、水温受大陆影响，有显著的季节变化，透明度小，没有独立的潮汐系统，潮汐一般从大洋传来，涨落显著，沉积物多为砂、泥沙等。由于不断沉积和受到侵蚀，海底形态变化较大。洋或海的一部分伸入陆地，其深度和宽度逐渐减小的水域叫海湾，如渤海湾、波斯湾等。海洋中相邻海区之间，宽度较窄的水道叫海峡，如台湾海峡、直布罗陀海峡等。

(一)海底地形

海洋根据水深、海底坡度和海底沉积物等分成四种地形区域：大陆架、大陆坡、大洋盆地和海沟。从海岸起，海底向海洋缓倾，到一定深度后海底坡度显著增大，这个坡度较大的地区叫大陆坡。从海岸到大陆坡之间的区域叫大陆架。大陆架紧接陆地，水深一般在 200m 以内，坡度一般为 $1° \sim 2°$，宽度从几海里到几百海里。大陆架上的沉积物主要是河流带来的泥沙。海水中含有大量营养盐和丰富的有机质，是良好的渔场。大陆坡倾斜度一般为 $4° \sim 7°$，但有的地方可达 $40°$ 以上，水深一般为 $200 \sim 2500m$。大陆坡上的沉积物也主要来自大陆，大约泥占 60%，细沙占 25%，贝壳和软泥占 5%。大洋盆地(或称海盆)是海洋的主要部分，占海洋总面积的 77.7%，地形平坦开阔，深度为 $2500 \sim 6000m$。在大洋盆地中，深度超过 6000m 的地方，称为海沟，多分布在大洋边缘。海沟中区测得的最深部分叫海渊，超过 10 000m 深的海渊均在太平洋。

（二）海水的盐度、温度和密度

海水的盐度、温度、密度是海水的 3 个状态参量。海水的密度随盐度、温度和压力而变化；因为压力一般可用深度表示，所以对固定深度来说，海水的密度只随温度和盐度而变化。海水的多种运动，与海水密度的分布和变化密切相关，海水的温度对大气温度有很大的影响，能使地球的气候发生变异，海水的盐度是研究海洋中许多物理过程、化学过程和地质过程的重要指标。因此，研究盐度、温度和密度在海水中的分布规律，是海洋科学的一项基本内容。

1. 盐度

海水是复杂的溶液，含有氯、钠等 80 余种元素。一般用盐度表示海水中的含盐量。在全世界海洋中，海水的盐度平均值为 34.7。外海的海水盐度较高，可达 35~36；近海特别是河口区域的海水盐度可低于 30。

2. 温度

海水的温度决定于辐射过程、大气与海水之间的热量交换和蒸发等因素。大洋中水温为 −2~30℃；深层水温低，大体为 −1~4℃。大洋表层年平均水温：太平洋最高，为 19.1℃；印度洋次之，为 17.0℃；大西洋最低，为 16.9℃。三大洋平均表层水温为 17.4℃。

3. 密度

海水密度大小取决于海水的压力、温度和盐度的变化。海水深度越大，压力也越大，海水密度也变大。表层海水密度为 1.0289g/mL，但在 500m 深处则变为 1.0519g/mL。海水密度随海水的温度增加而减小，随盐度的增加而增大。除压力外，温度也是引起海水密度变化的重要因素；大洋水温随深度的增加而降低，因此海水密度随深度的增加而变大，海水密度差是驱动大洋环流的重要动力。

（三）海水的运动

波浪、潮汐和海流等是海水运动的主要形式。

波浪（或称海浪）是最常见的海水运动形式。波浪的成因很多，但主要是风力作用。由风产生的波浪称为风浪。风浪传播到无风的海区或风息后的余波称为涌浪。波浪运动只是波形向前传播，水质点只在其平衡位置附近振动，水团并未随波形前进。所以波浪对海水不起输送作用，只起加强海水紊动混合的作用。

潮汐是海水在太阳、月球起潮力的作用下形成的一种周期性涨落运动。起潮力的大小与太阳、月球的质量成正比，而与太阳、月球至地心距离的三次方成反比。因此，太阳质量虽然远大于月球，但月地距离却比日地距离小得多，故月球起潮力大于太阳起潮力，为太阳起潮力的 2.25 倍。在潮汐升降的每一周期中，上升过程叫涨潮，海面上涨到最高位置时叫高潮；下降过程叫落潮，海面下降到最低位置时叫低潮。高潮和低潮的潮水位差叫潮差。大洋中潮差不大，近陆海区潮差较大，但受地形影响，潮差在各处不尽相同。

海流是海洋中的水团在天文、水文、气象等因素或重力作用下沿某一定方向稳定流动的现象。形成海流的动力条件很多，其中主要是密度流和风海流。密度流是因海水温度、盐度和压力的分布不均而引起的海水流动，风海流是由风对水面摩擦作用而产生的海水水平流动。海流在近海岸和接近海底处的表现与在开阔海洋上有很大的差别。世界上大洋表层的海流环流形式，基本上取决于地球上的大气环流形式，并受海陆分布制约。

海洋中所发生的各种自然现象和过程，具有自身的特点，在自然条件下对海洋中各种现象进行直接观测，是人类认识海洋、利用海洋、保护海洋的基本内容和手段。人类对海洋认识的主要重大进展，都和新的观察实验仪器、装备的建造以及新技术的发明和应用有着紧密关系。

二、海洋环境保护

任何事物的存在和发展都离不开环境，海洋环境是全球环境的重要组成部分，海洋环境的保护无论对于人类或是国家的发展都是一个十分重要的战略性问题。全球环境变化的影响和表现几乎都与海洋有关，甚至有些还是由于海洋主体引起的。海洋的发展和改变是一个自然过程，有着自身的发展规律性，对外界有着巨大的反作用和规范性，正因为这样，人类对海洋无偿、无序、过度的开发，导致海洋环境恶化，造成人类生态危机，特别是海洋灾害，给人类带来更大的灾难。

(一)海洋环境保护的目的和任务

海洋环境保护是人类为维护自身生存和社会经济可持续发展，运用法律、行政、经济和技术等手段，解决海洋污染和海洋生态破坏问题，预防和减轻各种海洋环境灾害的一切活动的总称。

海洋环境保护的基本目的是保护海洋环境和资源，防止海洋污染和环境退化，保持生态平衡，保障人类健康，实现海洋经济的可持续发展和海洋资源的永续利用，促进社会经济的发展。

海洋环境保护主要包括两个方面：①减少有害物质进入海洋环境，保护和改善海洋环境质量，保护人民身心健康；②合理利用海洋自然资源，维护海洋生态的健康与完整。

海洋环境保护的基本任务主要有三个方面：①掌握人类对海洋环境损害的原因、过程及规律，寻求减轻和控制海洋污染来源及海洋损害的方法与途径；②查明海洋环境质量状况，预测发展趋势，制定防止海洋环境质量退化的政策、法令等并组织有效的执法管理和监督检查；③开发区域陆海环境综合治理，协调经济与海洋环境的同步发展。

(二)海洋环境保护措施

世界上许多国家为了有效控制海洋污染，保护海洋环境，维护国家权益，都对海洋环境的管理予以高度重视，制定了一整套有关海洋环境保护的法令、条例、规定和标准，并有严格的管理措施，建立了各有关部门相互配合的强有力的海洋环境保护体制，以确保海洋环境保护法的实施。

1. 海洋环境保护要与沿海地区经济和海洋开发事业协调发展

海洋环境保护要始终围绕国家经济建设的总目标，以合理开发海洋资源为核心，以污染预防为重点，实现开发与保护的协调。在沿海地区经济和海洋开发事业的发展中保护海洋环境，既反对牺牲海洋环境换取沿海地区经济和海洋开发的发展，又反对用不适当的要求限制经济的发展。要通过全面规划，综合平衡，制定海洋环境管理制度，实现海洋开发与保护的协调。

2. 加强各部门的协作和配合

国外在海洋环境管理中，十分重视各有关部门的组织协调。如美国、日本由海军、海上机构与环境保护部门一起负责执法的任务，对于保护海洋环境、维护国家权益，收到了显著效果。

关于海洋环境保护工作的组织分工，我国《海洋环境保护法》已有明确规定，现在需要特别强调的是相互间的协作与配合。要管理好我国辽阔的海洋环境，需要搞好各方面的协调。如果没有各有关部门和单位的通力协作，无论依靠哪一个部门和单位来管理都很困难。海洋环境管理牵涉海洋开发管理和沿海经济发展，既涉及海上交通、渔业、石油、海军、地质、海事纠纷仲裁以及执法等单位的联系，又涉及陆地与沿海各省、市、自治区以及各有关部门的联系。因此，要动员各有关部门、各行各业的力量，密切配合，同心协力，搞好监督管理、监测监视、事故处理等各方面工作的组织协调，管理好我国的海洋环境。

3. 制定海洋环境保护规划

为了贯彻实施《海洋环境保护法》，控制海洋污染，保护海洋环境，必须切实编制好海洋环境保护规划。海洋环境保护工作复杂，综合性强，牵涉面广，尤其需要全面规划并纳入国家的、部门的和地方的计划之中，并认真加以实施。

当前，我们面临着更大规模的海洋经济开发活动。因此，各有关部门、有关地区，应根据《海洋环境保护法》的要求，制定开发和利用我国海域和海岸线的发展规划，要加紧进行沿海水域的调查，掌握水质污染状况，根据不同海域、不同海湾的自净能力来划分功能区域，进行生产力的合理布局，并提出相应的环境保护目标和计划，作为国民经济发展计划的一个重要组成部分。

4. 保护海洋环境要以沿岸海域为核心，以陆源污染的治理为重点

沿岸海域是海岸带开发、旅游、水产养殖、捕捞、航运、海洋石油开发等人类活动最频繁的海域，是海洋生物最重要的栖息地，并且是各种鱼类的产卵区。我国沿岸海域与开阔海域相比，污染物的含量较高，有些区域已经受到不同程度的污染。因此，在海洋环境保护中应以沿岸海域为核心，在制定"海岸带综合开发利用规划"时，要充分考虑环境效益。

目前，我国海洋污染主要来源于陆地，因此，保护沿岸海域环境要以控制陆地污染源为重点。从某种意义上说，我国目前的海洋污染问题，只在海上做工作是不能解决的，必须配合陆地上的环保工作才能解决。陆地污染源包括直接向海洋排污和通过河流向海洋排污的居民区和工矿企业。其中最主要的是沿海工业海港城市和江河下游的沿河工业城市，这些城市人口密集、工业集中，大量的生活和工业污水直接或间接排入海洋，使城市毗邻海湾和河口环境受到了严重的污染。因此，在控制和治理陆地污染源中，要重点抓沿海城市的环境综合整治，使这些城市的污水排放得到有效控制。

5. 因地制宜、合理利用海洋净化能力

我国海域辽阔，纵跨温带、亚热带、热带三大气候带，长100km，横穿20多个经度，宽2000多千米。近海、远海、内海、外海、北方、南方，水文气象条件，自然经济条件和生态系统千差万别，海洋环境保护要依据各局限海域的具体条件开展，并因地制宜。

一个地区、一个城市的毗邻海区，要进行合理的功能分工，不同功能划区，按照海水标准确定相应的环境标准。工业和生活污水要选择潮流急、净化能力强、远离浴场、养殖场的海域排放。这样，一方面有可能规定略为宽松的排放条件，另一方面净化能力较差、易受污染的水域也可以得到保护，可以做到投入少、效果好。

在一些特殊海湾，如渤海湾、大连湾、胶州湾等，还应规定特殊法规，如环境标准、排放标准、管理条例等；规定污染物排放总量，以解决这些海区特有的环境问题。要合理利用远岸海区的净化能力，划定一批倾废区，以容纳那些在海岸带无法处理的废弃物。

6. 加强对海洋环境的监测和监视

对海洋环境的监测、监视工作是及时掌握海洋环境状况，进行海洋环境管理的重要手段。世界上许多国家对这项工作十分重视，投入了很大的力量。实践证明，这项工作搞好了，可以收到很大的经济效益。当前，我国在这方面的机构比较薄弱，监视、监测网点不全，专业人员缺乏，技术装备也比较落后。在这种情况下，开展对海洋环境的监测、监视工作极为困难，因此，加强这方面的建设是完全必要的。

当前，要抓紧建立健全海洋监测、监视机构，改善装备条件，充实专业人员，把各监测机构的力量组织起来，力争在短期内形成全国性的海洋监测网络。在此基础上，制定规划，建立规章制度，以开展对重点海区、石油开发区、废弃物倾倒区的正规监

测管理和常规监测工作。

7. 进一步加强海洋法制建设

海洋环境保护法规是一个很大的体系。为了切实贯彻执行《海洋环境保护法》，搞好我国的海洋环境管理工作，还需要制定一系列具体的规定、条例和标准。因此，我国的海洋环境立法任务还很繁重，需要继续完善。目前，有关的规定和标准，有些已颁布，有些已审议完，有些还在制定之中。以后还要着手制定一些具体细则。如海洋特别保护区的划分和规定、渔港管理、海岸工程、陆源污染管理规定等。

第三节　中国海洋环境管理现状及存在的问题

一、中国海洋环境管理现状

中国政府高度重视海洋环境污染的防治工作，采取一切措施防止、减轻和控制陆上活动和海上活动对海洋环境的污染损害。按照陆海兼顾和河海统筹的原则，将陆源污染防治和海上污染防治相结合，重点海域污染防治规划与其沿岸流域、城镇污染防治规划相结合，海洋污染防治工作取得了较大进展。

(一)陆源污染控制与管理

1. 制订和实施"碧海行动计划"，努力改善海域生态环境

《渤海碧海行动计划》是经国务院批复正式实施，并纳入国家环境保护"九五"和"十五"计划中的环境综合治理重点工程。通过"计划"中的城镇污水处理厂、垃圾处理厂、沿海生态农业、沿海生态林业、沿海小流域治理、港口码头的油污染防治、海上溢油应急处理系统的建设以及"禁磷"措施的实施，初步遏止了渤海海域环境继续恶化的趋势。为保护和改善海洋生态环境，促进沿海地区的经济持续、快速、健康发展，沿海其他七省、市、自治区也编制了本区域的"碧海行动计划"，制定陆源污染物防治和海上污染防治的具体措施。此外，长江口及其邻近海域生态环境日趋恶化，赤潮频繁发生，并直接威胁长江三角洲社会经济的可持续发展，为改善长江口及毗邻海域的生态环境，中国正在制订长江口及毗邻海域碧海行动计划。

2. 实施陆源污染物排海总量控制制度，开展海洋环境容量研究

为把排污总量控制纳入程序化、法制化的轨道，按照河海统筹、陆海兼顾的原则，制定以海洋环境容量确定陆源入海污染物总量的管理技术路线。在调查研究的基础上，测算各海域环境容量，依据各海域环境容量，确定各海域污染物允许排入量和陆源污染物排海削减量，制订各海域允许排污量的优化分配方案，控制和削减点源污染物排放总量，全面实施排污许可制度，使陆源污染物排海管理制度化、目标化、定量化，

为实现海洋环境保护的理性管理奠定基础。

3. 防止和控制沿海工业污染物污染海域环境

随着沿海工业的快速发展和环境压力的加大，中国政府逐步完善沿海工业污染防治措施：①通过调整产业结构和产品结构，转变经济增长方式，发展循环经济。②加强重点工业污染源的治理，推行全过程清洁生产，采用高新适用技术改造传统产业，改变生产工艺和流程，减少工业废物的产生量，增加工业废物资源再利用率。③按照"谁污染，谁负担"的原则，进行专业处理和就地处理，禁止工业污染源中有毒有害物质的排放，彻底杜绝未经处理的工业废水直接排海。④加强沿海企业环境监督管理，严格执行环境影响评价和"三同时"制度。⑤实行污染物排放总量控制和排污许可制度，将污染物排放总量削减指标落实到每一个直排海企业污染源，做到污染物排放总量有计划地稳定削减。

4. 防止和控制沿海城市污染物污染海域环境

中国自改革开放以来，沿海城市发展迅速，对沿岸海域环境压力加剧。对此，中国政府采取有力措施防止、减轻和控制沿海城市污染沿岸海域环境，调整不合理的城镇规划，加强城镇绿化和城镇沿海防林建设，保护滨海湿地，加快沿海城镇污水收集管网和生活污水处理设施的建设，增加城镇污水收集和处理能力，提高城镇污水处理设施脱氮和脱磷能力，沿海城市环境污染防治能力进一步加强。到2015年，所有沿海重点城市污水处理率达到85%以上。同时，加强沿海城市污染治理的监督管理，结合国家"城市环境指标考核""创建环保模范城市"和"生态示范区"建设，将沿海城市近岸海域环境功能区纳入考核指标，强化防止和控制沿海城市污染物污染海域环境的措施。

5. 防止、减轻和控制沿海农业污染物污染海域环境

积极发展生态农业，控制土壤侵蚀，综合应用减少化肥、农药径流的技术体系，减少农业面源污染负荷。严格控制环境敏感海域的陆地汇水区畜禽养殖密度和规模，建立养殖场集中控制区，规范畜禽养殖场管理，有效处理养殖场污染物，严格执行废物排放标准并限期达标。

6. 流域污染防治和海域污染防治相结合

国家环保总局组织编制了《辽河水污染防治计划》《海河水污染防治计划》《淮河水污染防治计划》等防治陆源污染综合治理计划，经国务院批复正式实施。通过上述"计划"中的城镇污水处理厂、垃圾处理厂、生态农业、生态林业、小流域治理等污染治理和生态建设工程，有效削减河流入海污染负荷。

(二)海洋工程污染管理

1. 防止、减轻和控制船舶污染物污染海域环境

严格控制船舶和港口污染。通过加强船舶污染防治法制化建设，建立以"协作共商、预防预控、诚信管理"为内容的工作新机制，加强船舶污染事故应急反应能力建

设，严格执法，规范管理等举措，使船舶和港口的污染治理情况逐年提高。启动船舶油类物质污染物零排放，实施船舶排污设备铅封制度。建立大型港口废水、废油、垃圾回收处理系统，实现船舶污染物的集中回收、岸上处理、达标排放。各地加强船舶运输危险品审批和现场监督检查，开展船舶防污染专项检查，积极推进海上船舶污染应急预案的制订和应急反应体系的建设，督促港口和船舶配备污染应急设备，提高污染事故的防御能力。

2. 防止、减轻和控制海上养殖污染

中国海水养殖主要位于水交换能力较差的浅海滩涂和内湾水域，养殖自身污染已引起局部水域环境恶化。因养殖污染海域或者严重破坏海洋景观的，养殖者应当予以恢复和整治。今后应建立海上养殖区环境管理制度和标准，编制海域养殖区域规划，合理控制海域养殖密度和面积，建立各种清洁养殖模式，控制养殖业药物投放，通过实施各种养殖水域的生态修复工程和示范，改善被污染和正在被污染的水产养殖环境，减轻或控制海域养殖业引起的海域环境污染。

3. 防止和控制海上石油平台产生石油类等污染物及生活垃圾对海洋环境的污染

海洋油气矿产资源勘探开发作业中应当配备油水分离设施、含油污水处理设备、排油监控装置、残油和废油回收设施、垃圾粉碎设备，使之全部达标排放。

海洋油气矿产资源勘探开发作业中所使用的固定式平台、移动式平台、浮式储油装置、输油管线及其他辅助设施，应当符合防渗、防漏、防腐蚀的要求；作业单位应当经常检查，防止发生漏油事故。海洋石油勘探开发应制订溢油应急方案。

4. 严格控制围填海工程

禁止在经济生物的自然产卵场、繁殖场、索饵场和鸟类栖息地进行围填海活动。围填海工程使用的填充材料应当符合有关环境保护标准。

5. 海洋建设工程的污染防治

建设海洋工程，不得造成领海基点及其周围环境的侵蚀、淤积和损害，危及领海基点的稳定。进行海上堤坝、跨海桥梁、海上娱乐及运动、景观开发工程建设的，应当采取有效措施防止对海岸的侵蚀或者淤积。

污水离岸排放工程排污口的设置应当符合海洋功能区划和海洋环境保护规划，不得损害相邻海域的功能。污水离岸排放不得超过国家或者地方规定的排放标准。在实行污染物排海总量控制的海域，不得超过污染物排海总量控制指标。

海洋工程建设过程中需要进行海上爆破作业的，建设单位应当在爆破作业前报告海洋主管部门，海洋主管部门应当及时通报海事、渔业等有关部门。

进行海上爆破作业，应当设置明显的标志、信号，并采取有效措施保护海洋资源。在重要渔业水域进行炸药爆破作业或者进行其他可能对渔业资源造成损害的作业活动时，应当避开主要经济类鱼虾的产卵期。

海洋工程需要拆除或者改作他用的，应当报原核准该工程环境影响报告书的海洋主管部门批准。拆除或者改变用途后可能产生重大环境影响的，应当进行环境影响评价。

海洋工程需要在海上弃置的，应当拆除可能造成海洋环境污染损害或者影响海洋资源开发利用的部分，按照有关海洋倾倒废弃物管理的规定进行。

海洋工程拆除时，施工单位应当编制拆除的环境保护方案，采取必要的措施，防止对海洋环境造成污染和损害。

(三)海洋倾废管理

防止和控制海上倾废污染。严格管理和控制向海洋倾倒废弃物，禁止向海上倾倒放射性废物和有害物质。2005年，中国共有海洋倾倒区98个，其中，新选划的倾倒区为18个，全国实际使用的海洋倾倒区78个，倾倒的废弃物主要为疏浚物。全年共签发倾倒许可证507份，共倾倒疏浚物19 276万 m^3，比上年增加4615万 m^3，增加31.5%。

2005年，国家海洋局对24个倾倒区及其周边环境状况进行了监测。监测内容主要包括底栖环境状况和倾倒区水深变化等。监测结果表明，多数倾倒区的底质环境状况基本稳定，邻近海域底栖生物群落结构未因倾倒活动产生明显变化；个别倾倒区底栖环境状况异常，底栖生物群落结构趋于简单，密度和生物量明显下降。夏季，个别倾倒区部分站位活性磷酸盐和石油类含量较高；多数倾倒区内水深无明显变化，少量倾倒区出现淤积现象，但均在允许倾倒范围之内，对正常倾倒作业和其他海上活动不构成威胁。

今后应严格管理和控制向海洋倾倒废弃物，按照程序科学地选划倾倒区，加强对倾倒区和倾废过程的监督管理和环境的监测，严格执行海洋倾废条例及倾废区的环境影响评价和备案制度，及时了解倾倒区的环境状况及对周围海域环境、资源的影响，防止海洋倾倒对生态环境、海洋资源等造成损害。

(四)海洋应急管理与监测体系建设

1. 监测体系建设

我国自20世纪60年代已开始对中国的管辖海域环境实施全面监测；1972年国家海洋局组织对中国沿海的环境污染进行监测；70年代起，中国开始逐步建立海洋环境监测业务体系，并广泛开展了中国海域的环境监测与评价工作。中国的海洋环境监测机构包括：1个国家海洋局直属国家监测中心，3个海区监测中心，11个中心站，5个海洋站；11个沿海地方省级监测中心，56个地(市)站。已形成了卫星、机载遥感和海上、陆地站网相结合的全方位、多要素的立体监测体系。对重点河口、港口、重点海域、重要渔业水域以及赤潮的监测能力显著增强。目前，包括全国海洋环境监测网、近岸海域环境监测网、区域性海洋环境监测网及行业性海洋环境监测网。在统一监测标准和规范下，分属不同的主管部门管理实施。形成了有效的海洋环境监测、评价和预警能力，能够有效地掌握海洋污染状况和变化趋势，为海洋环境管理提供了基础。为准确掌握中国海洋生态环境的主要威胁、现状与变化趋势，为满足实施以生态为基础的海洋管理需求，中国对全海域主要陆源入海排污口、赤潮多发区、典型海洋生态区、海水浴场、海水增养殖区、海洋倾倒区、海上油气开发区以及突发海洋污染事故等实施了水质、沉积物、生物质量等要素的常规及应急监测，监测站位8000余个。国家和沿海地方海洋行政主管部门每年都发布《海洋环境质量公报》等环境信息，确保广大公众的海洋环境知情权和参与权。

2. 应急管理

制订海上船舶溢油和有毒化学品泄漏应急计划，制订港口环境污染事故应急计划，建立应急响应系统，防止、减少突发性污染事故发生。目前《中国船舶重大溢油事故应急计划》已经完成，今后还将协调有关部门和沿海省、自治区、直辖市人民政府制定《国家重大海上污染事故应急计划》。

加强近岸海域赤潮的监测、监视和预警，努力减轻赤潮灾害。国家加强赤潮监测、监视的能力建设，建立近岸海域环境与赤潮监测、监视预警网络，制订赤潮监测、监视、预报、预警及应急方案，并对重点近岸海域，水产养殖区和江河入海口水域进行特殊监测和严密监视，及时获取有关信息，千方百计减少赤潮灾害的损失程度，保障人民生命财产安全。

（五）海洋自然保护区建设与管理

1988年7月，中国确立了综合管理与分类型管理相结合的新的自然保护区管理体制。规定"林业部、农业部、地矿部、水利部、国家海洋局负责管理各有关类型的自然保护区"；11月，国务院又确定了国家海洋局选划和管理海洋自然保护区的职责。1989年年初，沿海地方海洋管理部门及有关单位，在国家海洋局统一组织下，进行调研、选点和建区论证工作，选划了昌黎黄金海岸、山口红树林生态、大洲岛海洋生态、三亚珊瑚礁、南麂列岛五处海洋自然保护区，1990年9月国务院批准为国家级海洋自然保护区。1991年10月国务院又批准了天津古海岸与湿地、福建晋江深沪湾古森林两个海洋自然保护区。在这期间，一批地方级海洋自然保护区相继由地方海洋管理部门完成选划并经国家海洋局和地方政府批准建立。到2005年年底，中国已经建成了海洋自然保护区157处，其中国家级保护区有27处。这些保护区的建设，对典型性的海岸、滩涂、河口、湿地、海岛、红树林、珊瑚礁等各种生态系统起到了很好的保护作用。斑海豹、白海豚、海龟、文昌鱼、白蝶贝、中国鲎等一批海洋珍稀物种得到保护，珊瑚礁、红树林及海草床等重要生境得以保护。

目前，国家和沿海各地继续加大海洋保护区的监管力度，完善管理制度，组织实施海洋保护区选划建设，开展海洋保护区监测，健全保护区执法监察队伍，强化执法管理，严厉打击了破坏珊瑚礁、红树林等被保护对象的违法行为。全国海洋保护区的类型和面积进一步扩大，典型海洋生态系统、珍稀濒危生物和珍奇海洋自然遗迹得以有效保护。

为有效规范海洋保护区的选划和建设，国家海洋局下发了《关于印发〈海洋特别保护区管理暂行办法〉的通知》，颁布了《海洋特别保护区管理暂行办法》，并规范了海洋特别保护区申报程序。

但目前保护区附近的海洋资源开发活动、人为破坏等干扰因素仍对保护区生态环境产生巨大压力，保护区管理能力亟待提高。

二、中国海洋环境管理中的问题

(一)海洋生态环境管理混乱

海洋生态环境问题表现出显著的系统性、区域性、复合性和长期性特征。与 20 世纪 80 年代初相比，海洋生态环境问题无论在类型、规模、结构，还是性质都发生了变化。这不仅仅使排污总量增加和生态环境破坏范围扩大，而且使问题变得更加复杂，威胁和风险更加巨大，对生态系统、人体健康、经济发展、社会稳定乃至国家安全的影响更加深远，成为我国经济社会可持续发展、协调人与自然关系与和平崛起的主要限制因素。因此，海洋生态环境的管理要从国家战略的角度进行重新定位，需要以海洋生态系统为出发点，统一规划、统一开发。

根据现行法规，海洋环境保护的管理工作由国家海洋局、国家环保总局、交通部、农业部、海事等部门以及沿海地方人民政府组织实施。各部门根据不同类型的污染源实施监督治理。尽管法律明确规定了涉海各部门的职权范围，但各部门职能交叉、机构重复设置的问题依然存在。而且海洋部门不上岸，环保部门不下海，机构与部门之间缺少协作。环保、海洋、海事、渔政、军队环保部门共同参与海洋污染治理，互相扯皮的现象随之产生，影响了海洋环境污染的治理效果。

(二)海域使用管理无序

改革开放以来，我国的海洋开发一直处于高速发展时期，海洋经济成为沿海地区经济发展的热点。海水养殖业、滨海旅游业、海上油气开采业、海洋工程建设和海水综合利用业等新兴产业发展迅猛，海洋 GDP 指标几年来一直比同期国内生产总值高。但是，由于近年来我国沿海地区经济高速发展，海域资源日益短缺，生态环境恶化，海域使用处于无序、无度、无常的状态，直接威胁着我国海域的健康发展。海域的使用和管理面临着新时期的严峻挑战。具体表现为：①无序开发和利用，缺少合理的开发规则，各开发行业之间矛盾和冲突时有发生。②无度开发海域及其资源，导致渔业资源严重衰退。③无偿开发使用，造成资源浪费。④海域使用管理混乱，无法可依，有法不依现象严重，致使国家财产遭受重大损失。长期以来，海域使用管理一直政出多门，分散、分头管理，海域使用权限分属交通、水产、环保、海关等十几个部门。

(三)陆源污染日益严重

陆源污染物排海严重是海洋环境污染的主要原因，陆源污染尚未得到有效控制。海洋污染物总量的85%以上来自陆源污染物，其中又以污水为主，其占比可达60%左右。陆源污染物的成分主要是化学需氧物质、氨氮、油类物质和磷酸盐四类，合计占总量的95%以上，还有硫化物、锌、砷、铅、铬、挥发酚、铜、镉、汞等。陆地污染源可分为四类：工业三废污染源、城镇生活污染源、农业污染源和陆上养殖污染源。陆源污染物随同污水排放入海主要有两类途径，一是通过沿海城镇的入海排污口直接把污水排放入海；二是把污水排入河流，通过河流把污染物带入海洋。2006年，国家海洋局组织沿海地区海洋行政主管部门对全国540个陆源入海排污口开展了全面监测。监测结果发现，污染物入海量居高不下、超标排放现象严重、持久性和剧毒类污染物普遍检出、入海排污口设置不合理等。陆源污染物排海量的持续增加导致中国近50%的领海水域受到污染，排污口邻近海域劣四类水质区面积占监测总面积的82%，四类和三类占13%，全部监测区域的沉积物质量劣于三类海洋沉积物质量标准。

(四)海岸带开发不合理

海岸带环境管理薄弱，缺乏海岸带和海洋环境保护统一规划，人为破坏海岸带生态系统的违法行为仍未得到有效遏制。

20世纪50年代和80年代，围海造田在我国掀起了两次大规模的热潮，使沿海自然滩涂湿地总面积缩减了约一半。其后果是滩涂湿地的自然景观遭到了严重破坏，重要经济鱼、虾、蟹、贝类生息繁衍场所消失，许多珍稀濒危野生动植物绝迹，而且大大降低了滩涂湿地调节气候、储水分洪、抵御风暴潮及保岸护田等能力。据不完全统计，到2003年全国累计围海造地面积高达119×10^4ha，相当于全国滩涂面积的一半，修建海堤近1万km(不包括香港、澳门和台湾地区)。

海岸工程破坏自然滩涂。我国沿岸大于$10km^2$的海湾有160个。许多海湾已建有大、中型港口，小型港湾普遍为天然渔港。但是，在大城市毗邻的海湾，由于填海建港、填海造地，岸线缩短、湾体缩小、人工海岸比例增高、浅滩消失，海岸自然程度降低。

(五)海水养殖污染加剧

海水养殖自身污染是除陆源污染之外重要的污染类型。海水养殖污染形式主要表现为：①养殖废水排放，高位池等工厂化养殖模式；②过量投放的饵料沉积，据初步调查，东南沿海的网箱养殖，每个网箱的杂鱼饵料投放量年约5t，其中近30%残饵沉积在海底；③贝类鱼类的排泄物沉积，在大规模养殖的海湾里，由于难以通过海流运移，排泄物沉积尤为严重；④防止养殖病害而投放的药物；⑤鱼、虾等养殖品种放养密度高，这种养殖方式人为强化了部分因子，容易造成养殖区生态系统失衡；⑥养殖设施阻碍了水体交换。养殖业的自身污染已经开始制约渔业生产的持续健康发展。2007 年国家海洋局对全国重点海水增养殖区进行了监测，35% 的海水增养殖区适宜养殖，65% 的海水增养殖区较适宜养殖。与 2006 年同期相比，水体呈富营养化状态增养殖区比率增加了 8%。

（六）海洋生态环境检测能力不足

中国已经基本建立了一套可业务化运行的海洋环境监测体系，但诸多迹象表明，现有监测能力还远不能满足需求，监测结果不足以或者不能真实反映海洋环境质量。海洋环境监测能力建设必须在增大监测点密度、增加监测频率和推动部门合作等方面做大量努力。从全国范围看，目前有 180 多个水质监测站，相当于 100km 海岸线上有一个站位。水质采样点同样稀疏，以某市为例，该市大陆岸线长度约为 700km，对应管辖海域面积为 2.6 万 km^2，2003 年和 2004 年两年，该市海洋渔业部门设立的海洋环境质量监测采样点只有 15 个，相当于一个监测点控制的范围超过 1700 km^2。很显然，如此稀疏采样布点的结果不能完全和真实反映海洋环境质量。

目前，海洋环境容量的大小和污染源的对应关系仍不清楚，还不能有针对性地控制污染物质的排放，从而最大限度地减少污染。另外，在监测的空间和时间覆盖范围方面体现出执行力不足的问题。国家海洋局发布的《中国海洋环境质量公报》的数据仅来源于国家海洋局的监测数据，这些监测数据不足以反映对港区、养殖区等海域的海洋环境质量。中国海洋生态调查和监测尚未形成统一的规范和技术标准。

（七）海洋生态系统恢复滞后

海洋生态保护包括濒危物种及其生境保护、受威胁的海洋生态系统保护、海洋渔业资源保护。建立海洋自然保护区和海洋特别保护区是保护濒危物种及其生境和受威胁的海洋生态系统的主要手段。目前，中国自然保护区存在的最大问题是"建而不管，管而不力"，自然保护区是濒危物种的最后栖息地，是有效保护特有生态系统的最后机会，自然保护区管理工作的重要性必须得到更为广泛的重视和加强。

相对于生态系统保护工作来说，受损生态系统修复工作还处于刚起步阶段。如国内渔业资源的保护和修复、对红树林生态系统的修复、受损珊瑚礁修复、被严重污染的河口港湾的综合整治等虽引起重视，但大多还处于探索研究阶段。

第四节　国外海洋环境管理经验及其对我国的借鉴

随着工业化发展及沿海地区经济水平的提升，沿海经济发达地区部分海域面临着海洋环境污染、近海生境与生态系统发生改变与破坏的威胁，海洋环境管理也随之受到有关政府部门的高度重视。今后的 5～10 年是我国海洋事业向更高层次、更广领域加速推进的关键时期，也是我国海洋经济加快调整和提升的关键时期，分析世界其他海洋国家海洋资源管理的成功经验，研究提出我国海洋环境管理的对策和建议，不仅有助于发展具有中国特色的海洋环境管理模式，也为国际海洋环境管理实践提供有益的借鉴。

一、国外海洋环境管理经验

加拿大是世界上最早进行海洋综合立法的国家，也是最早制订国家行动计划来保护海洋环境陆源活动污染的国家，其以可持续发展为目标、以预防性方法为原则、以海洋保护区网络体系建设为手段的海洋环境管理体制的建立，有效地推动了具有加拿大特色的海洋环境管理模式的发展，为国际海洋环境管理实践提供了有益的借鉴。

(一)海洋环境管理

加拿大联邦海洋环境管理主要包括陆源污染管理、海上污染管理及海洋生态保护三大领域。其中，陆源污染管理主要由环境部负责，海上污染管理主要由交通部和渔业与海洋部负责，而海洋生态保护责任则分别归属渔业与海洋部、环境部野生动物管理局和公园管理局。此外，加拿大联邦跨部门海洋委员会还设立了一个海洋环境委员会来监督联邦海洋环境质量框架与行动计划的实施，并指导一个工作组来制订联邦海洋环境质量行动计划，确定与海洋环境有关的部门行动以及提供相关联邦政策与规划的综合协调。渔业与海洋部在加拿大海洋环境管理中具有主导作用，其主要职能包括管理和保护渔业资源、管理并保护海洋环境以及维持海洋安全等；环境部是加拿大负责协调联邦环境政策与实施方案的部门，主要职责是保护和提高自然环境质量、可再生资源、水资源以及提供气象服务等；而交通部则主要负责水域事故反应与调查、相关海洋法律法规执法等。

(二)海洋保护区建设

海洋保护区建设是加拿大海洋生态保护的核心内容，由联邦政府和地方政府共同负责。其中，联邦政府一般负责候鸟、海洋生物和大多数溯河洄游性鱼类以及低潮线以下由联邦政府管理的领海与专属经济区海域的生境保护。加拿大渔业与海洋部和环境部是联邦海洋保护区网络建设与管理的主导联邦机构，具有法定的海洋生态保护责任。加拿大《海洋法》赋予渔业与海洋部发展与实施国家海洋保护区系统，并整合三大联邦机构的海洋保护区计划的权力。目前，加拿大联邦海洋保护区网络由三大核心计划组成：①依据《海洋法》建立的海洋保护区（marine protected areas），主要用来保护重要的鱼类与海洋哺乳动物栖息地、濒危海洋物种、独特的属性与生物生产力或生物多样性高的区域；②海洋野生动物保护区（marine wildlife areas），重点保护和保全多种野生动物生境，包括迁徙鸟类与濒危物种；③国家海洋保育区（national marine conserva-tionareas），主要用来保护和保全有代表性的加拿大海洋自然与文化遗产，并提供公共教育与欣赏机会。除了上述核心保护区外，具有海洋成分的候鸟禁猎区、国家野生动物保护区和国家公园也是联邦海洋保护区网络的重要内容。此外，联邦海洋保护区的建立与管理还涉及其他多个联邦机构，其职责多与政策规制、项目服务有关。在很多情况下，环境部、渔业与海洋部及公园管理局需要与其他相关联邦部门，如交通部、国防部和自然资源部等密切合作，同时也涉及省级、领地及其他团体等的作用。

（三）管理理念与行动对策

1. 管理理念

海洋生态系统健康与海域生产力的维持是所有海洋环境管理的基础，但加拿大现实的海洋环境状况并不乐观。为了更有效地保护海洋环境及其资源，1997年实施的加拿大《海洋法》提出了海洋开发与环境管理的预防性方法和基于生态系统的管理原则。1998年，加拿大环境部长委员会（魁北克除外）通过了环境协定，确保各省采取共同环境保护措施来防止管辖权争议，并采用统一的环境管理原则，而其"附属协议5"中的"加拿大环境标准6"则明确强调了对预防性原则的承诺。2001年，加拿大联邦政府发布了一个由多部门联合制订的关于预防性方法/原则的讨论文本，提出了实施预防性方法并测试相关各方反应的指导原则。在海洋环境污染管理领域，加拿大只在海洋倾废管理中突出了预防性原则，而在非陆源污染和海上污染管理中预防性原则并未得到强调。

对于海洋环境保护而言，推动海洋保护区网络建设是加拿大海洋保护区建设的主要模式。加拿大联邦《海洋保护区战略》奠定了加拿大海洋保护区网络发展的基础，主要目的是增加海洋保护区建设的生态效率以及单个海洋保护区之间的连通性，从而实现对海洋生态系统结构与功能的保护。同时，加拿大海洋保护区建设战略也突出了在更广泛的可持续海洋管理规划框架内，建立海洋保护区网络。联邦海洋保护区战略及其网络建设对于加拿大海洋战略的实施具有重要意义，是加拿大《海洋行动计划》的关键承诺之一，也是沟通和支持其他国家与地区动议以及更广泛的可持续发展战略的重要方式。加拿大海洋保护区建设主要遵循综合管理原则、生态系统原则、预防性原则、基于知识原则和咨询与合作原则尤其是生态系统原则，不仅是国际上最流行的系统管理方法之一，也是海洋保护区网络化建设的理论基础。

2. 行动对策

加拿大《海洋法》的实施明确了加拿大联邦政府在海洋环境管理中的作用，尤其是提出要统筹考虑海洋环境保护与海洋开发活动来维护海洋生态系统的健康。其中，海洋保护区计划、海洋生态系统健康计划和海洋综合管理计划成为加拿大《海洋法》的三大海洋政策动议。海洋环境管理包括海洋倾废、陆源污染和海上污染等多方面内容。在海洋倾废领域，加拿大《环境保护法》规定与《伦敦倾废公约》相一致，规定在没有准许的情况下，不允许在其管辖海域内处理任何废物或其他物质；在陆源海洋污染管理领域，主要法律依据包括联邦《环境保护法》《渔业法》《有害生物控制产品法》和《海洋环境陆基活动污染预防国家行动计划》（除有毒化合物外，加拿大《环境保护法》对陆源海洋污染控制的一般权力非常弱；海上污染管理主要依据《加拿大航运法》进行，但没有将预防性作为指导原则）。此外，加拿大交通部还制定了《船舶在加拿大水域排放压舱水控制指南》，对加拿大水域的压舱水排放实施管理。

加拿大海洋保护区建设重点是制定国家海洋保护区网络化建设战略，支持并推动水下文化遗产保护，并在《海洋法》指导下，建立并实施海洋环境质量政策及运行框架，支持海洋濒危物种保护立法及相关规章、政策与计划的实施。《加拿大联邦海洋保护区政策》提出要建立一个综合、协调的全国海洋保护区网络，并承诺到2012年完成国家海洋保护区网络建设，其具体行动计划包括四个方面：①建立并固定相关政府部门之间的合作机制，利用各类科学指南与决策工具来合作确定和选择新的海洋保护区，并密切加强各级政府之间在海洋保护区规划与建设中的合作关系，从而形成一个更加系统的海洋保护区规划建设模式。②探索具有不同地域特色的合作管理模式，评估每个海洋保护区，确定海洋保护区及网络有效性评估指标，并采取共同行动，以加强对海洋保护区的合作监测与管理。③实施海洋保护区研究计划，建立一个基于网络平台的海洋保护区地理参照系，开发共同的海洋保护区沟通与公共宣传工具来提高全体加拿大人的海洋意识，并制定广泛接受的联邦海洋保护区相关立法与政策概念，有效提升加拿大人对海洋保护区建设的理解与参与。④与美国、墨西哥一起建立地区性的海洋保护区行动计划，并为国际社会提供经验借鉴及相关技术与方法支持，共同推动全球海洋保护区网络建设。

二、国外海洋管理经验对中国海洋环境管理的借鉴

在海洋环境管理领域，由于海洋环境的复杂性及关联性，加拿大海洋环境管理动议大部分都建立在合作管理的基础上，形成了合作的海洋环境管理体制。加之系统的海洋环境管理立法，协调的海洋资源开发与环境保护，预防性的海洋环境管理方法以及代表性海洋保护区网络建设，充分发挥了不同部门与机构各自不同的资源优势和管理能力。不但能实现各部门优势互补、发挥资源的整体优势，还能有效地避免部门冲

突，最大限度地发挥海洋环境管理的社会经济效益。

在参考国外海洋资源管理经验的基础上，我国也提出了基于本国海洋管理现状的海洋环境保护和管理对策。

(一)加强海洋环境管理的制度建设

1. 海洋环境管理法律制度建设的必要性

建立健全海洋环境保护方面的法规、制度、标准，运用行政、法律、经济、技术和教育等手段，依法进行管理，防止、控制和减少人为活动对海洋环境的污染损害。①依法建立海洋综合管理体制，对海洋环境进行统一规划、管理，保证海洋环境管理的有效性。②完善海洋环境保护法规、标准、技术指南，制定管理办法和管理程序。依据法律规定，追究违法行为和造成污染损害的肇事者的法律责任和赔偿责任。③依法建设全国海洋污染监测、监视网，及时掌握环境和资源的状况及发展趋势。监督违法行为和环境异常现象，并及时准确地取证。④建立海上统一(或联合)的执法监察队伍。⑤建立公众举报制度，发挥群众的监督作用。

2. 我国海洋环境管理的法律体系

我国海洋环境保护工作开始于20世纪70年代，先后颁布了一系列海洋环境保护、监测、防治的法规条例。具体如下。

(1)1982年，全国人大常委会通过了《海洋环境保护法》，作为中国海洋环境保护的基本法律，对防止因海岸工程建设、海洋石油勘探开发、船舶航行、废物倾倒、陆源污染物排入而损害海洋环境等作了法律规定。

(2)《防治陆源污染物污染损害海洋环境管理条例》(1990年)建立了海域排放陆源污染物登记制度、排海污染物类型控制制度、超标收费制度等，比较全面地规范了直接对海排放污染物的行为。

(3)《中华人民共和国海洋倾废管理条例》(1985年)建立了不同级别的倾废许可证管理制度。

(4)2006年新修订的《防治海洋工程建设项目污染损害海洋环境管理条例》，不仅界定了"海洋工程"的概念，而且规定了海洋行政主管部门对防治海洋工程建设项目污染损害海洋环境工作的管理职能，明确了海洋工程环境保护管理的工作范围，结束了我国海洋工程建设项目海洋环境保护管理无细化操作法规可依的局面。

(5)《渔业法》(1986年制定，1999年修订)重点对保护渔业资源做了原则性规定，建立了禁渔区、禁渔期、休渔制度以及许可证捕捞等制度。

(6)针对海洋环境保护的其他法规还包括：《中华人民共和国防止拆船污染环境管理条例》(1988年)、《防止船舶污染海域管理条例》(1983年)、《海洋石油勘探开发环境保护管理条例》(1983年)、《中华人民共和国野生动物保护法》(1988年)等。

进入21世纪以来，中国政府加大了海洋环境保护工作宏观政策和规划，先后修订了相关法律制度，并颁布了一系列配套法规。2002 年，国家颁布了《海域使用管理法》、国务院批准了《全国海洋功能区划》，2004 年，国务院印发了《关于进一步加强海洋管理若干问题的通知》等。

(二)海洋环境的保护措施

1. 加强海洋渔业管理与保护

为了保护海洋经济生物资源，世界各国都采取了一系列管理措施，加强对海洋鱼虾类产卵场、索饵场、越冬场及养殖水域的生态环境保护。通过采取控制渔业捕捞强度、压缩捕捞渔船、完善休渔制度、建立渔业资源保护区、实施海洋捕捞产量"零增长"计划等措施，促使渔业从过去注重生产规模扩大和产量增加转向注重保护资源、优化结构和提高质量效益的可持续发展模式。

我国也先后颁布实施了渤海、黄海、东海和南海机轮拖网渔业禁渔区域。1985 年提出了国家对渔业发展的方针：以养殖为主，养殖、捕捞、加工并举，因地制宜，各有侧重。1995 年起，中国开始实行伏季休渔制度，原先为 2 个月，现在延长到 3 个月。1999 年以来，中国积极调整渔业发展指导思想，提出海洋捕捞计划产量"零增长"的目标，从注重数量的扩张转向注重质量和效益的提高，促进渔业经济增长方式的转变。在"零增长"的目标得以实现的基础上，该政策于 2001 年被调整为"负增长"。

2. 建立海洋自然保护区

世界上许多滨海国家为加强保护海洋自然环境和资源，尤其是为了拯救特有、珍稀和濒危的海洋生物物种，保护典型海洋自然生态环境，合理协调海洋资源利用与保护的矛盾，选择了包括主要保护对象在内的具有代表性的海洋环境，如海岸带陆域、浅海滩涂、内海、领海范围内的外海、海洋岛礁等，划定区域，对区域内的环境和珍稀濒危物种及其生态系统、特种景观、遗迹加以特殊保护和管理，采取切实可行的保护措施，建成相当数量的海洋自然保护区。

1995 年，我国有关部门制定了《海洋自然保护区管理办法》，贯彻养护为主、适度开发、持续发展的方针，对各类海洋自然保护区划分为核心区、缓冲区和试验区，加强海洋自然保护区建设和管理。到 2005 年年底，中国已建立了各具特色的海洋自然保护区 157 个，面积 $7.92 \times 10^6 \mathrm{hm}^2$（不包括香港、澳门和台湾地区）。其中国家级海洋自然保护区 27 个，面积 $2.2 \times 10^6 \mathrm{hm}^2$，占 27%，省级海洋自然保护区面积 $3.0 \times 10^8 \mathrm{hm}^2$，占 39%，市县级海洋自然保护区面积 $2.6 \times 10^6 \mathrm{hm}^2$，占 33%。这些保护区有的以保护中国海域的珍稀物种为目标，如专门保护儒艮、海龟、金丝燕、丹顶鹤以及文昌鱼等珍稀动物的保护区；有的以保护珊瑚礁、红树林、海岛、滩涂和海口等生态系统为目标。根据《海洋环境保护法》的规定，国家海洋局还积极推进海洋特别保护区建设。截至 2006 年年底，全国共建了 7 个海洋特别保护区，其中，国家级海洋特别保护区 4 个。2006 年监测结果显示，中国多数海洋保护区生态环境质量总体保持良好，生物多样性有所提高。海洋自然保护区核心区、缓冲区海水和沉积物质量基本符合保护对象的栖息与生存要求。

实践证明，建设海洋自然保护区和特别保护区是保护海洋生态的有效途径，但是，目前在海洋自然保护区和特别保护区的建设中面临着保护与开发的严重冲突、科研支持能力较弱、经费投入不足、管理力量单薄等现实问题，而保护区的建设规模及种类等都远不能适应海洋生态保护和促进经济建设与生态环境保护协调发展的要求，亟须通过各种途径和国家与地方的支持，扩大保护区的建设，强化保护区的管理。

(三)海洋环境的监测措施

1. 大力发展海洋环境监测技术

随着海洋开发和陆地污染物的增加，海洋环境的保护越来越引起各国的重视，海洋环境监测技术的研究和开发得到喜人的进展。国外已应用卫星遥感技术、航空遥感技术、海洋浮标自动监测技术以及相应的信息处理技术，对海洋环境进行大尺度的监测。高新技术在开发海洋环境探测新仪器方面的应用，大大提高了海洋环境的监测力度，及时发现问题，保护海洋环境。

(1)海洋污染监测浮标的发展。海洋监测浮标是海洋环境自动观测平台，可自动、长期、连续收集海洋环境资料，即使在恶劣环境，在其他现场监测手段都难以或无法实施监测时，海洋浮标仍能有效地工作。在一些发达国家，如美国、日本、挪威等国，水质监测浮标已在海洋环境污染监测中得以应用并取得良好效果。他们利用海洋水质监测专用浮标或水文气象水质综合浮标进行以下参数的测定：溶解氧、电导率、浊度、pH 值、放射性、水温及叶绿素；日本还设置了汞、镉、磷及有机物自动测量浮标。

我国有关海洋水质监测浮标的试验研究已经做了不少工作，但目前尚未有实用的海洋水质监测浮标，一些关键性技术问题需进一步研究解决，如海洋污染样品采集、传感技术的研究和相关仪器设备的研制。

(2)海洋遥感监测技术。遥感监测是近年来发展起来的一门综合性监测技术，能提供大面积、大范围的环境信息，能从飞机和卫星的高度大范围迅速监测海洋污染，并将监测数据传送到岸站。国外海洋环境污染监测，应用卫星遥感技术已能对全球沿海污染情况进行监测，如对沿海悬浮含沙量及其扩散分析、生活污水和工业排污监测、海上溢油监测、叶绿素及悬浮物浓度分析、生物污染和油膜污染监测等。目前遥感技术在海洋环境污染监测中主要用于油污监测，已能可靠测定海上溢油区面积、油膜厚度和溢油量，还能鉴别污染源和污染物种类。

我国在海洋污染监测中应用遥感技术起步较晚，20 世纪 80 年代末期，由"中国海监"两架飞机构成的海洋环境污染航空监测系统，开始对我国海域进行大面积航空遥感监视和监测，主要项目有溢油、渔场测温、测冰等。我国在卫星遥感监测溢油研究方面也做了大量工作，如利用 TM 卫星影像与美国气象卫星(NOAA)同时监测海面溢油取得了成功，而且进行了波段组合试验，初步确定了理想的波段组合方案，并设计了海上溢油报警系统。

（3）生物监测技术。生物监测是利用生物个体、种群、群落和生态系统等不同层次和机体的器官、组织、细胞、亚细胞等对环境质量变化所产生的反应来评价、判断环境健康状况的方法。目前使用的海洋环境污染生物监测方法主要有两类：①个体生物学方法，即利用生物个体组织或细胞中污染含量的变化或某些组织、器官及细胞的形态变化监测污染物及其浓度，人们把这种生物称为"指示生物"；②群体生态学方法，即利用生物种群、群落或生态系统的结构变化和动力学过程来监测污染物。有几种海洋生物，尤其贻贝是反映环境状况的最佳指示生物，因为它们能够蓄积绝大部分污染物，而且广泛分布于世界各个海洋。同时，贻贝监测可以扩大污染物的监测内容，加入重金属及新化学品等参数，以便了解各种污染物的分布状况。目前，贻贝监测已成为全球综合海洋监测的一个组成部分。近年来，科学家们研究出其他一些有效的生物影响监视监测技术，如双壳类"生长观测指示"生理学技术，鱼类混合功能氧化酶系统，金属巯基组氨酸三甲基内盐解毒作用系统，底栖生物群落多变量分析技术等。

我国利用海洋生物对海洋环境污染进行监测，由于起步较晚，应用中还存在一些局限性。以前做的大部分是有关生态学指标方面的工作，近年来进行了关于污染物引起海洋生物生理生化和细胞反应变化的研究。分子生物学的一些研究方法被引入到环境监测和生态毒理的研究中，预计将使生物监测取得突破性的进展。

（4）推进海洋环保监测技术的产业化。海洋环保监测技术是指为防止或减少海洋环境污染，保证海洋生态平衡而采取的各项技术。海洋环保产业，是在海洋环保技术基础上发展起来的一类经济产业，包括海洋监测预警信息服务业、海洋环保设备制造业、污水处理厂、垃圾处理厂、海上倾废场等海洋污染物处理企业以及为预防海洋环境污染而进行的资源再生利用等产业部门和单位。在我国海洋环境治理过程中，积极运用环保技术，培育相关产业能获得事半功倍的效果。海洋环境技术的产业化发展能够为海洋环境保护提供强有力的支持。

2. 构建海洋环境综合监测体系

构建海洋环境综合监测体系，需要做好以下几方面的工作：①综合运用海洋环境监测技术，全方位、多角度地对整个海域进行及时有效的监测。②实施包括"海洋环境质量趋势性监测计划""近岸赤潮监控区监测计划""近岸海洋生态监控区监测""重点陆源排污口监测"等在内的一系列海洋环境保护项目。③针对海域主要陆源入海排污口、赤潮多发区、典型海洋生态区、海水浴场、海水养殖区、海洋倾倒区、海上油气开发区以及突发海洋污染事故等实施水质、沉积物、生物质量等要素的常规及应急监测。④大量建立监测站，为整个体系的有效构建和运行提供信息支持。

通过以上四方面的工作，建立完善、统一、高效的海洋生态环境综合监测体系。目前，需要在现有海洋监测台站的基础上，完善和健全海洋生态环境动态监测网络和赤潮灾害预警系统，建立溢油等重大海洋污损事故应急处理体系；研究建立和发展海洋生态环境质量和海洋资源环境影响评价方法。优先实施主要河口、重点港湾和生态脆弱区的在线监测，配置相应的监测仪器，提高技术人员的业务水准。增强对宏观与微观生态环境的监测力度，加强应急调控能力，不断提高海洋环保的整体水平和保障能力。

（四）海洋环境的防治措施

1. 增强国民的海洋生态环境保护意识

环境保护虽然早已是我国的基本国策，但仍有少数地方政府不重视对海洋生态环境保护，甚至以牺牲海洋生态环境为代价来发展地方经济，这是整个社会生态环境保护意识不强的表现。因此，树立保护海洋生态环境的观念，增强海洋生态环境保护意识显得非常重要。为此，应从中、小学的基础教育开始，增加有关海洋科学和海洋知识的课程，同时通过广播、电视、报刊等新闻媒介大力宣传海洋环保知识，加强海洋法规教育，促使全社会了解目前我国海洋生态环境所面临的问题以及海洋在国民经济和社会发展中的重要地位和作用，也认识到良好的海洋生态环境是发展海洋经济的基本条件，只有保护好海洋生态环境，才能保证海洋资源的可持续利用，形成自觉珍惜海洋资源，爱护海洋生态环境的良好社会风气。

2. 海洋开发坚持规划先行

坚持规划先行原则，加强海洋环境保护，尽快制定海洋资源总体利用开发和保护规划。①进行沿海岸线和沿海陆域使用详细规划、产业发展规划、港口开发规划和沿海旅游开发产业规划，合理开发海洋资源，确保海洋资源可持续利用和维护海洋生态环境。②建立生态经济系统，实施海洋"绿化工程"，加快海洋产业化结构的调整与升级步伐。③加强控制海洋与江河水的污染源，进一步完善排污许可制度。严格控制船舶作业活动对海洋环境的污染损害。建立健全海洋污染事件查处和海域污染应急处理制度。

3. 控制污染源，强化对海洋环境的治理

海洋环境污染主要来源于陆地排污，因此控制好陆地污染源的入海是减缓海洋环境污染的关键。西方国家对水域生态环境保护采取了积极措施。对工业企业排污和城市污水排污进行全面管理，建设完善城市污水处理设施，减少污染物排放量，从根本上控制陆源污染物入海量。为防止船舶和港口污染海洋，各类船舶必须装备油水分离装置。采油平台应含油污水处理装置，同时增加对海洋环境保护和治理的资金投入，把保护海洋生态环境纳入国民经济的发展计划。

4. 实行科学养殖方式，发展生态型渔业

海水养殖业现已成为近海的重要污染源。据统计，每生产 1t 对虾，平均需使用 8.6 万 t 海水，而投入饲料的利用率仅为 10% ~ 60%。残饵和排泄物通过换水排入海

区，对近岸水域水质环境和生态系统产生重大影响，这也是导致局部海域富营养化的重要原因之一。因此在发展养殖过程中，要按水体的环境容量和承载能力，科学布局，合理投饵，以减缓渔业带来的自身污染问题。同时，提倡鱼、虾、藻、贝多元生化、立体化养殖方式。在鱼、虾、蟹池塘养殖中，选择江篱、裙带菜以及菲律宾蛤、杂色蛤、扇贝等进行混养。江篱、麒麟、裙带藻体可固定养殖水体中的氮、磷，通过光合作用能吸入水中并放出氧气，对水质有净化能力。菲律宾蛤、杂色蛤、扇贝能滤食清除养殖池里的残饵、排泄物，充当残饵和代谢物的清道夫，也能提高对投入饵料的利用率，优化和改善养殖区生态环境。投放光合细菌也是净化改良水质，维持水体综合生态平衡的有效措施之一。如在对虾的养殖中泼洒光合细菌可以使水中的氨态氮平均降低 0.077mg/L，溶解氧平均提高 1.64mg/L，减少换水量多达 30%。

5. 恢复滩涂湿地，实施海岸带综合管理

大面积的填海造地、围海造田给海洋自然生态带来毁灭性的破坏。根据实际情况，应采取退田还水、退耕还渔等措施。在建立红树林、珊瑚礁、海岸湿地生态系统自然保护区的同时，开展人工生态恢复工程，如选择适当区域恢复移植、栽培红树林，对红树林的残次林进行改造，扩大红树林资源，使海洋生物拥有生长、繁殖和栖息的良好环境，以保护海洋生态环境。

对特定海岸与海洋的各种资源及其活动进行统一协调与管理，达到海岸与海区的可持续发展，增强海岸带及其生物对自然灾害的防御能力，提高海洋管理各部门及其活动的协调性。

第八章 海洋经济管理

第一节 海洋经济与海洋经济管理

海洋经济管理就是为了促进海洋经济的持续协调发展而对海洋经济进行有效管理，理解这一行为首先需要对海洋经济和海洋经济管理两个概念有一个深入的了解。

一、海洋经济

（一）海洋经济的概念内涵

"海洋经济"一词已经出现20多年，但各学者对其表述不同，所以定义始终没有得到统一，但概括来说，海洋经济的概念内涵——"与海洋有着特定的依存关系的各种产业和活动"得到学界认可。所以可以由此来判断一种经济活动是否属于海洋经济活动。

根据海洋经济活动与海洋的依存程度可将其分为三类：①狭义海洋经济是指以开发利用海洋资源、海洋水体和海洋空间而形成的经济；②广义海洋经济是指为海洋经济活动提供条件的经济活动，包括与狭义海洋经济产生上下接口的产业和海陆上的设备制造业；③泛义海洋经济，主要是指与海洋资源、环境等息息相关的海岛陆域产业、海岸带陆域产业和河海体系中的内河经济等，包括海岛经济和沿海经济。海岛经济虽包括陆地经济，但是海洋经济活动与海洋空间、海洋资源和海洋环境有着密切的关系，海洋经济也正是海岛经济的显著特色。同样，海洋地理区位优势也正是沿海经济得以蓬勃发展的重要原因。所以从这个意义上说它们都属于海洋经济的范畴。

此外可根据海洋经济的历史发展、海洋经济部门结构、海洋空间地理类型等对海洋经济进行划分。如按照海洋经济的部门结构可分为海洋水产经济、海洋运输经济、海洋制盐和盐化工经济、海洋油气经济、海洋矿产经济和海洋工程经济、海洋旅游经济、海洋能源经济和海洋服务经济；按照海洋空间地理类型可分为海岸带经济、海区经济、海岛经济、河口三角洲经济、专属经济区经济和大洋经济等。

（二）海洋产业

海洋经济以海洋产业的形式表现出来，对海洋产业的划分可以更好地理解海洋经济。根据三次产业分类法将其分为海洋第一产业、第二产业、第三产业、"第零产业""第四产业"。

海洋第一产业指海洋农业。包括海洋渔业、海水养殖业、海洋植物栽培业、海洋牧业和海水灌溉农业。它们都是人类利用海洋生物有机体将海洋环境中的物质能量转化为具有使用价值的物品，直接收获具有经济价值的海洋生物的社会生产部门。

海洋第二产业包括海洋矿产业、海洋装配制造业、海洋化工业、水产品加工业、海洋药物工业、海洋电力工业、海洋空间利用和工程建筑业等。

海洋第三产业是为海洋开发的生产、流通和生活提供社会化服务的部门，主要有海洋运输业、滨海旅游业和海洋服务业等。

海洋"第零产业""第四产业"是对现有的三次产业分类下的前向和后向的延伸。也有学者将其称为"海洋相关产业"。"第零产业"即在人类认识进步和社会发展对海洋资源有要求的基础上，通过有意识的活动和自然力的作用，对海洋资源进行保护、恢复、再生、更新、增值和积累，是从事海洋开发活动的前过程和现行产业，其位次排在第一、二、三产业之前，故称"第零产业"。包括资源再生业、资源养护业、资源勘探业等。

海洋"第四产业"是指以开发利用信息来寻找生产力发展的关键点，并组合相应的生产关系，从而促进生产力发展的智力产业。它是在现代通信技术、网络技术、信息技术及相关产业的兴起和发展推动第三次科技革命和产业革命的基础上逐步形成的，以高智力、软投入和高产出为特色。海洋技术的发展将不断促进"第四产业"的发展。在海洋经济领域，"第四产业"初见端倪的是海洋电子信息业。大力发展海洋电子信息产品，促进海洋传统产业的技术创新，逐步形成海洋电子信息业向高科技产业化迈进，促进海洋产业结构优化调整。

我国海洋产业发展的总体思路是：着眼于21世纪国内外经济的大格局，按照建设海洋经济强国的要求，从现有的基础出发，以高新技术为向导，重点部署好国家战略产业，关照好各产业之间的关系，加快第三产业和新兴产业的发展，推动海洋产业结构升级，使海洋产业结构率先实现现代化，赶超世界先进水平。

二、海洋经济管理

（一）海洋经济管理的概念内涵

海洋经济管理，就是对上述海洋经济的生产和再生产活动经济的计划、组织、协调、控制，以保证海洋生态环境和资源的可持续利用，保护海洋和促进海洋经济的可持续发展。包括海洋产业经济管理和海洋区域经济管理两方面。海洋产业经济管理即上文中提到的海洋各产业部门对本行业的经济活动的管理。海洋区域经济管理是各区域内的经济活动对本区域内的经济活动的管理，目前我国已形成了环渤海、长三角和珠三角三大海洋经济区。各省市区为充分利用本地区的优势海洋资源，在管理上按行政区划分为省、市、县、乡行政区管理。

实现海洋经济管理的目的是要保证海洋经济可持续发展，提高海洋在整个经济和社会发展领域的地位和作用。实现海洋经济管理的目的和任务是：制定海洋经济发展长期规划和短期计划，建立合理的海洋产业结构，合理布局海洋区域经济；组织海洋资源、空间开发利用，增加海洋经济的产值；协调海洋开发利用的利益关系，解决开发利用中的矛盾冲突；控制开发利用对海洋经济的破坏，保证海洋的健康状况，保证海洋生态环境状况的基本平衡；维护国际海洋新秩序，保证国家管辖海域的主权权益对公海共有资源的合理享用和利用，为国民经济服务，满足人类当前和未来发展进步的物质需求。

(二)海洋经济管理的类型

为了提高海洋管理的针对性和效率，根据管理的本质属性和特殊的运动方式分门类进行管理。在不同国家和地区划分管理的类型不同，我国经济管理中比较稳定被广泛采取的类型有：海洋综合管理、海洋行业(部门)管理、海洋资源管理、海洋权益管理、海岸带管理、海岛管理、海洋公益服务和海洋防灾减灾管理等。我国海洋管理分类系统总的特征是以海洋综合管理为主线，海洋行业管理和海洋区域管理为两大分支系统。但是仅就海洋经济管理来说，则是以海洋行业管理和海洋区域管理为主线。海洋经济管理的类型划分也在一定程度上决定了我国海洋经济管理的体制构建。我国海洋经济从整体上来说还是一个新兴的经济，大部分海洋开发、利用和保护的内容还不成熟，因此也制约了海洋经济管理类型的丰富程度和成熟性。

(三)海洋经济的管理体制

在海洋管理类型的基础上形成了海洋管理的体制，即海洋管理的组织制度，包括各部门经济职能的设置、权限的划分和活动规范。我国海洋经济管理体制基本上是综合管理和行业管理相结合、中央集中管理和地方分级管理相结合的多元化管理体制。综合管理是由国家海洋行政管理部门的国家海洋局负责，主要承担海域使用和管理以及与海洋经济相关的资源管理、环境管理、海洋科学技术研究、海洋监测监察和海洋执法。海洋行业管理由国家行业管理部门负责，具体承担行业管理任务。这些部门由农业部负责海洋渔业，地质矿产部管理海洋采矿，交通部门管理海洋交通运输，中国海洋石油总公司管理海上石油天然气勘探和开采等。中央管理主要是由国家海洋行政管理部门和行业管理部门，对海洋规划、海洋权益等进行管理。地方管理主要是对海洋开发利用的管理。这种多元管理体制既是历史形成的，也与我国基本国情和海洋经济发展水平相适应。随着海洋经济的发展，我国海洋经济管理体制也会相应发生变化，改革的趋势是建立一种综合协调机制。随着市场经济的发展，政企分离，部门管理力度减弱，综合管理力度增强，海洋经济管理体制从条块管理向综合管理结合的方向转变，最终形成一种综合管理协调机制，实行综合管理与分部门和分级管理相结合的协调管理。

(四)海洋经济综合管理

海洋综合管理是国家通过各级政府对海洋(主要集中在管辖海域)的空间、资源、环境和权益等进行全面的、统筹协调的管理活动。海洋经济综合管理是海洋经济管理的一个基本类型，建立在人们对海洋价值认识的基础上。在海洋综合管理中采取法律的、行政的、经济的、教育的等多种方法或手段，使管理主体中的各方在不同层次、不同范围、不同内容上进行经济合作，从而实现海洋综合管理的效率与效益。所以在海洋经济综合管理中通常采取制定海洋综合管理的法律法规、建立国家海洋经济综合协调机构和机制、发挥海洋行政管理部门在海洋综合管理中的作用、建立全国统一的海上执法队伍等措施。

第二节　海洋经济的特征及海洋经济发展

一、海洋经济的特征

(一)整体性

由于海洋水体是连续和贯通的，海洋的海岸带、海区和大陆架连为一体，从而使领海、专属经济区和公海都是连通的，海洋资源的开发利用具有相互依存性。各部门、各区域和企业之间，凭借港口、船舶和海底电缆等运输和通信设施，以海洋水体为纽带建立了特定的联系，突破了陆地空间距离的限制，使海洋经济具有很强的联系性。

(二)综合性

由于海水介质的三维特性，导致不同水层存在不同的资源，因而可以从不同方向加以开发利用。例如，在同一水域海面上可以航行，海面以下可以牧渔，海底可以采矿等。即海洋经济具有多层次、复合型的特点，只有综合开发利用海洋资源才能产生最大的经济效益。

（三）公共性

海洋资源是只能由公众或国家占有的公共性资源，所以开发利用海洋资源的海洋经济也具有公共性。这就导致了海洋资源开发利用上的共享性和竞争性并存，所有个人和企业都可以进行海洋资源的开发，也可能造成海洋资源的过度开发和使用，因此这就要求政府加强海洋资源开发利用的引导和管理。

（四）高技术性

海洋环境和陆地环境存在较大的差异，人们从事海洋经济活动必须借助一定的技术装备，尤其是现代，对海洋资源的开发不断加深加强，难度不断加大，高技术是海洋经济发展的关键性因素。

（五）国际性

由于海水是连通和流动的，许多海洋资源尤其是生物资源也是流动变化的，海洋鱼类的洄游不受地域和国家的限制，从而影响到地区和国家的经济利益，同时海洋水体一旦发生污染会随海水流动发生扩展，如何划分海洋权益，切实行使海洋管辖是国际海洋管理上的难题，世界各国包括海洋国家和内陆国家在内，在开发利用海洋资源，发展海洋经济时，存在利益的一致性和矛盾性。这就需要在《公约》确立原则的基础上，开展广泛的国际合作。

二、海洋经济的发展

海洋经济古已有之，舟楫渔盐就属于海洋经济活动，就现代海洋经济研究而言，只是20世纪中期以来的事情。海洋与经济的关系以及海洋经济对国民经济贡献的认识在世界上经历了长期的演变过程，在这个过程中科学技术的发展起到重要作用，尤其是深海油气的开发。1947年，世界上第一座近海石油平台诞生在墨西哥湾。1965年，世界上第一口水深达193m的深水井的钻探，标志着海洋石油勘探进入深海，为解决世界能源危机带来新希望。1963年美国学者Rorholm开展了纳拉干塞特湾经济影响的研究；苏联经济学家布尼奇分别在1975年和1977年出版了《海洋开发的经济问题》和《大洋经济》，明确地提出了大洋经济的概念，但这时提出的海洋开发经济还是传统意义上的海洋经济，目标在于发展远洋渔业、外贸航运和海上油气开发等。1974年，美国商务部提出了"海洋GDP"的概念，发表了《涉海活动的总产值》的研究报告。这个阶段建立了海洋和经济的关系，为海洋经济的发展奠定了基础。这一时期，我国的海洋经济也处于起步阶段。

1978年，许涤新和于光远等在全国哲学社会科学规划会议上，提出建立"海洋经济"新学科的建议。1989年，国务院赋予国家海洋局"负责海洋统计工作"的职责。国家海洋局于 1990 年组织制定了《全国海洋统计指标体系及指标解释》，1991 年组织编制了《1990 中国海洋统计年报》，1995 年开始每年编制出版《中国海洋统计年鉴》，这个阶段可以视为建立海洋和经济的关系，定义海洋经济的阶段。

　　20 世纪 80 年代开始，一直延续到 2005 年前后，是海洋经济定量评估，或者说建立和完善海洋经济方法论的阶段。在这个阶段，美国、加拿大和澳大利亚走在前列。20 世纪 80 年代，Pontecorvo 等创立的国民账户法逐渐成为各国海洋经济价值评估的主流方法，但这种以 GDP 为主要核算口径的国民账户法未将环境和生态价值纳入其中，无法对海洋经济活动的外部性做出较为客观的衡量，因此在衡量海洋活动的可持续性方面存在一定缺陷。1999 年美国实施了国家海洋经济学计划（NOEP）。该计划选择了四种关键指标，追踪美国劳工统计局 1933 年以来，为监测国民经济的健康程度而编制的可靠的国民收入和产品账户中海洋部分的六大涉海产业的增长和衰退，研究结果证明许多海洋问题影响到美国经济的其他领域的经济。2003 年，美国全国海洋经济计划首席科学家 Colgan 发表了《海洋经济和沿海经济计量的理论和方法》，首次提出了统一海洋经济和沿海经济计量理论和方法以及统计口径等普遍关注的问题，同时编写了《美国海洋和海岸带经济变化》的文件，提交美国州长协会最佳实践中心会议讨论。2005 年，亚太经合理事会各经济体的海洋经济价值报告比较了澳大利亚、加拿大和美国研究的方法，提出海洋经济产业包括九大行业部门。

　　从 20 世纪 90 年代开始，海洋经济研究逐渐成型和发展，其中 1998 年国际海洋年起到有力的促进作用，主要因素是各沿海国家纷纷制定海洋政策，需要确定海洋的价值和海洋对国民经济的贡献。1993 年，Colgan 等发表了《缅因湾的经济前景》，1994 年，Molle 等发表了《海洋相关活动经济评估》，从实际调查、计量分析与框架运用入手研究区域海洋经济，构成了西方海洋经济研究的基本特征。这些初步研究承认国民经济对海洋的长期依赖，注意到海洋贸易和海洋资源的趋势以及浮动变化会影响到国民经济，因此要实施可以追踪这些数据的项目计划。2000 年，配合美国国会海洋政策委员会工作，美国国家海洋经济学计划开展了海岸带和海洋对美国经济的贡献的研究项目，编写了美国沿海流域县的海洋经济活动分析的报告——《靠山吃山，靠海吃海》。海洋经济从概念到成果，首次登上了中央政府的政策文件。在这期间，国家海洋经济学计划发表了许多具有重大影响力的论文，尤其是《海洋贡献估算对国家经济和海洋政策的重要性》和《美国 2009 年海洋和海岸带经济现状报告》，后者主要由国家报告、报告手册、分地区摘要及附录四部分内容组成，其中国家报告介绍了美国海洋和海岸带经济发展的基本情况以及六大海洋部门。海洋工程建筑业、海洋生物资源、海洋矿业、海洋船舶业、海洋交通运输业以及海洋旅游和休闲娱乐业的相关数据。

　　在这段时间，许多沿海国家也开展了海洋价值评估的研究。加拿大于 1997 年通过《加拿大海洋法》，立法过程形成了两份报告，即加拿大海洋部门报告和加拿大海洋产业报告，而且发表了有分量的论文；英国的 Pugh，Skinner 和 Pugh 研究了英国的涉海活动；澳大利亚在制定国家海洋政策中开展了两项研究，委托 Allen 公司研究了以海洋为基础的产业对国民经济的经济贡献；为了应对欧盟关于启动制定全面包容的海洋政策，法国研究了 2003—2005 年的涉海经济数据，为欧盟委员会制定绿皮书提供了依据；新西兰开展了海洋经济利用海洋环境方式的研究。

2005 年开始，亚太经合理事会和 PEMSEA 合作组织了东亚国家开展海洋经济对国民经济贡献的研究，中国、日本、韩国、菲律宾、印度尼西亚、越南、泰国和马来西亚等均形成了研究报告。从 2009 年开始，海洋经济核算和评估已经成为各沿海国家的常态化业务。

第三节　中国海洋经济发展及管理现状

一、中国海洋经济发展现状

到"十二五"末期，我国海洋经济呈现出三大显著特点：①海洋经济在国民经济中的地位日益提高。据初步核算，2014 年我国海洋生产总值为 59 936 亿元，海洋生产总值占国内生产总值的比重达到 9.4%，创造就业岗位约 3554 万个，海洋经济已经成为国民经济新的增长点。同时，海洋经济本身还具有产业门类多、辐射面广、带动效应强的优势。②海洋产业结构发生积极的变化。2010 年后，海洋经济呈现出"三二一"结构。通过海洋科技创新，新兴海洋产业迅速崛起，同时，海洋传统产业的升级改造力度也在不断加大。③沿海经济区域布局基本形成。随着国家"东部率先发展"等区域发展战略的深入实施，区域海洋经济发展规模不断扩大，以环渤海、长江三角洲和珠江三角洲地区为代表的区域海洋经济发展迅速，2010 年以后，三大海洋经济区海洋生产总值之和占全国海洋生产总值 90% 以上。沿海区域发展规划相继上升为国家战略，由辽宁沿海经济带、天津滨海新区、黄河三角洲生态区、山东半岛蓝色经济区、江苏沿海开发区、浙江海洋经济示范区、海峡西岸经济区、广西北部湾经济区和海南国际旅游岛构成的沿海经济区域布局已经基本形成，为海洋经济发展创造了良好的条件。

在海洋经济持续快速发展的同时，我们也应清醒地认识到发展过程中存在的问题，主要是重近岸开发，轻深远海利用；重资源开发，轻海洋生态效益；重眼前利益，轻长远发展谋划的"三重"与"三轻"矛盾比较严重。从区域产业布局情况看，产业发展同质，产业结构雷同；传统产业多，新兴产业少；高耗能产业多，低碳型产业少的"两同、两多、两少"问题比较突出。同时，我国与周边国家在海域划界、岛屿归属和资源开发方面还存在着诸多争议，海洋开发尚面临着巨大风险；沿海国家重构海洋战略对我国海洋经济发展构成挑战；新一轮海洋圈地运动挤压我国海洋经济发展空间；后金融危机时代全球经济处于缓慢复苏阶段，世界经济局势仍未稳定，海洋经济未来发展态势尚不明朗，国际海洋科技快速发展愈加拉大我国与世界的差距等因素，都会给海洋经济的平稳较快发展带来严峻挑战。

二、中国海洋经济管理的现状

随着海洋经济的快速发展，海洋经济在国民经济中的地位日益提升，海洋经济发展越来越得到国家的高度重视，海洋经济管理工作也逐步纳入了政府的工作日程，并逐步成为国家宏观调控的组成部分。

(一)海洋经济管理的政府职能进一步明确

1990 年以前，海洋经济管理尚未被列入政府职能，也没有开展任何实质性的工作，海洋经济管理尚处于概念的理论探讨和研究阶段。1990 年国务院批准的国家海洋局"三定"方案中，明确国家海洋局负责全国海洋统计工作，标志着海洋经济管理工作正式起步。2008 年 7 月，国务院批准的国家海洋局"新三定"方案中，明确国家海洋局承担海洋经济运行监测、评估及信息发布的责任，并会同有关部门提出"优化海洋经济结构、调整产业布局的建议等职能"，这意味着国家首次将海洋经济管理工作作为一个整体，加强统筹协调，纳入政府部门职能，标志着海洋经济管理工作已经从经济统计等基础性工作，开始迈向参与指导、协调、调控的宏观管理阶段。

(二)海洋经济管理的基础工作不断完善

为了更好地协调指导海洋经济健康发展，作为海洋行政主管部门，国家海洋局在履行职责过程中，不断加强海洋经济管理与服务的制度化、标准化建设，先后建立了"一个网络"，即国家海洋局、国家发改委和国家统计局联合建立的"全国海洋经济信息网"，成员单位包括国务院涉海部门(集团公司、协会)和 11 个沿海省(直辖市、自治区)的地方海洋行政主管部门；制定了"三项标准"，即《海洋及相关产业分类》国家标准、《沿海行政区域分类与代码》和《海洋高技术产业分类》行业标准；建立了"一个体系"，即海洋经济核算体系，目前已完成海洋经济主体核算及海洋生产总值核算部分；建立了"两项制度"，即《海洋统计报表制度》和《海洋生产总值核算制度》，并都纳入了国家统计局的统计制度；完成了"两项调查"，即"21 世纪初全国涉海就业情况调查"和"全国海岛经济调查"；发布了"多项成果"，主要包括《中国海洋经济统计公报》《中国海洋经济统计半年报》《中国海洋统计年鉴》以及多项海洋经济研究分析报告。

(三)海洋经济规划的地位和作用日益突出

2003 年 5 月 9 日，国务院印发了《全国海洋经济发展规划纲要》，这是我国制定的第一个指导全国海洋经济发展的纲领性文件，在海洋经济发展进程中具有里程碑意义。随后，11 个沿海省级的海洋经济发展规划相继出台，初步形成了全国海洋经济发展规划体系。2008 年 2 月 7 日，国务院批准印发了《国家海洋事业发展规划纲要》。该纲要作为指导全国海洋事业发展的纲领性文件，明确提出要加强对海洋经济发展的调控、指导和服务。上述国家级规划的相继出台，为我国海洋经济工作指明了方向、思路和目标。

为进一步促进海洋产业健康发展，特别是海洋新兴产业的发展壮大，2005 年 10 月，国家发改委、国家海洋局、财政部联合发布了《海水利用专项规划》，2007 年国家发布《可再生能源中长期规划》和《生物产业发展"十一五"规划》，为我国海洋新兴产业的快速发展创造了良好的环境。渔业、交通运输业、旅游业也相继出台了相关规划，特别是 2009 年，面对金融危机对我国海洋经济的影响与冲击，国务院审慎果断出台了《船舶工业调整与振兴规划》《石化产业调整和振兴规划》等十大振兴规划，为促进海洋产业的优化升级和健康发展发挥了积极作用。

从我国海洋经济发展进程来看，我国海洋经济已经进入由快速发展阶段向"又好又快"迈进的转型期，海洋经济管理也将进入一个加快适应的调整期。管理模式的转变必定要以发展理念的转变为前提。因此，审视、思考海洋经济发展和科学发展观之间的关系，从科学发展的角度对我国海洋经济管理所面临的新形势、新阶段做出总结概括和基本判断，具有十分重要的现实意义。

第四节　国外海洋经济管理经验及其对我国的借鉴

一、国外海洋经济管理模式

纵观国际几个海洋大国，海洋经济综合管理体制的类型可大体分为三类：第一类是海洋经济管理分散，海上执法集中，以美国、加拿大为代表；第二类是海洋经济管理和海上执法都是分散的，以英国、马来西亚为代表；第三类是海洋经济管理和海上执法都相对集中，以波兰、韩国为代表。本节将分别选取三种模式中的代表国家美国、英国和韩国的建设实践加以介绍，以期对我国带来一些启示。

（一）美国的建设实践

对海洋经济实行相对集中管理的国家以美国为典型。美国有海岸线 22 680km，专属经济区 972 万 km²。3 海里范围内的海域由沿海各州管辖，3 海里以外的海域由联邦制定法规，各行政机构执行。在联邦级的海洋行政管理中，主要职能部门是隶属于商务部的国家海洋大气管理局和隶属于国土安全部的海岸警卫队。

国家海洋与大气管理局（NOAA）行使全国海洋事务的综合管理职能，还负责管理美国海洋资源和海洋科研工作，并参与主要的国际海洋活动，下设六个局，分别为国家海洋局、国家渔业局、国家气象局、国家卫星资料局、国家海洋与大气局、国家研究局。美国国家海洋与大气管理局职能涵盖了我国的国家海洋局、农业部渔业局、国家气象局的职能。海岸警卫队是美国海上唯一的综合执法部门，负责在美国管辖海域执行国内相关法律和有关国际公约、条约，主要包括禁毒、禁止非法移民、海洋资源保护、执行渔业法，还包括海上安全管理和海上交通管理，担负了大量的海上执法活动。

从美国海岸警卫队的任务可以看出，其职能覆盖了相当于我国海军、海警、海监、海事、渔政、海关、环境保护等部门的大部分业务，它既是军队，又拥有广泛的国内法执法权，不但可以执行本部门相关法律，还可以执行其他部门的法律法规，是一支海上综合执法队伍。

美国政府中有2/3的部门其职责涉及海洋，包括总统科技办公厅、国务院、国防部、内政部、海军、能源部、国家科学基金会、环境保护局、国家航空与航天局、卫生教育与福利部等。

美国在海洋经济综合管理实践中，一直重视协调机制对于美国海洋经济政策的重要性，通过加强协调机制建设，保证有关各方采取协调一致的方式履行自己的职责。2004年，美国成立了新的海洋协调机构——内阁级海洋政策委员会，以协调美国各部门的海洋活动，全面负责美国海洋政策的实施，并与国家安全委员会政策统筹委员会（NSCPCC）的全球环境委员会以及海洋研究顾问小组（ORAO）扩展委员会保持密切联系。美国的海洋政策委员会是美国政府涉海部门的综合组织协调机构，层次很高，可直接向总统提出建议和咨询，可充分发挥美国政府高层的领导和协调作用，可发挥对各级地方政府海洋管理的指导作用。

（二）英国的建设实践

海洋经济分散型管理以英国为典型代表。英国是欧洲最大的岛国，但它没有专门负责海洋开发和海洋管理的统筹组织或机构，其海洋事务分别由各政府部门担当，主要职责分工见表8－1。

表 8－1 英国涉海管理部门及其职能分工

涉海管理部门	主要行政职能
农业、渔业和粮食部	负责200海里专属经济区内海洋渔业资源的保护与管理
能源部	负责管理大陆架的油气开发
外交部	负责政府各部门有关海洋政策和法律性质的对外交涉
交通运输部	承担较多的海洋行政管理职责，主管海上人命救生、海上交通安全、海上船舶污染和石油污染处理

续表

涉海管理部门	主要行政职能
科学教育部	主要负责海底资源的科学调查工作
贸易工业部	负责海上石油开采区域的规划、统管招标、发放许可证，负责 500m 安全区的环境跟踪监督等
环境部	负责海洋环境方面的各种调查研究
国防部	主要开展舰船与潜艇、潜器以及图像特征处理、海床、海洋卫星系统及通信工程等的研究
自然环境研究委员会	负责协调政府资助的海洋科技活动
工程和物理研究委员会	补助民间企业的海洋研究开发活动

在这种情况下，为了有效协调各部委之间、政府部门和企业公司之间、管理部门和研究机构之间的海洋事务的矛盾，英国成立了海洋管理协调机构：海洋科学技术委员会和皇家地产管理委员会，前者负责协调政府资助的有关海洋科技活动，后者主要负责海域的使用管理。英国的分散模式与英国特殊的政治体制、自由经济制度及普通法系是相适应的，由于各部门分工明确、协调有力，证明了能有效协调的分散制不失为海洋经济管理的一种有效制度。

(三)韩国的建设实践

对海洋经济实行集中统一管理的国家以韩国为典型代表(如图 8-1 所示)，其特点是高度集中统一的高效的海洋管理职能部门，高规格的海洋综合管理法，统一的海上执法机构以及对海岸带两部分实行统一的综合管理。韩国的海洋水产部于 1996年 8 月成立，在新的管理体制下，韩国海洋水产部把原来松散型的海洋经济管理转变为高度集中型。韩国海洋水产部综合了原水产厅、海运港湾厅、科学技术处、农林水产部、产业资源部、环境部、建设交通部等各涉海行业部门分担的海洋管理职能，由计划管理室、海洋政策局、海运分配局、港湾局、水产政策局、渔业资源局、安全管理局、国际合作局各司其职，分工负责海洋的开发与协调，实现海洋经济综合管理。同时，韩国的海上执法力量——海洋警察厅也归属到了海洋水产部领导。此外，海洋水产部还设立了 2 个研究机构和 2 个业务指导所，在全国各地方还设立了 12 个地方海洋厅。

(四)主要海洋经济管理模式比较

根据对国际上海洋经济管理模式的综合分析，可将海洋经济管理分为相对集中型、分散型、集中型三种模式，这三种海洋经济管理模式的特点及优缺点见表 8-2。

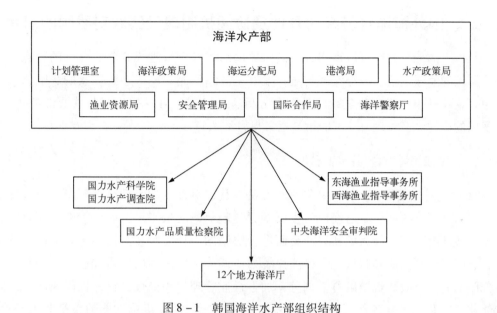

图 8-1 韩国海洋水产部组织结构

表 8-2 海洋经济管理的三种模式比较

管理模式 （代表国家）	特点	优点	缺点
相对集中型（美国、加拿大、澳大利亚、印度等）	1. 没有专职的海洋管理职能部门 2. 建有全国性高层次的海洋经济工作协调机构 3. 海洋法律法规体系基本健全 4. 建有海上统一的执法队伍	1. 对涉海事项能进行较高层次的协调，效率较高 2. 协调机构设置较为灵活，制度变迁成本较低	1. 对海洋经济管理中出现的矛盾只能被动应付，而无法主动解决 2. 体制的整合避免矛盾的发生
分散型（英国、俄罗斯、马来西亚以及大多数发展中国家）	1. 没有集中负责海洋管理的专职部门 2. 大都设有专门的委员会或类似的海洋经济综合协调机构 3. 没有统一的海上执法队伍	1. 行业管理较为专业化 2. 符合海洋产业面广、专业性强、难以集中一个部门的特点	1. 易出现职能划分不清，业务重叠、分散，效率较低 2. 横向协调及综合管理力度不大
集中型（韩国、法国、波兰、荷兰等）	1. 有专职的海洋管理职能机构 2. 海洋管理职能涵盖了海洋经济主要方面 3. 海洋法律法规和政策体比较完善 4. 有统一的海上执法队伍管理	1. 管理协调效率较高 2. 有利于实施综合的海洋政策 3. 海洋法律法规和政策体系比较完善 4. 有利于国民海洋意识提高	1. 难以实现完全集中，容易产生新旧部门之间的冲突（如韩国海上旅游业和制盐业归其他部门管理） 2. 制度变迁成本较大

二、国外海洋经济综合管理及协调机制建设实践对我国的启示

从以上的分析比较可以得出，不同国家的海洋经济管理模式都有自己的特点，受各个国家的海洋国情、海洋实践传统，尤其是政治体制不同等多种因素的影响，难以简单评论哪种模式更加先进，但是综合分析各种模式，可以找出一些共通性的规律，对我国的海洋经济管理有一定的指导意义与启示。

（一）加强海洋综合与协调管理

21世纪是全面保护、开发和管理海洋的时代，分部门的管理已经不能适应管理的要求。建立综合协调机制已经成为发展的必然趋势。通俗来讲，海洋管理的综合协调机制是各涉海部门之间为了利益冲突而进行协调的一种手段或方法。建立综合协调机制，有利于海洋立法和修订，通过法律统一协调各部门之间的矛盾和冲突；有利于对各部门的海洋行政职责予以科学划分，加强行业管理的积极性，促进机构间和部门间的协作；有利于整合各部门的管理力量和资源，减少行业机构功能的重叠和人、物、财的浪费；有利于提高海洋管理的效率，形成统一管理，统筹各部门的规划和决策。

20世纪后期各国便开始对海洋经济管理体制进行调整或改革，重新审视本国海洋政策，制定新的海洋开发战略，加强海洋综合管理。上文提到的美、英、韩，分别代表了海洋经济综合管理的三大模式，在海洋综合协调机制方面做得较好，都走出了一条符合本国海洋国情的综合管理之路。如美国国家海洋政策委员会，英国有效协调的分散制和韩国集中的海洋水产部。当然，我国也有相关方面的改进，但是相对薄弱一些，我国也在2008年颁布的"三定"中加强了国家海洋局的综合协调职能。

通过比较我们可以看出，在综合协调机制方面，建立高层次协调机构更适合我国的具体国情，笔者认为：现阶段，美国的海洋管理模式更值得我国借鉴学习，由于海洋事务的多样，我国到目前还没有高级别的海洋职能管理部门，我们可以在国家级别上，建立全国性的高级别的协调机构，比如设立国家海洋委员会，协调各涉海部门的矛盾。在出现重大问题时，通过共同商讨和决策，能迅速找到解决的办法，形成政策合力，共同保障法律的有效执行。

（二）明确权事分工，加强政府领导和协调

在海洋管理体制中，国家的海洋行政部门偏重于立法管理、政策与规划管理等对地方海洋管理工作进行宏观指导等重要职责。而地方海洋行政主管部门则偏重于执行和处置具体行政职务，是国家海洋管理部门的重要组成部分，是国家海洋管理体系的重要力量。我国、韩国和美国在海洋管理方面实行的基本上是相同的中央集权和地方分权相结合的管理体制，中国沿海省市和地方也像美国沿海州和地方一样，承担着各自管辖的行政职责。

但国外海洋管理方面对中央和地方进行分权，不仅在范围上，在职能分工上也有明确规定。如美国以离岸 3 海里作为一条分界线，沿海各州负责 3 海里以内的海洋事务，联邦政府负责 3～200 海里范围内的立法和管理。而我国在管理上范围不清，迄今为止，我国在海上的分界线并没有进行一个明确的划分，没有明确规定中央与地方的管辖范围。其次，权责层次的划分也不明确，遇到问题互相推诿扯皮，导致处理事情的效率低下。因此，通过对比，我们可以借鉴其成功经验，明确海洋管理机构的关系，划清管理权限，明确职能范围。

在明确中央和地方的权事分工的基础上加强协调，需发挥政府在协调海洋经济中的主导作用，成立国家级的高层次的统领海洋经济发展的协调机构，发挥协调的权威作用。同时注重发挥政府部门、非政府组织、私营部门、科研机构和公众之间的伙伴关系。

（三）充分运用强有力的统一执法的手段，确保海洋经济综合管理的实施

俗话说"工欲善其事，必先利其器"，作为基础，我们需要完善的法律法规体系。没有牢固的法律平台作为支撑，就无从谈起完善的海洋管理体制。通过与美国、英国和韩国对比，我们可以看出：美国、英国和韩国的海洋法律制度都具有一定的规模，海洋立法都比较完善和健全，而且多以《公约》的内容和法律制度为立法依据。因为统一执法可以大幅度精简机构和人员，节约执法成本，消除多部门下政策多门、职责交叉、相互制肘的弊端，避免无谓协调，提高行政效率。而我国则相对比较落后，法律法规还不健全，没有强有力的法律作为支撑，导致我国的海洋管理道路不顺畅，执法力度大打折扣。因此，我们可以借鉴其优点，制定一部海洋基本法，完善相关的配套法规，加强海洋立法，加快海洋事业的发展，完善海洋管理体制。

执法装备能力是进行执法的前提条件，只有装备强大了，才能更好地去进行执法活动，维护海洋权益。以韩国为例，韩国在增强国力的同时，也不断加大对海洋警察厅资金的投入，大力发展科学技术，建立执法信息系统，韩国策划在 2015 年前增加多艘 5000t 的舰船，扩大执法队伍。而 2009 年中国海监的执法装备能力也全面提高。新建造的 21 艘各类执法艇相继投入使用，全年各级海监机构新增执法专用车 137 辆，部分船舶装备了水下摄像等一系列专用高科技装备等都说明了执法装备能力建设的加大。

总之，加强政府对海洋经济的管理，建立多部门合作、社会各界参与的海洋经济综合管理制度是大势所趋，中国应积极同时要慎重推进海洋经济综合管理体制与协调机制的构建，探求最佳方案迎合世界海洋发展的潮流。我国现行海洋经济管理体制与美、韩之前的管理体制有许多类似之处，都经历着由于分散的管理架构和非综合的海洋政策导致的海洋经济管理的种种问题。美国的委员会模式与韩国的海洋水产部模式作为其中的两大主流，都取得了一定的成功并积累了一定的经验，都可

以成为我们借鉴的方向。参照韩国模式将原先分立的管理机构进行统一的过程将会非常艰辛。回顾我国行政机构改革历史，涉及如此多部门的机构整合还未有过，其可行性值得商榷。此外，韩国的海洋水产部成立10多年来虽然取得了很大成绩，但是该模式仍然存在部分职能重叠和权限模糊问题，直到现在还存在一些未能完全移交的事宜，造成海洋水产部与其他相关部门职能冲突的现象。相比较而言，国际上推荐的委员会模式，制度变迁成本相对较低，也较符合中国国情，值得我们进一步借鉴。

第九章 海洋功能区划

海洋是一个流动的大生态系统，各种海洋资源相互依存，各种海洋开发活动相互影响，因此海洋资源的开发活动只有协调有序才能发挥海洋资源的最大优势；中国海洋资源的开发尚处于掠夺性开发阶段：具体的涉海产业和部门在海洋开发利用中由于缺乏具体长效的规划方案，或者受部门利益的驱动，使海洋资源的开发处于无序、无度、无偿的蚕食状态。随着人类开发海洋的深入，创建新的海洋管理模式，提高海洋管理的手段，尤其是根据科学的海洋功能区划开展海洋管理模式已经迫在眉睫。

海洋功能区划是我国率先提出并在全国沿海省（市、区）推广编制的，是我国国土区划的自然延伸。1989—1997 年，全国海洋局功能区划从试点开始、各海区研究编制、全国汇总得到组织专家成果评审的高度评价。1998 年下半年，沿海各省区在国家海洋局的组织下开始开展大比例的海洋功能区划，并圆满完成。如今海洋功能区划不仅得到了我国各方面的重视，而且也得到了国际上的认可，如联合国开发计划署已把海洋功能区划作为其所援助的海岸带综合管理计划项目的子项目。

第一节 海洋功能区划概述

一、海洋功能区划的概念

20 世纪 80 年代末开始，海洋功能区划的重要性已经被人们所认识和接受，成果也被广泛应用到我国海洋的开发、保护和管理的实际工作中，起到指导控制和协调的作用。为更好地开展海洋功能区划工作，提高科学性和可操作性，并在全国范围内达成规范化和标准化，国家技术监督局发布了《海洋功能区划技术导则》（GB 17108—1997），明确规定了"功能""海洋功能区""主导功能""海洋功能区划"等概念。

海洋功能区划的概念具有四项含义。第一，所决定的区域具备一定的自然属性条件，即自然资源条件、环境状况和地理区位。第二，所划定的区域具备一定的社会属性条件。即海洋开发利用现状和经济社会发展需求。第三，所划定的区域是具有特定主导功能的，而不是所有可以利用的一般功能。第四，其目的是促进所划定区域能够发挥经济、社会和生态环境的综合效益。既能保证所划定海域自然资源和环境客观价值的充分发挥，又能保证国家或地区经济社会的可持续发展的需要。

可见，海洋功能区划的概念决定了海洋功能区划的成果在海洋管理和海洋资源利用中的重要性，是开展海洋综合管理的基础，是涉海行业规划的基础。

二、海洋功能区划研究进展

(一)国外研究概况

近年来，海洋空间规划由于其基于生态系统管理的特征，而获得了世界沿海国家的重视，特别是在用海程度高的欧洲国家已经建立并应用了海洋空间规划，一些国家也已经着手建立并应用了海洋空间规划的法律框架。

2002 年，美国夏威夷州在实施海岸带管理计划时，根据海洋管理环境保护和海洋经济可持续发展并重的原则，在 12 海里及其海洋毗连区内把夏威夷海域资源划分为 12 个海域资源区，并规定了每个区域的管理政策。如历史资源区保护历史和文化；在合适的海域划分经济开发区作为港口等，并使其对周围海域的影响最小；公众参与区是为了唤醒海洋意识、开展海洋教育，让公众参与海岸带管理等。

2002 年南非海岸管理政策也是实行分区管理。南非有 4 个沿海省份，但这种行政划分不适用于海洋管理。南非把沿海管理分为 13 个海岸带区域，每个区域都有不同的优势和特征，因此也就有不同的管理政策。如南非西北部的南马科朗海岸带区域从奥兰治河入海口处往两侧延伸，共 390km 海岸线，往纳米比亚国接壤，海岸带主要是砂质和基岩海岸，该区降水量很低，生物种类很多，但因为有奥兰治河带来丰富的有机物，生物生产力很高，发展海洋捕捞业很有潜力。从南马科朗海岸带区域往南是南非的西海岸区域，该区主要用于发展渔业和港口交通运输。

荷兰是欧洲主要沿海国家，十分重视海洋的开发保护。通过组织研究，确定每个海岸带应该发展什么，限制什么，从而使得海岸带资源的开发利用更加合理充分。如在爱瑟尔湖地区以海岸带防御和土地围垦为主，在瓦尔登湖地区则以保护海洋生态环境为主。

澳大利亚在其大陆和塔斯马尼亚岛周围 200m 等深线以内，采用以生态系为基础的海洋水域分类法，划定了 60 个区域进行管理，所划分的区域范围从 300km^2 到 2.4 万 km^2 不等。澳大利亚大堡礁位于澳大利亚东北海岸外，面积 62 万 km^2，有 2900 个珊瑚礁和大约 1000 个岛屿，是地球上珊瑚礁面积最大、发展最好的地区，也是生物多样性典型的区域，每年游客有 200 多万人次，如果不采取措施，这个世界上最大的珊瑚礁可能迅速退化。1975 年澳大利亚政府宣布大堡礁为海洋公园，保护整个大堡礁生态系。该公园在管理该保护区时采用海洋区划，所划定不同区域的海域被规定为不同级别的保护区并有不同的开发利用方式。

总之，海洋管理要实行分区管理，已基本得到了共识，如上所述，一些国家根据海洋资源特点进行分区管理，但主要是从岸线区划的角度进行管理，如荷兰。一些国家主要实行资源区划，不同的区域实行不同的管理对策，如美国夏威夷和阿拉斯加州。1991 年在美国加利福尼亚州召开的第七届国际海洋和海岸带管理研讨会上就已有很多文章论及要实行海岸带和海洋分区管理，通过执行税收政策和环境引导达到海洋资源可持续发展的目的。正如澳大利亚大堡礁海洋公园，在海洋自然保护区内已普遍实行分区管理。应该说，这些都具有海洋功能区划的某些属性。

（二）国内研究概况

国内与海岸带功能区划相近的区划实践，主要是国家海洋局自 1989 年开始实施的海洋功能区划和自 2011 年开始编制的《国家海洋主体功能区规划》以及国家环境保护部从 1999 年 12 月起实施的《近岸海域环境功能区管理办法》，鉴于近岸海域环境功能区划强调海洋生态环境的保护，未涵盖海岸海洋空间利用。

迄今为止，在国家海洋局的组织下，国内于 1989 年开展了第一次全国海洋功能区划，建立了海洋功能区五类三级分类系统，该方案延续到 1997 年。1997 年国家技术监督局发布了《海洋功能区划技术导则》（GB 17108—1997），此间国家海洋局于 1998 年采用该标准进行全国大比例尺海洋功能区划，建立了海洋功能区五类四级体系，分为开发利用区、整治利用区、海洋保护区、特殊功能区和保留区五大类，每一大类以下再分出若干子类、亚类和种类，并会同国务院有关部门于 2001—2002 年编制完成《全国海洋功能区划》，国务院于 2002 年 8 月批准了该规划；随后沿海省市又根据《全国海洋功能区划》要求对海洋功能区划的分类体系进行调整至 2006 年沿海省份都完成辖区海洋功能区划规划。目前，现行的由国家质检总局和国家标准委于 2006 年 12 月批准发布了新修订的《海洋功能区划技术导则》，建立的是海洋功能区 10 类 2 级分类体系。各级海洋功能区划成果已在海洋行政管理工作中得到有效应用，成为各级政府监督管理海域使用和海洋环境保护的依据，全国省级海洋功能区划实施稳步推进。

20 世纪 80 年代末以来，国内学者围绕国家海洋局第一、第二次全国海洋功能区划任务探索海洋功能区划的理论体系：主要包括海洋功能区的定位与价值、海洋功能区划的原则与类型体系、海洋功能区划的基础理论和过程理论、海洋功能区划实施研究、海洋功能区划管理制度与区划信息系统研究以及区划的实施对海洋经济活动或海洋环境的影响分析。

海洋功能区划是一项史无前例的、开创性的、大型的海洋基础工作。我国开展的海洋功能区划工作不仅在海洋综合管理工作中发挥着基础依据的作用，而且还以其科学性、可操作性和开创性在国际上产生了积极的影响。韩国已效仿我国，在近岸海域开展海洋功能区划工作。

第二节　海洋功能区划的原则与方法

一、海洋功能区划分的原则

海洋功能区划是指导综合管理海洋开发利用综合治理保护活动的基础专项研究。海洋功能区划是依据海洋自然资源、环境状况、地理区位等条件，并结合海洋和海岸带的开发现状及社会经济 5~10 年的发展计划，为能永续开发利用海洋资源、合理保护环境提供可靠的科学依据，促进每一功能区发挥最佳效应。国家技术监督管理局颁布了海洋局组织研究制定的《海洋功能区划技术导则》(GB 17108—1997)，明确了海洋功能区划的原则。

(一)以自然属性为主，兼顾社会属性

海洋功能区划视自然属性为首要条件，社会属性为重要条件。海域特定区位、自然资源和自然环境条件是海洋自然属性的基本要素。海洋功能区的划分，必须建立在各海域的客观基础之上，从源头管理上落实科学管海、科学用海的要求。特定区域不具备一定的特殊自然属性条件，就不具备相应的功能，就不能划定出这种性质功能区。根据对自然属性的依赖程度，各种功能区又可分解为：①对自然条件要求严格的功能区，如盐田功能区要求必须是淤泥质滩涂，海水盐度大于 30；油气田功能区要求必须是正在开发的油气田、已探明的油气田和含油气构造的区域；海水养殖功能区要求必须具备或方便得到海水条件；地下卤水功能区要求地下卤水工业品位为 5%~10%；港口和航道功能区要求足够的水深，岸线稳定，地基和水文条件合适，深水线靠近海岸，避风条件好，不淤或淤积较轻，有一定腹地，等等。②对自然条件要求一般的功能区，例如：旅游功能区既可以是自然景观区，也可以是人文景观区，等等。③对自然条件要求较为宽泛的功能区，外海的渔业(捕捞区)功能区，一般来说，只要具有一定数量的资源就可以了。

自然属性的特殊性和差异性可以决定海洋不同区域客观具有哪些开发利用和治理保护功能，它决定海洋特定区域开发利用或保护的合理性。因此，海洋不同区域的自然属性是划定各种海洋功能区的基础和第一位因素，必须严格遵守，它决定特定开发利用和治理保护的合理性或可宜性，坚持自然属性为基础的原则，是与实现海洋经济的可持续发展目标密切相连的。

一般区域往往具有功能多宜性，适合多种开发利用和治理保护活动，要想合理选定某种主导功能，实现功能区的最佳选划，只靠自然属性条件还不够，必须结合考虑社会属性条件，即在海洋特定区域具备一定的区位、自然环境和自然资源等自然属性

条件的基础上，依据一定的社会条件和市场需求等社会属性因素，该区才具备开发利用的价值，才能最终选定该区的最佳功能，达到功能区选划的目的。天津市海岸线约154km，全部为淤泥质滩涂，弹丸之地，自然条件相差无几，但却划定出94个功能区，其中开发利用区67个，治理保护区17个，自然保护区2个，特殊功能区4个，保留区4个。功能区选划主要是在自然条件允许的前提下，满足多样的社会需求。

（二）可持续利用原则

实现资源效益、经济效益、环境效益和社会经济效益的统一，即可持续原则是海洋经济开发利用的根本目标。只有把开发利用和治理保护有机结合起来，坚持可持续发展战略，才能发挥海洋资源的整体效益和最佳效益。因此，在划定各种功能区时必须统筹兼顾海洋整体工作的这两个方面。在海上，因为恢复渔业资源是当务之急，所以，在功能区划中，需要在兼顾开发利用的同时，突出治理保护，在一定时期要把生态效益放在首位。在陆地上，具备开发利用条件和适合开发利用的一些地区，则注重开发利用区的划定，突出经济效益，同时还划定了一定数量的治理保护性质的功能区，兼顾了生态效益；在陆地上不具备开发利用条件和开发利用条件不成熟的地区，则注意保留区和治理保护性质的功能区的划定，这样做的目的是为了给未来的开发利用留有空间，为提高经济效益奠定基础。

严格遵循自然规律，根据资源的再生能力和自然环境的适应能力，科学地处理好海洋开发利用与保护之间的关系，实现海洋资源的可持续开发与保护。

（三）海域整体性原则

在确定某一海域的功能时，应该考虑到这个功能对周边海域的影响，将相对完整的地理单元作为一个整体加以考虑，如海湾，尤其是封闭或半封闭的海湾。

海洋资源丰富，在同一空间同时有多种资源，资源分布是立体式的、多层状的，其特点决定了这种海域是多功能区，应该根据功能的重要程度决定其主导功能。在某一海域中可能划出具有不同主导功能的海洋功能区时，这些各具主导功能的海洋功能区则不可避免地相互影响，乃至相互矛盾。因此需要根据海域的整体性原则，把这个相对完整的地理单元作为一个整体考虑，达到合理解决同一类海域的各类主导海洋功能之间的矛盾问题，以促进海洋资源的综合效益提高和海洋事业的全面发展。

（四）统筹兼顾突出重点的原则

海洋功能区的划分既要考虑开发利用，又要考虑治理保护和保留等多方面的关系；既要考虑主导功能，又要兼顾一般功能；既要考虑当前需要，又要考虑长远发展；既要考虑全部利益，又要兼顾局部利益。以达到区别不同地区、不同情况，因地制宜考虑问题，确定不同重点并突出重点的原则。

(五)备选性原则

对具有多功能的区域经济区划时,区域选择性窄的产业优于选择性宽的产业。改革开放以来,我国沿海经济发展迅速,各涉海行业的发展需要在整体上缺乏统一的规划布局。这种竞相开发利用的结果不仅产生涉海行业开发利用之间的矛盾,而且往往导致优势资源开发利用不能成为主导功能,甚至对有些海洋资源和陆地资源采取掠夺性开发,严重破坏自然环境,并可能导致生态环境破坏等。

在海洋和海岸带区域,多数具备这种多功能性,即一种资源、一个环境区域可以有多种用途开发利用,由此要协调好各行业部门的用海矛盾。在具有多种功能的区域出现某功能相互不能兼容时,应优先安排海洋资源直接开发利用中资源和环境条件备选性窄的项目。备选性窄的功能包括:油气能源区离不开油气资源的分布,采矿业离不开矿体等。

(六)可行性原则

功能区划分所确定的区划结果在今后实施中是切实可行的。包括两方面具体的内容:

(1)功能类型的区划不能破坏生态平衡;这里包含了考虑开发利用的延续性的内涵。保持开发利用的延续性有两大好处。一方面,海洋特定区域是经过长期发展所形成的功能分异,一般都有其基本合理的一面。把新的开发利用项目安排在开发基础好的地区,配套设施容易完善,还可以得到节省资金的好处,例如,辽宁在滩涂种植业开发中一直执行一条"渔先行,苇过渡,为种稻打基础"的方针,效益显著,功能区划工作把符合这种条件的地区划为鱼苇稻混合功能区,使之充分形成一个具有良性循环的新的人工生态系统;另一方面把开发利用尽量浓缩在有限地域,可以为后人保留更多的回旋空间。

(2)所划分的海洋功能区和当地政府的总体规划纲要基本一致,要充分考虑社会经济发展的要求。只有这两方面协调统一才是真正可行,即要正确处理保护生态环境和开发利用之间的关系。

(七)超前性原则

海洋功能区划是立足在当前和可预见的未来科学技术与经济能力的实现水平上,虽然在划分的过程中对待定区域的自然资源、环境和社会需求做了相应客观的分析,但是随着时间的推移,社会发展、开发程度的深入,在自然属性和社会需求方面会有相应的变化。这就需要对功能区分析研究确定类型要既能满足当前社会的需求又能适应较长远的社会需求,确保功能区具有较大的稳定性。例如,海水养殖从湾内向外海、从浅海向深海转移是一种趋势,在区划时就必须予以考虑。要划分出科学试验区,安排一定数量的各种功能的预留区和待定区,为将来引进更高层次的高技术和社会发展需求留有余地。

二、海洋功能区划的类型体系

唐永銮于1991年提出了中国全国海洋功能区划层次体系：首先基于海洋流场特点将邻近海域海洋功能区划分为由大到小的四级，并根据自然资源、环境条件、经济发展和社会需求进行动态分析，一级区可划分为北黄海、渤海、南黄海、东海和南海区；二级区由陆而海划分出大陆、沿岸、近海和远洋功能区；依据中、小尺度环流的污染物扩散规律和资源环境开发保护需求，划分出开发利用区、开发治理区、保护区共三级区，三级区以下可按资源环境条件特点、社会经济发展现状与需求划分港口、养殖、旅游等功能类型区。李鸣峰于1991年根据国家海洋局组织海洋功能区划的历程与经验，提出海洋功能区划应遵循"三效益"统一、统筹兼顾与突出重点、科学性、备择性等原则，并以渤海沿岸四省市海洋功能区划分为例，指出海洋功能区分为开发利用区、治理保护区、自然保护区、特殊功能区、保留区等类型；范信平于1991年结合广东省实践对国家海洋局实施的第一级五分法、分类体系第二级的采用资源性分类依据、第三级体系过于烦琐以及指标体系在第一、二、三级的分类中并未保持连续的一贯性等提出质疑，指出第一级分区采用人地关系疏密度分类、第二级划分采用资源类型、第三与第四级分区采用功能类型；为此可以采用以地域分类为特征的"海洋功能区划体系"，即第一级分为海岸带、近海带、近岸带、外海带；第二级分出"海洋综合功能区"，并将广东省划分了29个综合海洋功能区。这一时期海洋功能区划分区体系研究处于起步阶段，功能分区的方案实际操作性不强。直到2002年栾维新与阿东结合全国海洋功能区划的编制组织工作实践，总结提出了海洋功能区划的三级分区方案，一级区主要反映全国海洋地域分异和重大的区域性海洋开发保护战略，划分为渤海区、黄海区、东海区和南海区；一级区之下，根据海洋生态、海洋环境、海洋水文、海岸地形及海洋开发利用等进一步将四大海区划分为若干个二级功能区，每个二级海洋功能区都是由若干个类型区组成；三级区是根据海洋功能区划的指标体系，分为26个功能类型区(见表9–1)。该方案总结了第一轮全国海洋功能区划工作实践理论，奠定了海洋功能区划分区体系的框架基础，其中二级区主要功能的确定是采用自下而上的方法，根据每个二级海洋功能区包含的各种省级海洋功能类型区定性确定二级功能区内的整体功能，但是二级区重点海域划分的地域分异依据不足，区域海洋特点体现得不明显。

表9–1　中国海洋功能区划方案的二、三级类型区

序号	二级海洋功能区	三级海洋功能类型区
1	港口航运区	港口
		航道
		锚地

续表

序号	二级海洋功能区	三级海洋功能类型区
2	生物资源区	海水养殖区
		海洋捕捞区
		增殖区
3	矿场资源区	海上油气区
		金属矿产区
		非金属矿产区
		盐田区
4	旅游资源区	海滨风景旅游区
		海水浴场
		海上娱乐区
5	海洋工程区	海底管线区
		海上石油平台
		海岸线防护
6	海洋能利用区	潮汐能发电
		潮流能发电
		海洋热能区
7	环境治理区	地下水禁采和限采区
		海砂禁采和限采区
		污染防治区
		海防林区
8	海洋保护区	生态系统保护区
		珍稀与濒危生物保护区
		典型景观保护区
		海洋特别保护区
9	特殊利用区	科学研究实验区
		军事区
		泄洪区
		预留区
		功能待定区
10	其他利用区	农林牧区
		工业和城镇区
		其他

　　经过 20 多年的理论探索和 10 年的应用实践，海洋功能区划的理论、方法日渐成熟。海洋功能区划在统筹协调我国海洋资源开发和环境保护、保障沿海社会经济可持

续发展，显现出越来越重要的作用。2010 年开始，国家海洋局启动了新一轮海洋功能区划编制工作，同时也对海洋功能区划体系做了较大调整和完善。至 2012 年 11 月，全国和省级海洋功能区划(2011—2020 年)已全部批准实施。然而学界对于海洋功能区划体系与功能区类型仍然存在较多争议，此外严重分歧点在于是否将海洋功能区类型体系与行政层级一一对应，以便于管理与区划实施。王权明等认为全国海洋功能区划体系包括一级区(以渤海、黄海、东海、南海及台湾以东海域等大海区)、二级海区(根据中尺度的海域地质构造和地形地貌控制因素划分)(表 9 - 2)、三级海域分区(根据小区域的海岸自然分区等，划分省级重点海域)、海洋功能类型区(在三级海区以下具体划分)；而刘百桥等于 2014 年撰文认为全国海洋功能区划宜分为三级：一级分区为全国海域范围内战略性的海洋功能大区(我国海域划分为五大海洋功能大区，即渤海、黄海、东海、南海及台湾以东海域)，二级分区为区域性海洋综合功能区(主要考虑中等尺度海域客体的综合特征，按照成因上的自然系统、人工系统和复合系统，或者形态上的封闭系统、半封闭系统和开放系统，兼顾海洋经济合理的地域分工，将五大海洋功能大区划分为若干个重点海域)，三级分区为具体的海洋功能类型区(主要考虑海域自然环境和资源的空间分异性和一致性，以海域适宜性为依据，结合海洋开发保护需要，将各个重点海域进一步划分为一级类和二级类海洋基本功能区)。在《全国海洋功能区划(2011—2020 年)》中，将我国全部管辖海域划分为农渔业、港口航运、工业与城镇用海、矿产与能源、旅游休闲娱乐、海洋保护、特殊利用、保留共八类海洋功能区，可见实施层面更关注区划方案的可操作性等，当然对于是否通过逐层区划以落实国家海洋功能区管理，当前学界认为通过国家、省两级区划方案即可，而海洋主管部门则希望通过全国、省级和市县级海洋功能区划的系统实施和自上而下控制作用的发挥，促成我国海洋开发和保护能逐步顺应海洋功能区划的指引健康发展。

表 9 - 2 全国海洋功能区划海域分区

一级海区	二级海区
渤海	辽东半岛西部海域
	辽河三角洲海域
	辽西 - 冀东海域
	渤海湾海域
	黄河口与莱州湾海域
	渤海中部海域
黄海	辽东半岛东部海域
	山东半岛东北部海域
	山东半岛南部海域
	江苏海域
	黄海陆架海域

续表

一级海区	二级海区
台湾以东海域	台湾海峡海域
	台湾以东海域
东海	长江三角洲及舟山群岛海域
	浙中南海域
	闽东海域
	闽中海域
	闽南海域
	东海陆架海域
南海	粤东海域
	珠江三角洲海域
	粤西海域
	桂东海域
	桂西海域
	海南岛东北部海域
	海南岛西南部海域
	南海北部海域
	南海中部海域
	南海南部海域

第三节　海洋功能区划的编制与管理

一、编制步骤

(一)海洋自然环境资料收集

通过系统地收集、整理国家和地方有关调查获得的海洋基础资料及各类工程项目的调查获得的海洋基础资料及各类工程项目的调查资料，摸清海域特别是近岸海域资源类型及各岸段的位置、长度、水深、地形地貌、生态、水动力条件等自然和环境状况，形成完备的基础资料库。

(二)海洋生态分析和海洋生态功能区确定

海洋生态关键区分为生物属性生境、地理特别生境和自然保留地三类，主要包括珊瑚礁、巨藻海床、沙丘厂、盐碱滩湿地、红树林湿地、河口/潟湖、海滩、潮滩、海潮海床、贝类繁殖区/暗礁与海岭、上升海岸及其他地形特征，对于这些关键的生境区应该予以保护。

依据海洋功能区划分类体系，分析各种海洋保护区、海洋重要生态系统分布及其特征，分析评价海洋保护区、海洋生态系统的生态环境保护要求，确定海洋生态功能区，为划分海洋保护区域提供科学依据。

(三)海洋资源环境适应性分析及级别确定

在以海洋生态功能区为底的海域，依据海洋自然环境类型及各要素特征，确定区划单元，提炼和归纳海域的主要自然特征，概括各区域单元的自然地理环境条件，对海域的自然资源、环境自然属性因素的资源环境做出适宜性分析，根据资源环境适宜性的分级条件，确定各区划单元适宜的功能和级别。

(四)自然资源约束分析

在以"海洋生态功能区为底"的海域，分析区划单元的海洋灾害、地质条件等自然约束条件。确定在适宜功能条件下的不适宜功能。

(五)形成海洋功能区划方案

结合资源环境的适应性分析和自然约束力分析结果，判别各海域单元适宜性功能和不适宜功能，并根据海域功能特征，制定海洋功能管理要求。

二、编制方法

海洋功能区划的核心问题是如何深刻揭示海洋特定区域固有的主导功能和如何协调好各种关系。为此，海洋功能区划方法强调两方面问题。第一，通过建立划定各类海洋功能区的标准体系作为判别各类区域的固有功能的指标体系归结为指标法；第二，通过建立科学的协调原则和相关关系处理准则以及应用层次分析法，用以协调好各方面的关系和选定主导功能归结为协调法。

(一)海洋功能区划的基本思路

海洋功能区划方法的基本思路如下。

(1)由国家统一制定、修订、划定海洋功能区的指标体系即标准体系作为判别海洋特定区域适合何种功能的基本标准。

(2)依据划定海洋功能区的指标体系判别海洋特定区域对各种功能的适应性，确定区域的各种功能。

(3)借助划定海洋功能区的原则和处理准则对各种功能进行协调和调整，进行优化处理，利用层次分析法对各种功能进行排序。

(4)在优化处理和功能排序的基础上确定特定区域的主导功能。

（二）海洋功能区划工作方式

根据海洋特定区域的开发利用程度、海洋功能区划工作分别利用调整型、设计型和过渡型三种工作方式。

1. 调整型工作方式

工作区域开发利用程度高，现状开发利用和规划利用几乎布满全区。对于这类地区采用调整型工作方式。①利用划定海洋功能区的指标体系判别现状开发利用和规划利用的合理性，合理的保留，不合理的舍去。②在合理性判别的基础上进行协调和调整。在协调和调整的基础上进行优化选择。③在优化选择的基础上进行功能排序，确定特定区域的主导功能。④调整好开发利用功能、整治利用功能、保护功能、保留功能的合理组合。

2. 设计型工作方式

工作区域开发利用程度低，几乎是开发利用的空白区，采用设计型的工作方式。①通过新的判别，确定海洋特定区域的各种功能。②围绕区域经济发展主线进行协调和调整进行功能排序，选定主导功能。③调整好开发利用功能、整治利用功能、保护功能、保留功能的合理组合。

3. 过渡型工作方式

工作区域介于调整型和设计型之间的区域，结合利用调整型和设计型两种方式开展工作。

（三）海洋功能区划的基本方法

因果法、叠加法、比较法、综合分析法、层次分析法是海洋功能区划工作应用的最基本的方法。

1. 因果法

因果法系根据海洋特定区域的固有属性，应用划定海洋功能区的指标体系，即标准体系判定，判别这些区域对于各种功能的适用性，对于调整型工作区，即判别这些区域的现状使用功能或规划功能的合理性和正确性，对于设计型工作区，对这些地区的功能判定进行新的设计。

2. 叠加法

叠加法系将判别或判定的区域功能完整地标在地理底图上叠加在一起作为进一步研究的基础。

3. 比较法

比较法系对叠加在地理底图上的各种功能应用海洋功能区划原则和相关关系处理准则进行比较分析，比较这些功能的生态价值、资源价值、经济价值和社会价值以及各种功能对地区经济主线的体现程度等。

4. 综合分析法

综合分析法系在比较研究的基础上，应用海洋功能区划原则和相关关系处理准则，进行综合系统研究，实现开发利用功能，整治利用功能、保护功能、保留功能的合理组合等。保证实现资源的可持续利用和地区经济的可持续发展。

5. 层次分析法

在选定区域各种功能的基础上，利用层次分析法进行功能排序，选定主导功能，划定海洋功能区的指标体系。

（四）划定海洋功能区的指标体系

划定海洋功能区的指标体系主要根据海洋的属性条件、海洋自然环境、海洋自然资源、海洋区位条件建立。

1. 体系建立的原则

划定海洋功能区的指标体系系判别海洋特定区域对应何种功能的标准，为了建立科学合理划定海洋功能区的指标体系，所遵循的原则有以下几点。

（1）指标选取必须揭示海洋不同区域的固有属性。这一原则要求所制定的划定海洋功能区的标准，指标体系是对海洋特定区域的自然条件、区位条件、环境状况、资源条件、社会条件和社会需求等这些固有属性的界定。通过判别特定区域满足所制定的何种指标或标准，选定特定区域具备的各种功能。保证所做工作的合理性和科学性。

（2）指标选取必须兼顾地域性和可操作性。一般来说，指标体系中选定的标准，即指标是按照全国统一的原则建立的。但考虑到我国海岸线漫长，南北纬度跨度大，固有条件相差悬殊，很难对指标做出全国统一的规定。为此对有些指标做了有弹性的规定以满足地方性的需求。在不失科学性、规范性、通用性的基础上做这种有弹性的规定强调照顾地方功能和满足地方需求，可以大大提高指标体系的可实施性和可操作性。

（3）指标选取必须兼顾海洋功能条件具有可创造性。特定区域固有属性条件是适合特定功能的基础条件，但不是绝对条件。在现代科学技术条件下，在有特殊需要的特定情况下也可以创造条件使特定区域满足特定功能。

（4）指标选取定量定性相结合。在指标选取中最佳方法是选取定量指标。要完全做到这一点现实条件还不允许。其次是选取定量与定性相结合的指标，要全部做到也有困难。只有在不得已的情况下才选取定性指标。但是随着科技的进步，条件的不断成熟，可以不断丰富定量指标。

（5）与涉海部门标准相协调。在标准制定工作中，要求充分吸取各相关部门的标准。

2. 划定海洋功能区的指标体系

针对海洋功能区分类体系诸个最低层次的海洋功能区。例如（港口区、油田区），选取定量定性或者定量定性相结合的指标（划区标准），这些标准所构成的系统即为划定海洋功能区的指标体系，经不断修订完善的体系见《海洋功能区划技术导则》（GB 17108—1997）。

三、海洋功能区划评估与修改

（一）海洋功能区划实施评价的内涵

海洋功能区划实施评价，是指根据一定标准，运用一定方法，对海洋功能区划实施的效果进行分析、比较与综合后所做出的一种价值判断。这个过程一般是由海洋实施评价者在客观事实的基础上建立海洋功能区划实施评价标准，选用定性和定量结合的实施评价方法对海洋功能区划实施评价对象进行评价。一般来讲，海洋功能区划实施评价应包括以下三个部分。

1. 对海洋功能区划的执行目标进行评价

评价内容是海洋功能区划直接规定的或者有条件控制的指标。通过考察这些执行度指标来说明区划实施的情况。

2. 对海洋功能区划实施的效益进行评价

评价内容是对海洋功能区划执行后所带来的经济、社会和生态效益进行评价。只有整个系统的效益得到提高，才说明区划在某种程度发挥了应有的作用。

3. 对海洋功能区划实施的社会影响进行评价

评价内容是对公众参与海洋功能区划编制和实施的情况、公众对海洋功能区划的认知情况以及公众对规划实施和管理满意与否进行评价。只有公众参与到区划的制定和实施过程中，对区划满意和认可，才能提高海洋功能区划的社会地位，公众才会自觉维护区划的权威性，从而区划才有可能被更好地实施，取得较好的社会影响。

（二）海洋功能区划实施评价的分类

海洋功能区划实施评价依据评价阶段、评价时间和评价空间可以有不同的评价目标和评价内容。

1. 按不同阶段分类

（1）海洋功能区划实施之前的评价。海洋功能区划实施之前的评价包括对备选方案的评价和区划文件的分析。备选方案的评价主要是通过构建各个数学模型模拟海域利用规则、交通改善措施以及其他政策，以便在区划实施前预测和评估它们未来的影响或推导备选方案的多种效用。区划文件的分析是指在细致评价区划的基础上，对区划文件的"话语"进行分析和解构，以提出建议性的实践行动。

（2）海洋功能区划实践过程的评价。海洋功能区划实践过程的评价包括对区划行为的研究、区划运作影响预测、政策实施分析和区划实施结果评价4项内容。对区划行为的研究是指通过对区划行为机制的研究以评估区划的实践，它不仅关注区划行为的过程，也联系实施的现实情况；区划运作影响预测是指经案例研究和建立模型，展开对区划物质空间内容和实施机制的广泛分析和预测评估；政策实施分析是指探究政策颁布后所产生的影响，通常关注的是政策内在的行政管理过程以及这个过程是否发生偏差的原因；区划实施结果评价包括定性分析和定量评价两种方法，通过大量的定性分析掌握区划实施、运作规律，做出对区划实施正确全面的分析判断，通过选取一定数量、引入相关模型的实证分析，来获得对于区划实施效果的量化评价。

2. 按不同时间分类

在时间上，海洋功能区划一般以 5 年或更长的时间为时段，并对海域资源利用作出远景预测。海域资源利用在结构数量和空间布局上的变化和趋势都是随时间推移而变化的，而不是静态信息。因此，在时间尺度上，海洋功能区划实施评价可分为短期评价、中期评价、长期评价。短期评价一般可以 1～2 年为期限，评价区划年末指标实施情况；中期评价一般可以 3～5 年为期限，海洋功能区划一般 5 年修编一次，可以以评价结论作为是否修编的基础和依据。长期评价可在区划目标年末进行，对这一次海洋功能区划实施的成功与失败做一次总结，为下一轮海洋功能区划提出建设性意见。

3. 按空间分类

在空间上，海洋功能区划按区域可分为全国、省(区)级、地(市)级、县(市)级海洋功能区划。因此，在空间尺度上，海洋功能区划实施评价可分为全国性、省(区)级和地方(市、县)级三种。不同空间尺度的评价，其详细程度不同。全国尺度的实施评价主要考虑区划实施后环境和生态因子，国家重点项目用海指标、海洋生态环境和海洋资源可持续利用等宏观指标；省(区)级的实施评价主要考虑区划弹性指标及区划实施环境和实施管理的有效性。地方(市、县)级尺度是海洋功能区划和管理的最佳尺度，可以得到较好的落实，既具有宏观指导性，又具有较强的可操作性。因此，地方(市、县)级的实施评价比前两级实施评价更具体，更详细。

(三)海洋功能区划实施评价的理论基础

海洋功能区划实施评价的实质就是对区划实施情况进行动态分析和监测。要对实施评价工作做出科学的决策，就必须按照科学的理论和原理指导。实施评价的相关理论基础尚处在不断完善之中，海洋功能区划实施评价遵循的主要理论和原理主要有以下几方面。

1. 系统管理原理

系统论的基本观点认为，系统是相互作用、相互依存的部分组合而成的具有特定功能的有机整体。任何管理都是对一个系统的管理，海洋管理活动也不例外。海洋功能区划实施评价研究的就是人们在海洋功能区划实施过程中利用效果、效益状况动态的反馈。

2. 整体效益原理

区划管理是为了获得效益，包括生态效益、经济效益和社会效益。从长远关系和整体的观点看三者应该是统一的，但在短期内有可能会出现矛盾现象。因此，区划实施评价要遵循整体效益原理，寻求生态效益、经济效益和社会效益的优化组合，从而获得最佳整体效益。区划管理要获得效益，必须充分了解构成整体的各组成部分相互间的作用及其对整体的作用，通过对各组成部分的合理组合、配置、使用，最大限度地发挥各组成部分的积极作用，发挥各种部分的优势，从而使整体获得尽可能大的效益。管理的效益不仅在于充分发挥系统中每个要素的积极作用，还要根据不同地区自然、经济特点，充分发挥主导因素的积极作用。

3. 动态管理原理

动态管理理论要求管理活动必须遵循弹性原理。要实施有效的管理必须依据系统内外的条件和环境的变化适时调整，区划管理必须留有余地，保持充分的弹性。在海洋区划实施评价管理系统中，海洋关系和海洋利用始终处于动态变化过程中。只有及时掌握区划实施动态变化，使决策不断适应新情况，才能提高区划管理效率。要及时掌握区划实施发展变化的各种关系，必须做好信息传递和反馈控制工作。

4. 区位理论

区位是自然地理位置、经济地理位置和交通地理位置三种地理位置的有机联系、相辅相成，共同作用于地域空间，形成了一定的海洋区位。区位理论，主要是一种研究生产力布局的理论，其根本宗旨在于人类社会经济活动的空间法则，即社会经济活动的空间分布、运动、关联等，是人类选择行为场所的理论。其核心就是以最小的成本获得最大的利润。区位活动是人类活动最基本的行为，只有在最佳场所活动，才能取得最佳效果。

5. 海洋可持续利用理论

海洋可持续利用是指海洋的利用不能对后代的持续利用构成危害，换句话说，海洋的利用既要满足当代人的需求，又不能影响人类今后的长远需要。海洋可持续利用包含两层含义：①海洋资源本身的持续、高效利用；②海洋资源与社会其他资源相配合共同支撑社会经济的持久发展。可持续发展的客观要求使世界各国必须采用计划管理的方法处理好社会供给与社会需求之间的关系；处理好经济效益、社会效益和生态效益之间的平衡。因此，在我国有计划地利用海洋资源，制订并对海洋利用计划实施科学的全面评价是整个社会发展的客观需要。

(四)海洋功能区划实施评价实证

国家并未对第一轮海洋功能区划进行过系统的实施评价，2009年颁布的《海洋功能区划管理规定》要求"海洋功能区划批准实施两年后，县级以上海洋行政主管部门对本级海洋功能区划可以开展一次区划实施情况评估"，但是并未出台评价的技术要求和相关规范性文件。国内不少学者提出了海洋功能区划实施评价方法和实证研究，陈洲杰于 2012 年对《舟山市海洋功能区划》的实施情况进行评价，以确保海洋功能区划制定的目标的顺利实施、发现并修正海洋功能区划实施过程中的问题的价值作用，并就目前国内外海洋功能区划实施情况评价的现状与存在的问题进行了分析，确定了海洋功能区划实施情况评价的方法和内容。提出从海洋功能区划执行情况、海洋功能区划执行效果两方面构建评价指标体系，建立海洋功能区划实施情况评价的步骤。运用定性分析结合定量评价的方法，对《舟山市海洋功能区划》的实施情况进行了实证研究，结果表明，《舟山市海洋功能区划》的实施情况良好、实施效果明显，同时指出了海洋功能区划实施不到位的方面以及实施过程中存在的问题。杨山等在 2011 年基于江苏省海洋功能区划的执行情况、协调情况、实施效益和实施影响四个方面，设计了 16 个具有代表性的指标用于定量评价江苏省海洋功能区划实施基本情况。为研究省级海洋功能区划实施评价的指标体系和方法提供了借鉴意义。徐伟等于 2014 年首次对全国海洋功能区划实施情况做出评价。建立了包括目标实现程度、区划落实情况和各海域开发利用的全国海洋功能区划评价体系，涵盖了目标实现、执行和实施后海域利用情况三个方面，较为全面地反映了全国海洋功能区划实施情况。结论认为：自 2002 年我国建立并实施海洋功能区划制度以来，海洋经济得到了较快发展，海洋环境质量恶化趋势得到遏制，海域开发利用秩序日趋良好，海域管理也更为科学规范。海洋功能区划制度已得到各领域用海者和行政管理部门的普遍认可，并自觉遵守。其评价成果直接应用于新一轮全国海洋功能区划的编制当中，具有十分重要的实践意义。任一平等于 2009 年和张志卫等于 2014 年分析了我国海洋功能区划编制与实施过程中利益相关者参与的情况、途径及其对实施成效的影响，认为各层级的海洋功能区划编制与实施过程中利益相关者参与将有助于海洋功能区实施与管理的科学性与民主度，能提升海洋功能区划编制与实施的效率。这一结论也成为今后制定和评价海洋功能区划的重要原则之一。

第四节　研究实例——浙江省海洋功能区划

浙江省地处中国长江三角洲南翼，东南沿海中部。全省范围内的领海与内水面积为 4.44 万 km^2，连同可管辖的毗连区、专属经济区和大陆架，面积达 26 万 km^2。浙江全省海岸线总长约 6700km，面积大于 $500m^2$ 的海岛有 2878 个。海洋资源十分丰富。

浙江省海洋功能区划是为适应浙江省经济社会发展的需要，进一步协调和规范各种涉海活动，加强对海洋资源和生态环境的保护，推进浙江海洋经济发展示范区和浙江舟山群岛新区建设，加快浙江海洋经济强省战略的实施，在国务院 2006 年批准实施的《浙江省海洋功能区划》基础上，依据《全国海洋功能区划（2011—2020 年）》和国家有关法律法规，根据海域区位、自然资源、环境条件和开发利用的要求，按照海洋基本功能区的标准，将全省海域划分成不同类型的海洋基本功能区，作为全省海洋开发、保护与管理的基础和依据。下面对其进行简单介绍。

一、资源基础与开发现状

（一）资源基础概况

1. 地理区位条件

浙江省海域地处东海中部，长江黄金水道入海口，北连上海市海域，南接福建省海域，毗邻台湾海峡和日本海域，对内是江海联运枢纽，对外是远东国际航线要冲，在我国内外开放扇面中具有举足轻重的地位。浙江沿海地区位于我国"T"字形经济带和长三角世界级城市群的核心区，是长三角地区与海西地区的联结纽带，依托广阔腹地和深水岸线等资源，既可作为我国海上交通运输主枢纽，也可作为石油、天然气、铁矿石等战略物资的储运、中转和贸易主基地，还可作为海防前哨，是加强"海上通道"安全保护的"主阵地"。

2. 海洋生物资源

浙江海域渔场面积有 22.27 万 km^2，是我国最大的渔场；近海最佳可捕量占到全国总量的 27.3%，是渔业资源蕴藏量最为丰富、渔业生产力最高的渔场。海洋生物种类繁多，初级生产力空间分布从高到低依次为浙南海区、浙北海区、浙中海区；浮游植物密度和生物量均很高，以硅藻类为主；浮游动物具有近岸种类较少，离岸区域种类丰富的特点；底栖生物以低盐沿岸种和半咸水性河口种为主，包括甲壳类、软体动物、多毛类、鱼类、棘皮动物、腔肠动物和大型藻类；游泳生物是海洋捕捞的主要对象，共计有 439 种；药用海洋资源丰富，可供保健和药用的海洋生物有 420 种。

3. 港口航道资源

浙江沿海港口资源的地域分布较为均匀，共有宁波—舟山港、温州港、台州港和嘉兴港四个主要沿海港口，目前沿海港口已经形成了以宁波—舟山港为中心，浙南温台港口和浙北嘉兴港为两翼的发展格局，其中宁波—舟山港和温州港已被交通运输部列入全国沿海 24 个主要港口。

4. 海岛资源

据统计，浙江省面积 500m^2 以上的海岛有 2878 个，数量居全国第一。东北部的舟山群岛海岛分布最为密集，岛屿总面积约为 1940km^2，其中舟山本岛面积约有 500km^2，为全国第四大岛。

5. 滩涂资源

浙江全省潮间带面积约 2290km^2，其中海涂面积约 2160km^2。按岸滩动态可分为淤涨型、稳定型、侵蚀型三类，其中淤涨型滩涂面积占 87.54%，主要分布于杭州湾南岸、三门湾口附近、椒江口外两侧、乐清湾和瓯江口至琵琶门之间。潮间带滩涂大致可分为三种环境类型，包括河口平原外缘的开敞岸段、半封闭海湾组成的隐蔽岸段和海岛及岬角海湾内的海涂，面积小，分布零星。

6. 旅游资源

浙江沿海的旅游资源兼有自然和人文、海域和陆域、古代和现代、观赏和品尝等多种类型，汇集着山、海、崖、海岛(礁)等多种自然景观和成千上万种海洋生物，涵盖了旅游资源国家标准中 8 个主类。主要海岛共有可供旅游开发的景区(点)450 余处。浙江沿海的旅游资源不仅数量大，类型多，而且区域分布又明显地集中在杭州、绍兴、宁波、温州等大中城市或附近一带，组成了杭、绍、甬人文自然综合旅游资源带、浙南沿海旅游资源区和舟山海岛旅游资源区，在省内乃至全国的旅游业占有十分重要的地位。

7. 海洋矿产资源

浙江海底矿产以非金属矿产为主，大陆架蕴藏着丰富的石油和天然气资源，开发前景良好。东海陆架盆地具有生油岩厚度大、分布面积广、有机质丰度高、储集层发育好、圈闭条件优越等条件，是寻找大型油气田的有利地区。据现有资料，东海油气目前已展开勘探工作，春晓油气田正式开采出油，东海油气进入实质性开发阶段。

8. 可再生能源

浙江因海岛数量众多和自然地理环境条件比较优越，蕴藏着比较丰富的海洋能资源，具有较丰富的潮汐能、潮流能、波浪能、温差能、盐差能以及风能等海洋可再生能源。海洋可再生能源具有大面积、低密度、不稳定等特征，开发海洋能资源，对缓解能源紧缺状况，促进经济发展都具有重要意义。

(二)开发利用现状

1. 海域使用现状

至 2010 年年底，全省使用海域 7810 宗，用海面积为 2538.01km^2。其中交通运输用海和渔业用海所占比例最大，分别为 40.83% 和 31.31%。

2. 海洋经济发展现状

2010 年，浙江省海洋及相关产业总产出 12 350 亿元，海洋及相关产业增加值 3775 亿元，比上年增长 25.8%，海洋经济在浙江国民经济中已经占据重要地位。海洋经济第一、第二、第三产业增加值分别为 287 亿元、1599 亿元和 1889 亿元，三次产业结构为 7.6∶42.4∶50.0。海洋产业类型日趋多样，海洋传统产业和海洋新兴产业共同发展，已形成了涵盖 13 类海洋主要产业的产业体系。海洋渔业发展形势良好，涉海工业增长较快，海洋工程建筑业稳定增长，港口物流快速发展，滨海旅游业发展迅猛，海洋传统产业与日益增值扩大的海洋新兴产业共同支撑着浙江海洋经济的持续发展。

(三)面临的形势

1. 用海需求进一步增大

浙江海洋经济发展示范区规划加快实施，沿海地区工业化、城镇化加快推进，用海需求将呈现持续旺盛的态势。海洋渔业方面，现代渔业和涉渔二、三产业用地用海需求将有较大增长。海洋交通运输业方面，随着"港航强省"战略的深入实施，沿海港口新建、扩建工程加快实施，用海需求将有较明显的增长。临港工业、战略性海洋产业及滨海城市建设方面，沿海各大开发区向海洋要资源、要空间的愿望日渐强烈，用地用海需求也将大幅度增加。海洋旅游方面，随着大批优质滨海旅游资源加速开发以及人工旅游设施的增长，滨海旅游业对用地用海的需求也将有所增加。海洋环境保护方面，随着生态文明建设的推进，保护区新建、续建和升格都将带来一定用海需求。

2. 海域使用管理能力需要进一步提升

目前违法用海情况依然存在，未依法办理相关用海手续即开始用海，影响海域科学开发和利用；涉海规划未能科学实施，部分海岸和海域资源未能得到有效利用；海域使用审批制度有待完善，电子政务系统建设、海域使用监视、监测系统等信息化管理系统还未能对实际工作形成强有力的支持。

3. 海洋资源有序开发压力进一步增大

海岛保护任务艰巨，有居民海岛开发建设仍需规范，无居民海岛保护与开发配套制度有待完善。渔业资源和生态环境损害严重，近岸海域渔业用海进一步被挤占，稳定海水养殖面积、促进海洋渔业发展、维护渔民权益的任务艰巨。海洋新能源开发、海水利用有待科学管理，亟须完善相关规划。

4. 海洋生态环境尚未根本好转

近岸海域污染尚未得到有效控制，近岸湿地遭到破坏，杭州湾、甬江口、乐清湾、台州湾等港湾呈严重富营养化。有毒赤潮和复合型赤潮发生频率不断上升、范围不断扩大、持续时间不断增长趋势。工业和城市污水等陆源污染物排放尚未得到有效控制。海洋生物生境不断萎缩，一些重要鸟类、海洋经济鱼类、虾、蟹和贝藻类生物产卵场、育肥场或越冬场逐渐消失，许多珍稀濒危野生生物濒临绝迹。随着沿海地区人民群众的环境意识不断增强以及海洋开发与生态环境保护矛盾日益突出，统筹协调开发与保护的压力与日俱增。

二、海洋功能区划的总体布局

（一）总体布局

坚持以海引陆、以陆促海、海陆联动、协调发展，注重发挥不同区域的比较优势，优化重点海域的基本功能区，构建"一核两翼三圈九区多岛"的海洋开发与保护总体布局，科学、高效、有序推进海洋开发和资源保护。

加快核心区建设。以宁波—舟山港海域、海岛及其依托城市为核心区，围绕增强辐射带动和产业引领作用，继续推进宁波—舟山港口一体化，积极推进宁波、舟山区域统筹联动发展，规划建设全国重要的大宗商品储运加工贸易、国际集装箱物流、滨海旅游、新型临港工业、现代海洋渔业、海洋新能源、海洋科教服务等基地和东海油气开发后方基地，加强深水岸线等战略资源统筹管理，完善基础设施和生态环保网络，形成我国海洋经济参与国际竞争的重点区域和保障国家经济安全的战略高地。

提升两翼发展水平。以环杭州湾产业带及其近岸海域为北翼，以温州、台州沿海产业带及其近岸海域为南翼，尽快提升两翼的发展水平。立足区内外统筹发展，北翼加强与上海国际金融中心和国际航运中心对接，突出新型临港先进制造业发展和长江口及毗邻海域生态环境保护，成为带动长江三角洲地区海洋经济发展的重要平台；南翼加强与海峡西岸经济区对接，突出沿海产业集聚区与滨海新城建设，引导海洋三次产业协调发展，成为东南沿海海洋经济发展新的增长极。在推进两翼发展过程中，根据各海域的自然条件和海洋经济发展需要，合理确定区内各重要海域的基本功能。

做强三大都市圈。加强杭州、宁波、温州三大沿海都市圈海洋基础研究、科技研发、成果转化和人才培养，加快发展海洋高技术产业和现代服务业，推进海洋开发由浅海向深海延伸、由单一向综合转变、由低端向高端发展，增强现代都市服务功能，提升对周边区域的辐射带动能力，建设成为我国沿海地区海洋经济活力较强、产业层次较高的重要区域。

重点建设九大产业集聚区。在整合提升现有沿海和海岛产业园区基础上，坚持产业培育与城市新区建设并重，重点建设杭州、宁波、嘉兴、绍兴、舟山、台州、温州等九大产业集聚区。与产业集聚区的资源环境承载能力相适应，培育壮大海洋新兴产业，保障合理建设用海需求，提高产业集聚规模和水平，使其成为浙江海洋经济发展方式转变和城市新区培育的主要载体。

合理开发利用重要海岛。加强分类指导，重点推进舟山本岛、岱山、泗礁、玉环、洞头、梅山、六横、金塘、衢山、朱家尖、洋山、南田、头门、大陈、大小门、南麂等重要海岛的开发利用与保护。根据各海岛的自然条件，科学规划、合理利用海岛及周边海域资源，着力建设各具特色的综合开发岛、港口物流岛、临港工业岛、海洋旅游岛、海洋科教岛、现代渔业岛、清洁能源岛、海洋生态岛等，发展成为我国海岛开发开放的先导地区。

（二）重点海域

根据浙江海洋开发与保护的总体战略布局和海域地理状况、自然资源、自然环境特点以及开发利用的实际情况，将全部管理海域划分为杭州湾海域、宁波—舟山近岸海域、岱山—嵊泗海域、象山港海域、三门湾海域、台州湾海域、乐清湾海域、瓯江口及洞头列岛海域、南北麂列岛海域共九个重点海域。

杭州湾海域包括嘉兴海域和余姚、慈溪海域。主要为滨海旅游、湿地保护、临港工业等基本功能，兼具农渔业等功能。

宁波—舟山近岸海域包括宁波市镇海区、北仑区、象山县东部的近岸海域和舟山市定海区、普陀区的近岸海域。主要为港口物流、临港工业、滨海旅游等基本功能，兼具农渔业等功能。

岱山—嵊泗海域，包括嵊泗海域和岱山海域。主要为海洋渔业、滨海旅游和港口物流等基本功能，兼具临港工业等功能。

象山港海域主要为生态保护等基本功能，兼具海洋渔业、海洋旅游和临港产业等功能。

三门湾海域主要为滨海旅游、湿地保护和生态型临港工业等基本功能。

台州湾海域包括临海、椒江、路桥、温岭、玉环东部海域。主要为临港工业、港口运输等基本功能，兼具工业与城镇用海、农渔业和旅游休闲娱乐等功能。

乐清湾海域主要为湿地保护、滨海旅游、临港工业等基本功能，兼具农渔业和港口航运等功能。

瓯江口及洞头列岛海域包括龙湾、洞头海域及乐清南部海域。主要为港口运输、临港工业、滨海旅游等基本功能，兼具工业与城镇用海和海洋渔业等功能。

南麂、北麂列岛海域主要为生态保护、滨海旅游等基本功能，兼具工业与城镇用海、港口航运和农渔业等功能。

三、海洋功能分区及特点

按照《全国海洋功能区划（2011—2020 年）》的总体要求和海洋功能区划分类体系，依据全省海域自然环境特点、自然资源优势和社会经济发展需求，共划分出 223 个海洋基本功能区。其中：海岸基本功能区共 129 个，近海基本功能区共 94 个（见表 9 – 3 至表 9 – 5）。

表9－3　浙江省海洋基本功能区

功能区类型		基本功能区统计	
代码	类型	数量(个)	面积(万 hm²)
1	农渔业区	46	301.27
2	港口航运区	43	30.10
3	工业与城镇用海区	41	9.59
4	矿产与能源区	2	0.09
5	旅游休闲娱乐区	27	5.74
6	海洋保护区	18	51.14
7	特殊利用区	22	1.28
8	保留区	24	44.82
合计		223	444.03

表9－4　浙江省海岸基本功能区

海岸功能区类型		海岸功能区统计			
代码	类型	数量(个)	面积(hm²)	占用大陆岸线(km)	占用海岛岸线(km)
A1	农渔业区	28	194 119	783	539
A2	港口航运区	24	259 302	484	1285
A3	工业与城镇用海区	34	88 633	469	284
A4	矿产与能源区	2	880	32	3
A5	旅游休闲娱乐区	19	44 267	151	405
A6	海洋保护区	6	14 813	27	40
A7	特殊利用区	4	436	0	0
A8	保留区	12	89 410	87	188
合计		129	691 863	2033	2744

表9－5　浙江省近海基本功能区

海岸功能区类型		海岸功能区统计			备注
代码	类型	数量(个)	面积(hm²)	占用海岛岸线(km)	
B1	农渔业区	18	2 818 573	631	
B2	港口航运区	19	41 688	172	
B3	工业与城镇用海区	7	7288	116	
B4	矿产与能源区	—	—	—	本次规划未在近海划分出矿产和能源区
B5	旅游休闲娱乐区	8	13 127	178	
B6	海洋保护区	12	496 589	448	
B7	特殊利用区	18	12 393	0	
B8	保留区	12	358 797	15	
合计		94	3 748 455	1560	

（一）农渔业区

农渔业区指适于拓展农业发展空间和开发利用海洋生物资源，可供农业围垦，渔港和育苗场等渔业基础设施建设、海水增养殖和捕捞生产以及重要渔业品种养护的海域。包括农业围垦区、养殖区、增殖区、捕捞区、水产种质资源保护区、渔业基础设施区。

农渔业区要保障渔民生活生存依赖的传统用海；除渔港、农业围垦等基础设施建设用海外，严格限制改变海域自然属性，农业围垦要控制规模和用途，严格按照围填海计划和自然淤涨情况科学安排用海；严格保护象山港蓝点马鲛、乐清湾泥蚶等水产种质资源保护区；加强渔业资源增殖放流，科学规划与建设增殖放流区、水产种质资源保护区和海洋牧场，扩大放流规模，规范资源管理；合理利用海洋渔业资源，严格实行捕捞许可制度，控制近海捕捞强度，严格实行禁渔休渔制度；重点加强杭州湾、舟山本岛周边海域、象山港、浦坝港、椒江口、乐清湾、瓯江口、飞云江口、鳌江口等海区的海岸环境整治，合理规划养殖规模、密度和结构，保障渔业资源可持续发展；积极防治海水污染，禁止在规定的养殖区、增殖区和捕捞区内进行有碍渔业生产或污染水域环境的活动。加强滩涂资源统筹开发，有序推进滩涂围垦开发，科学确定围垦区域的功能定位、开发利用方向，合理安排农业、生态、旅游等用地。农渔业区执行不劣于二类海水水质标准，其中捕捞区和水产种质资源保护区执行不劣于一类海水水质标准、海洋沉积物质量标准和海洋生物质量标准。

（二）港口航运区

港口航运区指适于开发利用港口航运资源，可供港口、航道和锚地建设的海域。包括港口区、航道区、锚地区。

港口航运区要进一步优化港口资源整合，加快建设以宁波—舟山港为核心的全省港口体系，加强港口重大基础设施建设，完善综合交通体系和集疏运体系，扩大港口吞吐能力，着力提升港口服务功能。禁止在港区、锚地、航道、通航密集区以及公布的航路内进行与航运无关、有碍航行安全的活动；严禁在规划港口航运区内建设其他永久性设施。加强嘉兴港、宁波—舟山港、台州港、温州港等港口综合治理，减少对周边功能区环境影响。维护和改善港口航运区原有的水动力和泥沙冲淤环境。港口区执行不劣于四类海水水质标准、不劣于三类海洋沉积物质量标准和不劣于三类海洋生物质量标准，航道区和锚地区执行不劣于三类海水水质标准、不劣于二类海洋沉积物质量标准和不劣于二类海洋生物质量标准。

（三）工业与城镇用海区

工业与城镇用海区指适于发展临海工业与滨海城镇的海域。包括工业用海区和城镇用海区。

工业与城镇用海区必须配套建设污水和生活垃圾处理设施，实现达标排放和科学处置。集约节约用海，科学确定围填海规模，并根据国家和省级控制指标执行。严格执行围填海年度计划，严格围填海建设项目审查，优化围填海平面设计，提倡和鼓励由海岸向海延伸式围填海逐步转变为人工岛式和多突堤式围填海，由大面积整体式围填海逐步转变为多区块组团式围填海。围填海应遵循减少占用自然岸线、延长人工岸线长度、提升景观效果的原则。建设用海要进行充分论证，可能导致地形、滩涂及海洋环境破坏的要提出整治对策和措施。积极引导用海企业开展清洁生产，深入推进节能减排。工业与城镇用海区执行不劣于三类海水水质标准、不劣于二类海洋沉积物质量标准和不劣于二类海洋生物质量标准。

（四）矿产与能源区

矿产与能源区指适于开发利用矿产资源与海上能源，可供油气和固体矿产等勘探、开采作业以及盐田、可再生能源开发利用等的海域。包括油气区、固体矿产区、盐田区、可再生能源区。

矿产与能源区在开发过程中应加强对海底地形和潮流水动力等海洋生态环境特征的监测，应科学论证潮汐能发电等新能源的开发利用，加大示范试验力度，引导激励更多的机构与企业投入海洋能利用和技术研发。矿产与能源区执行不劣于四类海水水质标准、不劣于三类海洋沉积物质量标准和不劣于三类海洋生物质量标准。

（五）旅游休闲娱乐区

旅游休闲娱乐区指适于开发利用滨海和海上旅游资源，可供旅游景区开发和海上文体娱乐活动场所建设的海域。包括风景旅游区和文体休闲娱乐区。

旅游休闲娱乐区要坚持旅游资源严格保护、合理开发和可持续利用的原则，加快旅游资源整合和深度开发，完善旅游配套设施，开展城镇周边海域海岸带整治修复。加强自然景观和旅游景点的保护，严格控制占用海岸线和沿海防护林。因地制宜建设旅游区污水、垃圾处理处置设施，禁止直接排海，必须实现达标排放和科学放置。旅游休闲娱乐区执行不劣于二类海水水质标准、不劣于二类海洋沉积物质量标准和不劣于二类海洋生物质量标准。

（六）海洋保护区

海洋保护区指专供海洋资源、环境和生态保护的海域。包括海洋自然保护区和海洋特别保护区。

在不影响基本功能的前提下，海洋保护区除核心区外，可兼容旅游休闲娱乐和农渔业功能，兼容的用海类型有科研教学用海、生态旅游用海和人工鱼礁用海等。加强对海洋保护区的科学规范化管理，以保护特定海域资源和生态环境，对已受到损害和破坏的海域资源与环境进行恢复治理。严格保护各类珍稀、濒危生物资源及其生境，维持、恢复和改善海洋生物物种多样性；保护红树林、河口湿地、海岛等生态系统，防止生态系统的消失、破碎和退化；保护重要的地形地貌和重要经济生物物种及其生境等。海洋保护区执行不劣于一类海水水质标准、不劣于一类海洋沉积物质量标准和不劣于一类海洋生物质量标准。

（七）特殊利用区

特殊利用区指其他特殊用途排他使用的海域。包括用于海底管线铺设、路桥建设、污水达标排放、倾倒等的其他特殊利用区。特殊利用区的倾倒区要加强倾倒活动的管理，把倾倒活动对环境的影响及对航道、锚地、养殖等功能区的干扰降低到最低程度。

（八）保留区

保留区应加强管理，严禁随意开发。确需改变海域自然属性进行开发利用的，应首先修改省级海洋功能区划，调整保留区的功能，并按程序报批。保留区海水水质、海洋沉积物质量、海洋生物质量等标准维持现状水平。

四、实施保障

为有效保障实现海洋功能区划，需要一定的保障措施，包括区划制定前和制定时的保障、海域和海洋环境的保护以及运用法律和宣传措施提高公民的参与度等。

（一）区划实施管理

1. 发挥区划的整体性、基础性和约束性作用

强化海洋功能区划自上而下的控制性作用，市县级海洋功能区划的功能分区和管理要求必须与省级海洋功能区划保持一致。区划应保持相对稳定，未经批准，不得改变海洋功能区划确定的海域功能。

2. 完善区划编制体系

开展新一轮市县级海洋功能区划编制，进一步把省级区划确定的海洋功能落实到具体海域，结合各自海域实际情况划分二级类海洋功能区，提出具体实施措施。

3. 加强区划实施的部门协调

省有关部门和沿海县级以上地方人民政府制定涉海发展战略和产业政策、编制涉海规划时，应当征求海洋行政主管部门意见。沿海土地利用总体规划、城乡规划、港口规划涉及海域使用的，应当与海洋功能区划相衔接。

（二）海域使用管理

1. 严格落实海洋功能区划制度

严格实行海洋功能区划制度，养殖、盐业、交通、旅游、矿产等行业规划涉及海域使用的，应当符合海洋功能区划；沿海土地利用总体规划、城市规划、港口规划涉及海域使用的，应当与海洋功能区划相衔接。海域使用可行性论证报告书（表）应当明确项目选址是否符合海洋功能区划。要按海洋功能区划审批海域的使用，对不符合海洋功能区划的海域使用项目，各级海洋行政主管部门不予颁发海域使用证书。

2. 完善建设项目用海预审制度和海域权属管理制度

涉海建设项目在向审批、核准部门申报项目可行性研究报告或项目申请报告前，应向海洋行政主管部门提出海域使用申请。未通过用海预审的涉海建设项目，各级投资主管部门不予批准、核准。

3. 科学编制海域使用规划

根据经济社会发展情况，5年编制一次，作为全省海域开发、利用和保护的纲领性文件以及海域使用宏观调控和围填海计划管理的主要依据。

4. 创新和加强围填海管理

科学编制省级围填海计划，根据资源现状和年度需求，合理确定年度围填海面积上报国家。根据国家下达的围填海指标实行指令性管理，不得擅自突破。建立围填海计划台账制度，加强围填海计划执行情况的评估和考核。

5. 保护海洋渔业资源

相关工程建设对保护区影响专题评价，并采取相应的保护和补偿措施；项目建设要切实协调好与用海利益相关者的关系。

6. 开展海域海岸带综合整治

根据海洋功能区划确定的目标，制定和实施海域海岸带整治修复计划，在重要海湾、河口、旅游区及大中城市毗邻海域全面开展整治修复工作。

（三）海洋环境保护

1. 加强海洋环境管理、监测和风险防范

坚持陆海统筹的发展理念，限制高耗能、高污染、资源消耗型产业在沿海布局。完善涉海部门年度联合执法制度，加强对陆源排污口、海洋工程、违规倾废、船舶及海上养殖区生活垃圾排海污染等联合执法检查，强化海洋环境监督管理。严把审批环节、落实追究问责、加强监督管理，并着力提高用海单位治污减污能力。完善海洋环境监测预报体系，提高监测能力，开展专项监测和重大涉海工程监测评价。加强海洋环境风险防范，健全海洋环境发布制度，及时发布海洋环境质量公报通报。完善海洋灾害预警、预报系统，制定海域防灾减灾和事故应急预案。

2. 编制海洋环保规划

依据海洋功能区划，编制海洋环境保护与生态建设规划、近岸海域环境功能区划和重点海域区域性环境保护规划等配套制度，保护和改善海洋生态环境。

（四）基础能力建设

1. 海域管理人才队伍建设

完善海域管理从业人员上岗认证和机构资质认证制度，切实提高海域管理人才的专业素养。提高海域使用论证及资质管理的水平，重点对改变海域自然属性、对海洋资源和生态环境影响大的用海活动进行严格把关。海域使用论证过程要公开透明，充分征求社会公众意见。

2. 科技支撑能力建设

充分利用地理信息系统（GIS）、遥感（RS）、全球定位系统（GPS）等现代科技手段对海洋开发利用和生态环境保护进行系统地监测，及时、准确掌握海域使用状况和环境质量现状，尤其是岸线、滩涂开发利用及其环境污染状况。建立起各级海洋功能区划管理信息系统，切实提高区划管理水平。

3. 动态监视、监测体系建设

利用卫星遥感、航空遥感、远程监控、现场监测等手段，对全省海域实施全覆盖、立体化、高精度监视、监测，实时掌握海岸线、海湾、海岛及近海、远海的资源环境变化和开发利用情况。

（五）监督检查与执法

1. 省级海洋行政主管部门的监督检查

省级海洋行政主管部门负责监督检查全省海洋功能区划的实施情况，以海洋功能区划作为海域使用管理的基本依据，认真查处和纠正各种违反海洋功能区划的用海行为。

2. 沿海市、县海洋行政主管部门的监督检查

沿海市、县海洋行政主管部门负责监督检查本级海洋功能区划的实施情况，制订重点海域整治计划，每年要对区划实施情况进行总结，并报上级海洋行政主管部门。

3. 对违反海洋功能区划用海行为的处理

要结合行政、法律和经济措施，调整、限制不合理的海洋开发活动，不断完善海洋产业结构和布局，逐步实现海洋功能区的目标管理。

4. 加大海洋联合执法力度

海洋、港航、海事、水利、环保、林业等部门密切配合，组成联合执法队伍，加快推进海洋综合执法基地建设，通过日常监管和执法检查，整顿和规范海域使用管理秩序。

（六）法制建设与宣传

1. 加强法制建设

抓紧制定和修订相关法律法规，积极推进《浙江省无居民海岛管理办法》《浙江省海域使用管理条例》等的制定和修订。认真贯彻执行海洋环保、海域管理、海岛保护与开发等相关法律法规，为海洋功能区划的实施提供更加完备有效的法制保障，确保海洋功能区划得到有效执行。

2. 加强宣传教育

积极宣传海洋功能区划相关的法律知识，为实施海洋功能区划营造和谐的社会氛围。提高全民的区划意识，提高各类用海者合理开发利用海洋的自觉性。

第十章　海岸带综合管理

第一节　海岸带综合管理的理论基础

海岸带是陆域系统和海域系统的过渡地带，是人类生产生活活动的重要场所。对海岸带的理解通常有广义和狭义之分。广义的海岸带是指以海岸线为基准向海陆两个方向辐射扩散的广阔地带，包括沿海平原、河口三角洲、浅海大陆架一直延伸到大陆边缘的地带。狭义的海岸带是指海洋向陆地的过渡地带，包括潮上带、潮间带和水下岸坡三部分。由于其特殊的区位条件，生态系统十分脆弱。20 世纪以来，科学技术的进步，生产力水平的不断提高，工业化、城市化的进程加快，人类对自然环境的影响不断加深，造成海岸带生态系统退化日益严重。海岸带正面临着全球气候变化、海平面上升、区域生态环境破坏、生物多样性减少、污染加重、渔业资源退化等一系列问题，阻碍了海岸带地区的可持续发展。

1992 年联合国环境与发展会议批准的《21 世纪议程》第 17 章中提出：沿海国家承诺对在其国家管辖的沿海和海洋环境进行综合管理和可持续发展，每个沿海国家都应该考虑建立或在必要时加强恰当的协调机制，在地方层面和国家层面上加强沿海和海洋区域及其资源的综合管理及可持续发展。海岸带综合管理是海岸带资源环境利用与海洋经济发展到一定阶段的产物。如何协调海岸带综合承载力与社会经济发展的关系，加强海岸带综合管理，促使海岸带地区的可持续发展已经成为当今社会关注的热点话题和重要的研究领域。

一、海岸带综合管理的概念

(一)海岸带综合管理的含义

目前，世界上对于海岸带综合管理并没有统一的概念。1989 年在美国查尔斯顿举行的一次国际会议认为：海岸带综合管理是一种动态的过程，该过程发展和应用各种方法以协调管理机构、环境、社会文化资源之间的关系，以保护海岸带地区，实现该地区的可持续和多样化的利用。1993 年世界海岸大会的文献定义海岸带综合管理为：是一种政府行为，包括为保证海岸带的开发管理与环境保护目标相结合，并吸引有关各方参与形成的必要的法律和机构框架，确保制定目标、规划及实施过程尽可能广泛吸引各利益集团的参与，在不同的利益中寻求最佳的折中方案，并在国家的海岸带总体利用方面实现一种平衡。1995年美国海洋法学专家杰拉尔德·曼贡在其"海洋管理若干问题"的演讲中认为：海岸带综合管理，就是根据各种不同用途，以战略眼光站在国家高度进行规划，由中央政府来制定规划，并监督地方政府通过投入足够的资金来实施。1996年美国海洋管理专家约翰·R. 克拉克出版的《海岸带管理手册》中认为海岸带综合管理是通过规划和项目开发、面向未来的资源分析，应用可持续概念去检验每一个发展阶段，试图避免对沿海区域资源的破坏。1997年美国海洋专家廷斯·索伦森在《海岸管理》的文章中定义海岸带综合管理：以给予动态海岸系统之中和之间的自然的、社会的以及政治的相互联系方式，对海岸资源和环境进行综合规划和管理，并用综合方法对严重影响海岸资源和环境数量或质量的利害关系集团进行横向和纵向协调。2002年世界银行指出：海岸带综合管理是在由各种法律和制度框架构成的一种管理程序指导下，确保海岸带地区发展和管理的相关规划和环境、社会目标相一致，并在其过程中充分体现这些因素。我国著名的海洋管理专家鹿守本认为：海岸带综合管理是海岸带管理的高层次管理，是海洋综合管理的区域类型，通过战略、区划、规划、立法、执法和行政监督等政府职能行为，对海岸的空间、资源、生态环境及其开发利用的协调和监督管理，以达到海岸带的可持续利用。

依据以上概念，海岸带综合管理关键是针对海岸带所涉及管理和利益部门的多样化和复杂问题，增强各部门之间的协调、合作，合理开发利用海岸带资源，维护海岸带生态环境，保证海岸带地区自然、经济和社会协调发展，实现海岸带地区的可持续发展。

(二)海岸带综合管理的内涵

1. "综合"的含义

海岸带综合管理是一个用综合观点、综合方法对海岸带资源、生态、环境的开发和保护进行管理的过程，这个"综合"有多方面的含义。

(1)部门间的综合(处理水平关系)。在海岸区域开发的部门很多，由于各部门都从自己的需要和利益出发来进行开发利用，部门间在争资源、占空间等方面的矛盾必然加剧，为了充分发挥海洋的整体效益，海岸带(海洋)综合管理部门就要协调处理各个部门之间的关系。在这里只有综合管理部门才能站在公正、客观的立场权衡利弊得失，做出科学、合理的决策。

(2)政府间的综合(处理垂直关系)。国家、省(市、区)、县级政府，虽然都是政府机构，但由于各自管辖的区域不同，资源状况不同、公共需求不同、所处的位置不同、发挥的作用不同，决定了它们之间的利害关系也不完全一致，也会产生冲突和矛盾，为了处理好它们之间的关系，也需要综合管理部门来决断或协调这种关系。

（3）区域间的综合（陆地与海洋的综合）。海岸带处在陆地和海洋的过渡带，既有一定的陆地，又有一定的海域，这两个区域既有联系，又有区别。在这两个区域，资源类型、丰度不同，开发、管理的部门不同，适用的法律、法规不同，这些都会产生一些问题或矛盾，需要进行综合协调。

（4）科学的综合（科学家与管理人员的综合）。海岸带综合管理实际上是科学工作者和决策者之间的综合。科学工作者由于所从事的学科不同（有自然科学和社会科学之分，即便同属于自然科学，同属于海洋科学，又有物理海洋学、海洋地质学、海洋化学、海洋生物学、海洋工程学之分），对同一个问题的观察、分析角度不同，也会得出不同的结果，他们之间也会产生矛盾。科学工作者与决策者之间，由于所处的位置不同，承担的任务不同，看问题的角度不同，他们之间同样会产生一些矛盾，也需要进行综合协调。

（5）发展与保护的综合。人类要生存、社会要发展，需要开发利用海岸带资源，适度开发可使资源和环境处在良性循环之中，但超过这个限度就会出现资源枯竭、环境和生态恶化。为了永续利用海岸带资源，就需要在开发的同时注意保护，保护海岸带资源不受破坏，保持良好的海洋环境和海洋生态，这就是海岸带综合管理的目的。

（6）全球海洋的统一性需要沿海国家间的综合（合作）。由于海水的流动性，海洋生物的洄游性，海洋灾害的广泛性，决定了海洋在某些方面是没有国界的，需要国家与国家间亲密合作，加强协作，共同开展科学研究，共同保护海洋资源，共同治理海洋污染，共同监测、预报海洋灾害。这种国家间的合作就是一种综合的过程。

2. 海岸带综合管理是一种政府行为

海岸带管理规划（计划）、方案、项目需要政府批准才能实施。它们执行需要的资金主要靠政府提供。海岸带管理法律、法规、方针、政策只能由政府和国家立法权力机关组织制定并实施。海岸带综合管理的效果需要政府来审视、监测。

3. 海岸带综合管理是一个动态的、连续的发展过程

海岸带综合管理的对象，无论是自然系统还是社会系统都处在不断变化和发展之中。海岸带综合管理是一个发展的过程，往往需要不断解决复杂的经济、社会、环境、法律和管理问题，来促进经济、社会的持续发展。

4. 海岸带综合管理是一个统筹兼顾的协调、协商过程

海岸带综合管理就是解决矛盾、协调关系，促进海岸带地区经济、社会协调发展。协调和协商的主要目的是促进、加强机构间和部门间的协作；减少机构间的冲突和矛盾；尽可能减少行业机构功能的重复；解决部门之间的矛盾，实现海岸带地区的政府部门、产业部门、研究部门、社会团体之间建立一种谅解的、强有力的联合。

5. 海岸带综合管理需要用政策、规划(计划)、项目、资金等手段来进行优化管理

为了达到海岸带综合管理的目标，主要通过开发与保护政策、海岸带规划管理、海岸带管理计划(行动计划)、海岸带综合管理项目等来实现优化管理。

6. 海岸带综合管理是一个最大限度地减少对环境的影响，减轻乃至恢复受影响的生态过程

7. 海岸带综合管理是一个"自下而上""自上而下"相结合的管理过程

海岸带综合管理需要国家各有关部门的紧密配合以及国家和地方有机结合才能有效开展。地方的海岸带综合管理，特别是内陆地区和海岸带的陆地区域更显得重要，而离海岸越远的海区，国家政府的管理变得越发重要。只有从地方逐级向上(自下而上)和国家逐级向下(自上而下)有机结合、共同管理，海岸带综合管理的任务才能很好地完成。

二、海岸带综合管理的范围与特点

(一)海岸带综合管理的范围

海岸带综合管理涉及的区域包括海陆交界的水域和陆域，包括岛屿、珊瑚礁、海岸、海滩、沙丘、潟湖、海湾、河口、海峡、河口三角洲、红树林区域等生境。海岸带是海陆衔接地带，在传统地理学上没有这样的单元，因此难于找到地理学标准。显然，没有明确的向海向陆界限，管理工作是有困难的。管理区域的边界是用立法形式确定的，沿海各国海岸带综合管理的范围并非一致，相差较大，就是同一个国家不同地区的范围也不一致，向陆一侧可以用省、县边界，山区的分水岭，向海一侧可以从低潮线延伸到200海里专属经济区范围，其中比较多的人认为不应该超过领海范围。

现将有关海岸带的管理范围情况综述如下。

1. 划分标准

海岸带综合管理范围最好应包括所有重要的海岸带资源以及所有可能影响海岸带资源和水域的区域。划分标准主要有以下5种。

(1)自然地理标准。自然地理标准主要是根据海岸区域上和海底地形、地貌等自然特征来划定。陆侧一般采用海岸线至沿海山脉分水岭线，向海一侧以大陆架边缘、水下台地或其他自然特征为界。用自然地理标准确定海岸带管辖范围的优点是易于描述和理解。这种方法既可考虑，也可不考虑现存的行政区划界限。但由于分水岭线在有些地区常常跨越很长的距离，使海岸带综合管理陆上区域范围过大。

(2)经济地理标准。经济地理标准是根据对海岸的陆、海区域经济活动影响最大的要素来划定的。陆侧一般采用海岸线至滨海公路、城市靠海的第一条路为界，向海一侧以海岸线至海水养殖的外界、海洋油气勘探开发的外界为界。

(3)行政区划的标准。行政区划标准根据国家或地方政府机构所管辖的权利范围来

划定。向陆一侧一般采用从海岸线向陆至管辖的海岸带边界(如城市等),向海一侧为该行政机构管辖的外部海域界线。如德国海岸带管理范围与罗斯托克行政区是一致的。这种划分方法具有易于了解,标志清楚及可立法的优点。

(4)距离划分标准。距离划分标准是用海岸线至陆地和海上的水平距离来划分其管辖的范围。这种划分方法既简单又便于进行海岸带综合管理,是近年来各国采用较多的一种方法。从目前各国已采用的距离来看,向陆一侧有100m、500m、1000m、10 000m等多种划分方法;向海一般有3海里、12海里、200海里等多种划分方法。

(5)地理单元标准。地理单元标准是根据"资源组合区"来划定海岸带的管理范围。这些组合有:受河流影响的海湾、潮汐三角洲、潮汐沼泽地、黑珊瑚礁区、漂沙区、海滩和拍岸浪区、风声和潮生台地区、潮沟等。如美国得克萨斯州就是按此标准来划分海岸带的综合管理范围。

由上可知,没有任何一种单一的标准是普遍适用的,也不可能用一个标准来满足有效划分管理区域所需要的全部条件。某种划分标准可能比较简便,但另一种划法也许比较完善,并有环境效益和经济效益。

不论采用哪种划分标准,海岸带管理区都应当:①界限清楚,易于理解,并可用图表示;②尽可能承认目前的政治、经济、自然区划;③包括与海岸带有直接影响的资源、环境要素。

2. 沿海各国海岸带管理范围综述

海岸带综合管理的范围由沿海国家或沿海省(市)、州、县根据当地的具体情况而定,国际上各个国家所定的尺度不统一。根据以往研究文献,搜集部分国家海岸带管理范围列于表10-1。

表 10-1 海岸带综合管理范围实例

国家	陆上界限	海上界限
美国	沿岸水域直接影响的范围(例:加利福尼亚采用平均高潮位以上914.4m)	部分州延伸至领海外部界线
巴西	平均高潮线向陆2km	平均高潮线向海12km
中国	平均高潮线向陆10km	15m等深线
南澳大利亚	平均高潮线向陆100m	海岸基线向海3海里
西班牙	最高潮线或风暴潮线向陆500m	12海里领海外缘
哥斯达黎加	平均高潮线向陆200m	平均低潮线
以色列	平均低潮线向陆1~2km范围内	平均低潮线向海500m
斯里兰卡	平均高潮线向陆300m	平均低潮线向海2km
危地马拉	高潮线向陆3km	200m等深线
毛里求斯	高潮线向陆1km	沿海珊瑚礁最外缘

注:美国不同州向陆向海的划定范围不一致。

(二)海岸带综合管理的特点

海岸带综合管理的特点主要包括以下几点。

1. 动态性

随着海岸带地区人口、社会经济、资源需求以及开发利用程度的不断变化，海岸带地区的生态、地貌和水文等状况也不断变化，导致海岸带系统也一直处于动态变化之中。这就要求在海岸带综合管理中，应根据海岸带地区的变化，适时调整海岸带管理的政策、计划和规划，使海岸带开发利用管理和保护处于动态、连续的过程。

2. 综合性

海岸带综合管理与分部门、分行业的管理相比，更强调"综合性"，其综合性主要体现在：海陆间的综合、海岸带的政府部门间的综合以及各学科间的综合。海岸带既包括海域部分，又包括陆域部分，地理位置和生态环境特殊。它涉及的部门众多，除海洋管理部门外，还包括国土资源、农业、林业、旅游、环保、交通等部门。各部门因其职责不同，利益出发点也不同，使得海岸带"综合"管理成为必需。另外，它所涉及的学科也很多，包括海洋学、地理学、地质学、环境科学、生态学、社会学、经济学、管理学、法学等多学科，归纳起来就是自然科学、社会科学和技术科学的交叉科学。

3. 协调性

海岸带综合管理中涉及的部门、机构、团体、组织、教育机构以及学科等众多，其协调性主要体现在海岸带科学研究与政府行政管理之间的协调，各学科之间的协调，各教育机构、团体之间的协调以及各政府部门之间的协调等。通过这种多部门、多学科之间的协调，可以使各利益相关者合理分配、利用和保护海岸带资源与环境，减少海岸带管理中的矛盾和冲突。

4. 可持续性

可持续发展的基本特征是保持生态持续、经济持续和社会持续。海岸带开发与管理中，不仅涉及海岸带自然资源系统和社会经济系统，还涉及局部利益与整体利益，近期利益与长远利益。它们之间具有很强的关联性和制约性。海岸带综合管理强调在这些关联性和制约性中找到平衡点，以实现海岸带的可持续发展。

三、海岸带综合管理的目标与任务

(一)海岸带综合管理的目标

海岸带综合管理的目标是：以海岸带可持续利用为目的，通过战略、政策、区划、规划和监督管理等手段面向未来的资源生态环境演化趋势分析，克服由于一系列非协调性的海岸带开发活动造成的资源和生态环境退化，保障海岸带的可持续利用，并保持其生物多样性，促进沿海经济发展和提高生境水平，防御自然灾害，使地方和国家受益，为全球沿海资源的保护和持续利用做出贡献。一句话，就是为了社会效益、环境效益、经济效益的统一和协调。总而言之，海岸带综合管理目标如下。

1. 资源的合理利用

在对自然生态环境进行保护的情况下，对海岸线进行合理的开发，对海岸带资源进行合理利用。

2. 资源的可持续利用

对密切相关的物种和生态系的明智利用(发展)和认真管理(养护)，以使人们目前或潜在的利用不受影响。

3. 生物多样性

这里提到的生物多样性是指生物及其生存的生境(生物学上所指的生物多样性是指所有生物种类，种内遗传变异和它们的生存环境的总称，包括所有不同种类的动物、植物和微生物以及它们所拥有的基因，它们与生存环境所组成的生态系统)。生态系统的复杂性和各部分的相互关联性，要求对每一沿海水域系统作为一个整体系统进行管理，单一部分或单个物种的管理不能得到完全成功。

4. 自然灾害的防御

生态资源保护最适宜的尺度即为防御风暴和洪水的天然屏障所需的尺度，环境保护与资源保护相结合是最简便的减灾方式。

5. 污染的控制

海岸带综合管理主要集中在特殊的沿海污染源，如新开发项目所造成的污染，特别是影响生态自然区的污染源。

6. 经济开发的管理与规划

一项经济开发计划的重要检验是考察计划的影响，造成的长期损失是否大于社会福利和经济状况的受益。另一检验是考察计划的安排，是否能实现多样化利用的机会，即计划是否能保证渔业、制造业、旅游业、生态保护、房产业、航运业等，在经济活动最佳组合中得到全面繁荣。

7. 增强沿海地区的社会福利

使地方社区从海岸带开发现场获得经济上的和(或)社会上的效益，从而提高公众对海岸带综合管理的参与意识和对海岸带养护必要性的意识。

8. 最佳的多样化利用

为解决人们的社会、生活等各种活动争夺有限空间的竞争和冲突，需要对沿海区进行综合规划——包括土地利用、资源和环境利用。某些定向部门的利用应以多样化的形式存在。

(二)海岸带综合管理的任务

为了实现海岸带综合管理的目标，必须履行下述职责和任务。

1. 保持一个高质量的沿海环境

海岸是一种重要资源，它提供贸易、食品、娱乐、疗养和安全保障。但是这种高生产力状态不能保证它永远持续下去。如果对开发不采取安全措施，海岸很容易遭受污染、环境恶化、沿海生产力下降。

2. 保护生物多样性

采取法制手段，保持沿海自然地理环境对大多数物种是有益的。然而，许多物种需要有专门的保护和额外安全保障措施，如设定自然保护区或国家公园，为物种生境提供保护。

3. 保护关键生境

某些生态系统保持了良好的多样性和生态价值，它们没有因开发改变了环境而消亡，还得到了保护。这些生态系统包括海岸沿线许多高生产力的河口、岛屿及其邻近的滨陆。具有重要性的生境包括红树林、海草牧场、沙滩和沙丘以及某些潮漫滩生境。无论这些生境处于海岸何处，它们都被认为是"关键生境"，它们的丧失会削弱生产力、破坏物种环境和生态平衡。

4. 增强关键生态过程

某些生态过程对于沿海生态系统的生产力至关重要。例如，光通过水的穿透能力（可被极端浊度所削弱）和水体环流（可被围填之地和海堤所阻挡）。这些关键生境过程需要通过开发法规和适当的规划指导予以保护。

5. 控制污染

特定的"点源"污染和陆地径流污染都可对沿海生境和水体造成污染、危害人类健康、破坏生态、削弱生产力。意外溢油和化学品泄漏事故危害最大。为了保持海岸的清洁和生产力，制定严格的污染控制法规是必要的。

6. 确认重要的陆地

某些海岸拥有娱乐、房产、自然保护、经济开发等特殊潜力。海岸带综合管理计划应确认供开发和自然保护最佳的土地。

7. 确认开发的土地

某些海岸拥有娱乐、房产、自然保护、经济开发等特殊潜力。海岸带综合管理计划应向开发实体提供开发最佳用地的咨询。

8. 防御自然灾害

防灾是海岸带综合管理计划的必要部分。有经验的规划者和管理者已知，最适于保护生态资源的措施，常常与需要保护的能抵御风暴和洪水袭击的自然地形的措施相同。因此，灾害管理和资源管理相结合的方式，可以大大简化区划和许可证审评过程，更能预先对形成可接受开发的决策做出更可靠的预测。

9. 恢复遭受破坏的生态系统

尽管许多高生产力的沿海生态系统已遭到破坏，但是它们是可以恢复的。湿地应予以恢复，物种生境应重建，污染破坏可以得到逆转。

10. 鼓励参与性

一个重要的目的就是提高公众对海岸和海岸养护必要性的认识。同时，地方社区从海岸现场获得经济上的和（或）社会上的效益。社区想要得到的是行动的指导，而不仅仅是倾听政府部门的高谈阔论。公众必须参与协商，而不仅仅是得到安抚，成为宣传对象。

11. 提供规划指导

为了避免可能损坏海岸的事件，各种规划实体——自然规划者、经济规划者、开发规划者等，可以得到指导和咨询。具有特别重要意义的是控制基础设施，使公路线路适当，不向被限制开发的地方（如未开发的障壁岛）提供水电。

12. 提供开发指导

许多沿岸上大多数生态和景观的破坏是由沿海开发的疏忽所造成的。有效的计划可以为开发实体提供专门的指导和咨询服务，使他们的项目设计和建设能最大限度地避免与沿海保护的冲突。

四、海岸带综合管理的内容和方式

（一）内容

由于海岸带是一个特殊的区域，它既包含水域，又包括陆域，所以在对海岸带进行综合管理时，要考虑到传统、文化和历史情况以及沿海地区利益和利用方面的矛盾，对沿海系统和资源进行综合评估、确立目标、制订管理计划，这是实现海岸带持续发展的一种必要过程。因此，海岸带综合管理的基本内容包括以下方面。

与当地有关部门磋商确定优先计划并找出问题，然后找出今后与海岸带有关的职能发挥作用的机会，提出对地方或国家政策及其他具有明确目标的解决沿海问题的倡议，让公众了解并得到他们的支持；在地方和国家的以及可应用的地区一级上的立法和管理制度安排，包括协调的方法和授权，与短期、中期和长期计划的制订、综合和实施，包括指导原则、土地使用和陆海资源的利用功能区划以及自然和社会经济系统的分析，对开发和其他沿海活动造成的资源和环境影响的评价；进行数据和信息收集、验证、检索、使用和管理，培训专业人员，支持和扩充人员，计划评议和调整，包括在海岸带综合管理所有内容中建立反馈机制，研究、监测和评估及各项计划的实施。

一般情况下，海岸带综合管理的内容如图 10 - 1 所示。

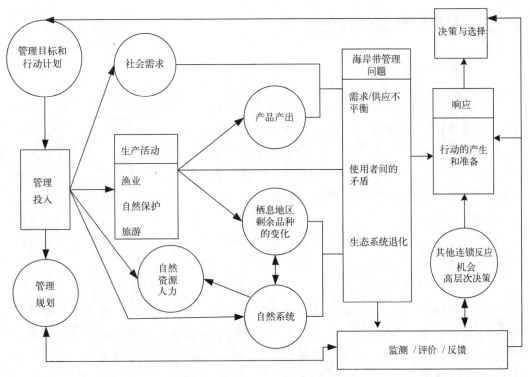

图 10 – 1 海岸带综合管理的内容

(二)方式

通常,海岸带综合管理采用综合和协调方式。

1. 综合方式

综合方式的表述多种多样,有纵向综合,也有横向综合;纵向综合又有两级和三级综合,两级为中央政府一级和地方政府一级的综合,三级为中央、省及县的综合。横向综合是协调单一的经济部门和政府部门,以减少分歧和重复。

2. 协调方式

由于海岸带综合管理是一项按照众多利害关系集团和个人意愿执行的复杂性工作,因此海岸带综合管理需要对金融、农业、商业、旅游、矿产、盐业、林业和运输等部门和机构施加影响,并能最广泛、最有效地保证政府机构参与,特别需要对高层次的政府部门间进行协调。

从海岸带综合管理的时间过程看,又有区划、规划阶段和管理(或实施)阶段之分。在区划与规划阶段,海岸带综合管理审查各种发展行动的影响,并对必要的防护设施、约束条件和开发方案的选择提出建议,以保证最大限度的可持续开发和对沿海自然资源的可持续利用。在管理阶段,海岸带综合管理评价特殊开发项目的环境和社会经济影响,并对资源和生物多样性保护提出需要修改的建议。

五、海岸带综合管理的原则

(一)战略性原则

目前进行的海岸带综合管理,一般都属于预测性综合管理。因此,这里讨论的原则,主要是执行性的战略原则,主要有以下4种。

1. 协调发展原则

在扩大海岸带资源开发规模、发展海洋经济的同时,加强海岸带综合管理,形成开发与管理同步推进和开发与保护协调发展的局面。这是最理想的发展模式。

2. 经济优先原则

在那些经济社会落后、海岸带资源开发尚不充分,资源和环境有较大开发潜力和承载能力的地区,可采取优先发展经济的原则。

3. 环境优先原则

优先保护海岸带生态环境和资源,低速发展海洋经济,少开发或不开发海岸带资源。这种原则主要适用于海洋自然保护区和海洋特别保护区,一些发达国家在非城市岸段,为了保护特定的和一定数量的原始岸段,在这些区域也适用这种原则。

4. 零增长原则

不发展海洋经济,也不采取管理和保护措施,使海洋开发利用和经济发展长期维持现有水平,生态环境也不发生重大变化,因而不必采取强化管理和保护措施。

(二)法律原则

1. 一般原则

(1)相互联系与综合原则。相互联系与综合原则是整个可持续发展的中心内容,也是海岸带综合管理的重要原则。

(2)代内和代际公平原则。代际公平原则反映了作为当代成员,我们拥有地球,但还应该确保后代在地球上的生存,所以我们不能剥夺后代的权利。代内公平是指我们兼顾其他社会成员需求的义务,尤其是在分配发展利益时更是如此。

(3)环境安全原则。环境安全原则强调通过一定的先期措施保护环境,减少由环境灾害造成的损失,而不是通过事后努力来修补或提供补偿金。

(4)谁污染谁负担原则。污染负担原则要求国家应努力促进环境成本内部化和利用经济机制,严格执行谁污染谁承担治理恢复所需费用。

(5)公开原则。公开原则要求公众全方位参与,以公开透明的方式进行决策。

2. 特殊原则

(1)利益公平原则。利益公平原则要求保证海洋的整体性和保护代际和代内利益公平为准则,解决各种矛盾冲突。

（2）海岸保护原则。海岸保护原则要求对抵御海水侵蚀、海平面上升起到关键作用的海岸和陆体（沙丘、红树林、珊瑚礁、沼泽、湿地等）应倍加保护。

（3）项目排序原则。项目排序原则要求在进行项目取舍时普遍应遵循的原则：生物资源和栖息地的保护要优先于不可更新资源的开发；多样用途的项目要优先于单一用途项目的开发；可转变的单一用途开发项目优先于不可转变的单一用途项目的开发；需海水的发展项目优先于不需海水的发展项目。

第二节 海岸带综合管理研究进展

一、国际研究进展

海岸带管理与开发一直是世界各国研究的热点问题。海岸带综合管理是随着海岸带开发利用活动的深入和对海岸带资源保护的需要而产生并不断发展起来的，国际上海岸带综合管理研究进展大致分为以下几个阶段。

（一）20世纪60年代

20世纪60年代中期以后，世界上100多个国家以各种形式开展了海岸带综合管理实践和探索。美国是世界上最早提出海岸带综合管理的国家，以1965年建立的旧金山湾自然保护与发展委员会为标志。

（二）20世纪70年代

1972年在斯德哥尔摩召开联合国人类环境大会前，人们就已经意识到海岸带各种资源的开发利用是相互联系的，需要注意和注重部门间矛盾的协调，需要用综合的观点来进行海岸带管理。1972年美国国会正式颁布了《海岸带管理法》，并于1974年开始执行第一个海岸带管理规划，从而使海岸带管理作为一种正式的政府活动首先得到实施。随后，欧洲发达国家也开始采取措施，对海岸带地区实施综合管理。英国颁布了《北海石油与天然气：海岸规划指导方针》，确定了优先开发和重点保护的地带。1973年，法国发表了《法国海岸带整治展望》，要求设立海岸带保护机构，制定利用和保护规划来进行管理。1976年和1978年，美国加利福尼亚州和佛罗里达州分别制定了《海岸带管理条例》《海岸带管理规划》。这一阶段的海岸带管理还是以资源利用和单一管理为主，管理模式主要是以部门管理为导向，没有综合解决整个海岸带及其全局的资源问题。

（三）20世纪80年代

20世纪80年代，海岸带综合管理为越来越多的国家采纳。1982年第三次联合国海洋法会议（UNCLOS Ⅲ）通过的《公约》，意识到需要把海洋环境作为一个整体考虑，以生态系统整体分析的方式进行管理。同年，联合国经济和社会理事会的海洋经济技术处，组织专家对世界 40 多个国家海岸带和沿海地区综合管理问题进行了一次调查研究，形成了一个专题报告——《海岸带管理与开发》，其目的是指导各国，尤其是发展中国家的计划工作者和政策制定者，如何在总的发展计划体制内使一项有效的海岸带管理的长远规划得以实施。斯里兰卡也于 1982 年制定了《海岸带综合管理计划》，对所有海岸带区域的开发活动实施管理。1986 年法国制定了《关于海岸带整合、保护与开发法》，明确提出海岸带是稀有空间，要进行海岸带研究，保护生物和生态平衡，制定海岸侵蚀对策，发展海岸的各种经济。1987 年世界环境与发展委员会（WCED）有关海洋管理的报告指出：提倡用生态系统的方法对海洋与海岸带进行规划和管理，必须统筹考虑 5 类区域，即流域、海岸带陆地、近岸海域、近海海域和公海。美国早在 70 年代就有几个州制定了海岸带管理法规和规划，到了 80 年代末已达 29 个州，其海岸带综合管理体制已基本形成。到 80 年代末世界上已有 40 多个沿海国家开展了海岸带综合管理。1989 年在美国迈阿密大学召开的国家海岸带研讨会上，"海岸带综合管理"正式成为专家普遍接受的科学术语，管理的范围也倾向于将整个国家的海岸带纳入管理的范畴。在这一阶段，海岸带综合管理开始得到重视，但是管理部门的综合和海陆综合管理还没有走向成熟。

（四）20 世纪 90 年代

20 世纪 90 年代是海岸带综合管理蓬勃发展的新时期。1990 年，Stephen Curley 通过对得克萨斯州海岸带管理计划失败的分析，提出了在海岸带管理中应加强单项资源开发之间的协调。1992 年召开的联合国环境与发展大会（UNCED）上通过的联合国《21 世纪议程》，要求沿海国家应广泛开展海岸带和海洋综合管理，正式提出了海岸带综合管理的概念和框架。这次会议被认为是海岸带管理的分水岭，前后可分别称为海岸带管理的传统阶段和现代阶段。1993 年《海洋与海岸管理》国际杂志出版了一期"海岸带综合管理"专刊，阐述了海岸带综合管理的概念、意义、关键问题和方法技术，还介绍了国际海岸带和海洋组织（International Coastal and Ocean Organization，ICPO）的有关情况。1993 年小岛国家联盟召开的全球小岛屿发展中国家持续发展会议筹备委员会第一次会议上表示支持海岸带综合管理。同年 11 月召开的世界海岸大会，有 90 多个国家、19 个国际组织和 23 个非政府间组织的代表、专家和政府官员出席了这次会议。大会总结各国开展海岸带综合管理的新经验，形成海岸带管理的技术文件，推动沿海国进一步做好海岸带综合管理工作，编写了《海岸带综合管理指南》《制定和实施海岸带综合管理规划的安排》《海岸带脆弱性分析的研究》等重要文献，此次大会的召开对海岸带综合管理作用的认识有了进一步的深化。此后，《公约》《生物多样性公约》和《全球气候变化框架公约》开始实施。1997 年海岸带综合管理和气候变化讨论组共同提出一整套海岸带综合管理框架指南，阐述了气候变化与海平面上升、侵蚀现象加重、海水入侵和海上风暴频繁等关系。世界上沿海国家的海岸带综合管理工作取得了较快发展，大量研究和论文探讨了各国各地区不同情况的海岸带管理计划、模式及其针对管理计划实施的经验和教训。

(五)21 世纪

进入 21 世纪，2001 年美国国家海洋与大气管理局(NOAA)首次发布由"亨兹中心"(Heinz Cemer)完成的国家海岸带管理效果测度指标体系，该中心于 2003 年发布了一份《海岸带管理法案：开发一种效果评估指标体系框架》的报告，提出了一种"基于产出模式"的效果评价框架，标志着海岸带管理逐渐走向成熟，海岸带可持续发展研究向综合性、定量化评价方向发展。据统计，至 2001 年全世界已有 95 个国家在 385 个地区开展海岸带综合管理，其中北美地区 100% 的海岸都制定了海岸带综合管理规划。2002 年联合国可持续发展世界首脑会议之后，实现可持续发展成为世界各国共同追求的目标，海岸带研究进入可持续发展的新时代。在 2002 年，欧盟发布了《欧洲议会和欧洲理事会建议》，提出了八项基本原则和八项战略性措施。该建议虽然不具有约束力，但其已经获得所有欧盟成员国的采纳，成为欧盟各成员国制定海岸带综合管理政策的重要指导。同年 12 月，东亚海区可持续发展战略(SDS－SEA)被各国政府采纳，其中明确了各地方政府在带动利益相关者共同努力来遏制我们共同资产的破坏和退化方面的重要作用。2001 年美国国家海洋与大气管理局开始开发海岸带管理评估体系，一直到 2009 年，才根据实验项目所得的数据，形成了正式的海岸带管理法实施评估体系。

二、国内研究进展

我国在 1979 年开始的海岸带和海涂资源综合调查过程中，提出了制定《海岸带管理法》，虽然这次立法最终没有成功，但这是我国第一次使用海岸带管理的概念。

到 80 年代初，开始注意海岸带管理问题的初步研究，这时也组织起草《海岸带管理法》。1985 年年底江苏省率先颁布了《江苏省海岸带管理暂行规定》。从 1980 年到 1986 年历时 7 年，完成了全国海岸带和海涂资源综合调查。1988 年起又进行了全国海岛资源调查，积累了大量的有关我国海岸带资源和环境状况的基础资源，奠定了较好的海岸带研究基础，摸清了我国海岸带资源、环境及其开发利用的状况。一些省市也拟定了海岸带开发与管理的有关问题并进行研究，陈吉余、罗祖德、胡辉等人在 1985 年提出了我国海岸带资源开发的战略设想，认为应以动态、系统的观点，逐步建立发展生态海岸模式。任美锷提出了应加强我国海岸带管理中的立法工作，探讨了其对海岸带开发与管理的重要性。有的学者还就海岸带管理的有关问题与海岸带管理的特点、海岸带的管理范围进行了探讨，提出了海岸带综合管理的职责。

进入 90 年代，1996 年鹿守本等对我国滨海湿地的管理方面进行了有益的探讨，并从海岸带生态系统角度提出海岸带管理应向海岸带生态经济管理转变。1993 年钱阔对我国国有海岸带资源实行资产化管理。从我国海岸带开发与管理的研究状况来看，关于海岸带可持续利用与综合管理的研究起步较晚，有关方面的研究和发表的论文仅限于对海岸带开发利用与综合管理这一问题重要性的认识，提出了一些应研究的问题，如海岸带开发的环境影响评估、生态综合评估，缺少对海岸带开发利用与综合管理的理论方法进一步系统和深入的研究。

　　90 年代后期，对海岸带可持续利用与综合管理的理论与方法的研究得到进一步重视，如从决策支持系统的角度探讨了海岸带开发的"稳健型管理模型"，从生态系统动力的角度提出了海岸带可持续性判定因子等。与此同时，我国也开展了一系列海岸带管理的实践工作。近几年来在海洋管理单项立法、编制海洋功能区划和开发规划以及环境保护方面收到了一定的成效。一些学者根据海岸带开发管理的现状，提出我国海岸带资源开发的战略设想，并就海岸带开发管理的重要性，海岸带的管理范围，区域海岸带资源的可持续利用，海岸带综合管理的开展等方面进行了有益的探讨。1997 年华东师范大学河口与海岸研究所刘欣把 GIS 和多目标决策技术（MODM）应用于海岸带管理的系统综合模式中。1999 年马淑燕用系统模糊评价方法对上海市海岸带的可持续利用进行了分析。2001 年石纯将 BP 神经元网络法应用到海岸带可持续发展的调控预测模型中，2003 年中国海洋大学阎菊进行了胶州湾海域海岸带综合管理研究。2004 年渤海典型海岸带生境修复技术 06 子课题首次对淤泥质海岸带生境修复与经济协调发展的综合管理模式开展研究。

　　虽然我国已经取得了上述大量研究成果，但还缺少对海岸带可持续利用与综合管理的基本理论与方法的系统与深入的研究。

第三节　海岸带综合管理的技术方法

　　海岸带综合管理，其关键是基础技术，是海岸带信息获取、分析、模拟、决策技术。其关键技术可概括为"数字海岸"技术，主要包括现代通信技术、计算机技术和由遥感、全球定位系统及地理信息系统集成的"3S"（RS、GIS、GPS）技术。"数字海岸"技术是一门新兴的科学技术，是河口海岸管理的一场革命，相信在不久的将来，会得到管理部门和科学家的广泛重视和应用，实现真正意义上的海岸带科学管理。

一、"数字海岸"技术

　　"数字地球"是地球科学技术、空间科学技术、信息科学技术等现代科学技术交融的前沿领域，是自然科学和人文科学紧密结合的结晶，它对海岸带可持续发展中综合协调人口、资源、环境、社会、经济等问题是有效的支撑。"数字海岸"技术是结合"数字地球"的创意，在海岸带地区的应用，是对海量的多源空间信息进行处理，在数据管理、数据分析、自然现象及自然过程方面进行模拟和仿真。

有效的海岸带综合管理涉及多种数据源的集成，遥感、GIS 及全球定位系统(GPS)技术的复合，空间信息的多维分析和显示，自然现象和人类活动的模拟和仿真以及规划、管理过程中利用计算机进行辅助决策和信息交流，这就要新一代 GIS 软件能适应面向现实世界中的具体对象和用户，使海岸带综合管理成为开放式的社会化产品。

"数字海岸"就是以综合利用"3S"技术为基础，通过海岸带和海岛地理信息系统的建设，对沿海地区的资源、环境和社会经济进行定量分析和综合分析，是利用 GIS 软件强大的数据存储、分析、管理功能，通过遥感数据和常规资料相结合，实现海岸带综合管理的科学化、综合化和可视化管理。

"数字海岸"的技术路线为：利用 GIS 软件的数据输入功能，将常规地形图数字化进入计算机，GIS 软件有专门接口读取 GPS 数据，成为地理信息系统的空间数据，遥感数据和属性数据分别通过直接读取和数据库录入的方式，导入 GIS 软件下统一管理，再利用 GIS 的空间分析功能，综合考虑多种因素，对海岸带进行科学管理。

二、"数字海岸"的关键技术结构

图 10 - 2 表示了数字海岸的关键技术结构。

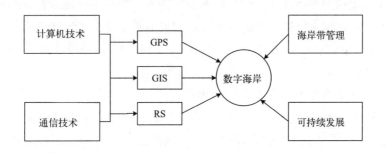

图 10 - 2　数字海岸的关键技术结构

(一)计算机关键技术

科学计算：科学计算是"数字海岸"模型中的基础技术，通过科学计算和仿真模型对海岸带复杂现象进行模拟，以使"数字海岸"发挥巨大的效益。

海量储存：庞大的信息源是构成"数字海岸"的关键，海量存储技术便成为"数字海岸"的支柱。应重视对 DEM、数字影像、数字地图数据的集成管理以及大型空间数据库管理问题的研究。发展相应的软件构件技术，生产相应的基础构件、领域构件、专业构件，解决系统演化、将老系统提炼为新系统的问题。

(二)现代通信技术

1. 宽带网

和网络技术的发展一样，"数字海岸"所需的信息也将由分布在全球各地的空间数据库组成，它们之间通过高速网络链接在一起，可以实现数据的无缝操作。目前，美国已开始建设 10GB/s 传输速率的网络。因此，要传输海量数据，进行科学计算，宽带网技术便成为"数字海岸"能否走向实用的关键。

2. 互操作

Internet 和 WWW 技术之所以成功，归功于诸如 TCP/IP 等成功的网络协议的支持，"数字海岸"也存在这一问题。目前国际标准化组织地理信息/地球信息委员会(ISO/TC 211)、美国联邦地理数据委员会(FGDC)、开放地理数据协会(Open GIS 协会)等单位都在致力于寻求空间信息互操作的方案。国际上一些正在进行的关于互操作的研究项目有：GIPSIE 项目、VARENIUS 项目、DIS – GIS 项目。

(三)"3S"技术

1. 全球定位系统(GPS)

GPS 是美国国防部为满足其海、陆、空军事部门高精度导航、定位和定时的要求而建立的一种卫星定位与导航系统。GPS 技术目前需发展的技术：在森林和高楼群等环境中信号增强技术；减少定位过程中的误差。最明显的误差是由于地球电离层的变化引起的，它们对 GPS 无线电波的速度有影响。另外一个引起误差的原因是大气中的水蒸气。

2. 遥感(RS)

遥感是通过对目标物反射或辐射电磁波的分析，反演出与之相互作用的介质性质，从而识别目标和周围的环境条件。遥感技术一直被广泛应用于陆地资源评价，安装在LANDSAT 和 SPOT 卫星上的多波段辐射计具有较高的空间分辨率，对陆基研究和海岸带浅水研究都非常有用。它们是海岸带(包括陆地与沿岸水域)研究所用资料的有用来源。数字化制图与地理信息系统的结合，是具有很大潜力的海岸带规划与管理手段。LANDSAT 和 SPOT 卫星的多光谱资料一直用于陆地利用评估、城市规划和海岸带研究，特别是用于潮间带研究，如海底基质和海藻种类鉴别等。

已获得的遥感资料主要提供下列有关海岸带信息：水中悬浮泥沙、地形、测深、海况、水色、叶绿素、海面温度、渔业、油膜及水下或水面的植被(包括红树林)等。遥感资料还一直用于各种海岸带资源评估与目录编制及图件汇编。对于海岸带植被研究来说，可使用图像增强，以突出暴露在潮间浅滩或清澈浅水(小于 2m)中的浓密海草中。在"大尺度研究"方面，遥感比传统方法更有效。遥感还一直被用来绘制环礁、珊瑚礁和岛屿图。在浊度、温度、叶绿素和透明度方面，通过遥感手段可更好地认识该系统的流体动力条件，特别是认识海岸带水域的生产力，间接认识渔业生物量；此外，遥感还可记录沿岸水域的动态变化。

就海岸带岛屿管理而言，遥感可为测绘，特别是岛国测绘提供最为可行的方法。例如，在拥有许多岛屿的国家，利用常规调查方法，即使利用航空摄影来编制土地清单也是很困难的，而且费用很大，从长远观点看，特别是测绘广阔范围的陆地与植被时，卫星遥感的大面积覆盖率可为这些工作节省大量经费。

航空遥感照片形式的地理数据以及各种航空图像和图件都是专题项目和长期环境规划所需的重要信息。不同时相同一地点的这类信息给出了环境变化或稳定性的历史记录。遥感获得的地理数据奠定了下列工作的基础：计算可填图资源和影响的面积；帮助选定居民点、道路、港口和农业区；制订土地利用和海岸带计划；利用叠加技术进行影响分析。照片和图件容易辨认，并超越语言和文化障碍进行交流与分析。航空照片还可用来建立现场调查和采样的策略，可降低费用，提高效率，并保证对所有有关生境和环境的合理取样。

3. 地理信息系统（GIS）

在海岸带自然资源的研究中，大量数据具有空间性质，例如，沿海水域水产资源的分布。

海岸带地区具有多重耦合性和动态性，要求海岸带综合管理需要连续不断地更新和修改数据，在技术手段上需要加工、处理。地理信息系统（GIS）为资源评价、规划和管理提供了一种便利的手段，因为 GIS 具有分析功能，并能不断更新。同时由于它能吸收不同来源、不同格式的数据，所以具有集成功能。因此，在 GIS 软件的支持下，可以实现海岸带信息的增删、修改、更新和复合，并通过快速查询、检索、分析、预测、规划和决策等途径为海岸带的开发与管理提供服务。

此外，GIS 还有利于地图重叠，例如，表明确定海岸带的地图层可以与土壤图重叠，覆盖更大的区域，海岸带以外的区域可以消去，仅显示该区域的土壤状况。GIS 还用于确定适于特殊应用的面积，例如，水产养殖专家使用许多标准（土壤、水性质）来确定合适的养殖场地。这些场地以独立的主题层予以勘测，即根据专家给出的标准，进行主题层的重叠。选择合适养殖场地所采用的"筛分"技术可以取指数重叠形式，因此，单个地图层和分类值既是绝对条件，也可以是相对权重条件；更复杂的重叠则涉及输入层的布尔逻辑组合或数学组合。此外，GIS 还能考虑到所有其他因素，帮助资源规划者在进行资源配置决策时选取折中协调方案。

近来，GIS 在海岸带资源管理与环境评价方面的应用主要包括岸线长度与海域面积的量算、海岸带环境污染的监测与评价，结合遥感信息的处理自动绘制海面等温线图、海冰分布图、海洋水色图以及辅助海洋渔业资源的管理与决策等。

（四）国家空间数据基础设施（NSDI）

国家信息基础设施（NII）技术建设 NSDI 是我国发展"数字海岸"不可回避的基本步

骤，NDI、NII 的关键技术主要包括：建立国土基础地理信息系统数据库；建立国家基础地理信息系统网络体系；实施基础地理信息数字化更新工程；制定地理信息与数字化测绘标准；制定地理信息共享政策和法规；建立国家空间数据协调机构；参与相关的国际活动；应建立网络环境下的国家数据中心群。以上各项关键技术实际上是相互关联和相互影响的。

第四节　厦门海岸带综合管理实践及其经验

一、厦门概况

厦门，位于中国福建省南部、台湾海峡西岸的一座沿海城市，地理位置 24°26′46″N、118°04′04″E，相传遥远的古代，常有成群的白鹭栖息在厦门岛上，因此，厦门又称为鹭岛。厦门地处福建省厦、漳、泉闽南金三角以及上海和广州中心带，北面与泉州市的南安市、安溪县为邻，西面与漳州市长泰县、龙海市相接，南面与龙海市招银开发区、东面与金门县的大小金门岛和大担诸岛隔海相望。南北长 57km，东西宽 68km，陆地面积 1565km²，海域面积 390km²。

厦门地区属南亚热带海洋性季风气候，年平均气温 21℃，加上独特的地形地貌和地质构造，构成了天风海涛、山容水态、气势磅礴、丰富多彩的自然景观。同时厦门也拥有十分丰富的风景资源，既有反映海湾风光、岛屿风光、名山胜景、奇岩怪石等绮丽动人的南国自然景观，又有反映历史遗迹、宗教文化、侨乡风情的人文景观，长期以来吸引了大量的中外游客。

21 世纪的今天，海洋作为经济及生态资源在厦门国民经济中的地位愈加突出。几十年来，厦门充分发挥海洋优势，以港口为依托大力发展外向型经济，实施"科技兴市""以海兴市"战略，加强海洋的综合管理，促进了海洋资源的可持续利用和生态环境的有效保护，海洋经济取得了长足的发展。厦门市现已形成以临海型城市经济为主体，包括港口航运业、滨海旅游业、海洋水产业和海洋高新技术产业四大体系的海洋经济，成为全市国民经济的重要组成部分，海洋经济发展将成为 21 世纪厦门市国民经济和社会发展的重要推动力。

然而，就像世界上大部分沿海城市一样，经济的持续快速增长给资源带来了巨大压力，在经济持续快速增长、岸线和海域开发力度不断加大的同时，厦门海域的生态环境也面临着越来越大的压力。厦门在这样的情况下海洋环境保护总体上仍保持了相当高的水平，得益于厦门采取的海岸带综合管理的可持续发展战略，在发展海洋经济的同时重视海洋资源的合理开发利用和海洋生态环境的保护。厦门近十几年来实施海岸带综合管理的成功实践已成为国际海洋管理的先进模式典范，得到相关国际组织和众多国家与地区的重视。

二、厦门的海岸带综合管理模式(ICZM)的主要内容及特色

以 GEF、UNDP、IMO"东亚海域海洋污染预防与管理厦门示范计划"项目的实施为标志(1994—1998 年),厦门开始了 ICZM(Integrated Coastal Zone Management)的实践,并逐渐形成了具有自己特色的 ICZM 模式。

(一)厦门 ICZM 模式的主要内容

1. 海岸带综合管理体制与机制的建立

作为海岸带城市,厦门市拥有 13 个涉海行政管理部门,全市其他管理部门也或多或少地与海洋管理有着间接关系,这些机构分别隶属于中央、省、市政府。由于海岸带生态系统的特殊性,更由于经济的迅速发展,跨行政区、跨海陆界面、跨行业的各种海岸带开发活动的日益增多及其所造成的环境压力,迫切要求将这一生态系统复杂的海陆交界地带视为一个整体,要求各个部门通过一种全新的机制,改变各自为政的体制,对海岸带进行统一规划,综合开发,协调管理。

1991 年,厦门市政府成立了海洋管理处,隶属市科委,人员仅 6 人,在海洋资源调查、科学研究和海洋公众宣传等方面做了不少工作,但在海洋管理方面缺乏权威和综合协调,显得心有余而力不足。1995 年,在"东亚海域海洋污染预防与管理厦门示范计划"项目的推动下,市政府成立了市海洋管理协调领导小组,由常务副市长任组长,分管交通、水产、科技和城建的 4 位副市长任副组长,成员包括了计划、经济、城建、科技、交通、财政、规划、环保、水产、旅游、法制、公安等部门的领导(图 10-3)。领导小组下设办公室,由市政府办公厅副主任兼任办公室主任,以加强协调和综合能力。经过一年的运转,在此基础上,市政府于 1996 年年底正式成立厦门市人民政府海洋管理办公室,除了专职领导之外,还增加了 8 位兼职副主任,分别由海监、交通、环保、水产、土地、规划、监察、水上公安等部门的领导担任。办公室下设综合管理处、监察处、秘书处、海洋管理监察大队(图 10-4)。办公室是市政府海洋事务综合管理的职能部门,其主要职责如下:

(1)负责《厦门市海域功能区划》的管理和协调工作;

(2)负责《厦门市海域使用管理规定》的实施和协调工作;

(3)负责厦门海洋类型保护区的规划、建设和管理工作;

(4)协调解决厦门市岛屿规划、开发、保护及管理方面的有关问题;

(5)参与制定厦门涉海管理有关法规和规章;

(6)督促各海洋行政管理部门履行各自职责;

(7)办理市政府交办的其他事项。

为科学实施海岸带综合管理,促进管理与科学的结合,市政府还成立了海洋专家

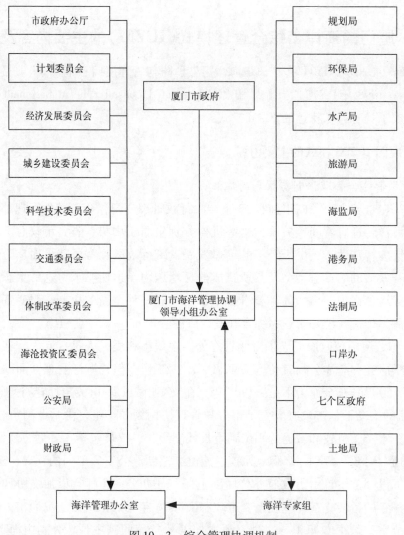

图 10 - 3　综合管理协调机制

组，由海洋、法律、经济等方面的专家组成。至此，厦门市海岸带综合管理体制已基本形成。

2. 海岸带管理科学支撑体系的构建

尽管厦门市开展了不少海岸带资源调查、海岛资源综合调查、海洋环境调查和各学科的专项科学调查研究，但是，科研与管理的结合仍十分薄弱。东亚海域海洋污染预防与管理厦门示范计划的实施极大地促进了海岸带管理与科学技术的结合，在示范计划专家委员会的基础上，市政府聘请海洋、经济、法律等方面的 10 位专家组成厦门市海洋专家组，专家来自大学、科研所、计委、港务局、环保局等科学和管理部门；其中有教授、研究员、高级工程师、高级经济师、一级律师等，有知名的专家学者，又有第一线从事管理的专家，不仅层次高，且学科交叉。该专家组的职责是接受厦门市海洋管理协调领导小组的委托，组织专家对厦门市有关海洋规划、开发建设和管理等方面的工作进行咨询和调研，海洋专家组的活动由市政府提供财政支持。而海洋专家组也将工作的宗旨确定为依靠和组织厦门市的专家学者，发挥科学技术对生产力发展的作用，帮助政府解决管理中的、决策制定上的问题，从而使厦门的海岸带综合管理决策在民主化、科学化和法制化方面取得新的进展。

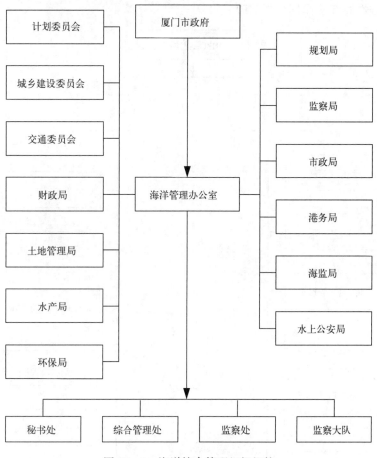

图 10 - 4　海洋综合管理组织机构

3. 地方性海洋法律框架的完善及海洋执法的强化

依法治海是海岸综合管理的基本保障。鉴于国家海洋法律体系还未十分健全，现有海洋法律多为专项法规，缺乏综合性海洋法。为适应当前厦门海岸带可持续发展的需要，厦门市人大和政府从地方海洋立法和执法等方面入手，初步建立了地方性海洋法律框架和海洋综合执法队伍。

首先，合理应用全国人大赋予厦门市人大和政府制定地方性行政法规和规章的权力，依照国家有关立法精神，从厦门的实际需要出发，在广泛开展立法技术研究、现状调查和需求分析的基础上，统一制订海岸带立法计划。从 1994 年全国人大授予厦门市立法权以来，先后出台了《厦门市环境保护条例》《厦门市沙石土资源管理办法》《厦门市白鹭自然保护区管理办法》《厦门市白海豚管理办法》《厦门市浅海滩涂增养殖管理规定》《厦门市海域使用管理规定》《厦门市海上安全监督管理条例》等涉海管理法规规章。已基本形成了在国家海洋法律体系内，以海域使用管理和环境保护等法规为基础的，以海上交通、渔业、自然保护、规划管理等规章相配套的，各项法规规章之间相互协调的地方性海洋法律框架(图10 – 5)。

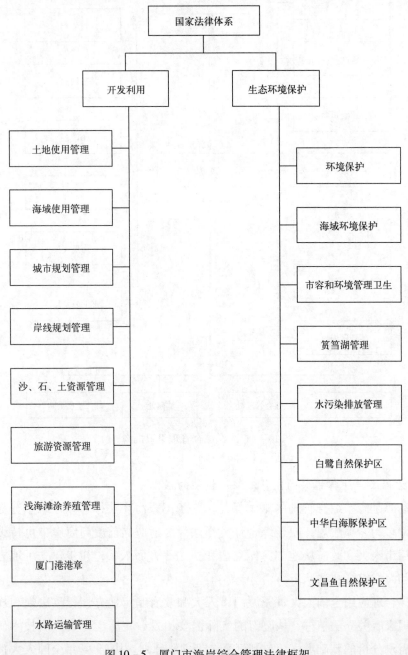

图10 – 5　厦门市海岸综合管理法律框架

其次，逐步完善海洋综合执法体制，加强综合执法，做到有法可依、依法治海。各有关涉海管理执法部门严格按照法律法规授予的职权，强化依法队伍建设，认真履行职责，切实贯彻法规精神。同时，通过市政府的高度协调，组织联合执法，达到综合管理海岸带的目的。市政府于1997年年初正式成立厦门市海洋管理监察大队，负责海洋管理监察工作。另一方面，还初步建立了执法监督机制，每年组织市人大代表和政协委员视察检查海洋综合管理和执法情况，政府及其管理部门不定期向市人大和市政府汇报管理和执法情况。

（二）模式的特色

1. 立足于解决海洋管理问题的模式

海岸带管理是按海洋地理区域所划分出的一种类型，同其他海洋管理的任务类型有着原则上的非统一性。这也是沿海最终都将采用综合管理的方式来管理海岸带的根本原因之一。然而，综合管理通常也都有其侧重点，有其长、短期目标，从而也就有了适合于不同海岸带类型的海岸带综合管理模式，从厦门的海岸带综合与协调管理体制上分析，不难得出该模式是侧重于解决海洋管理问题的结论，而这也正是实现厦门海岸带有效管理目标的近期需要。

厦门的海岸带综合管理范围包括了整个厦门市行政所辖的陆域和海域。但是，由于历史的、体制的、思想的和技术上的原因，在我国，陆域的资源与环境管理远较海域成熟。海洋事业就其整体来说毕竟是一项新的事业，虽然其管理理论和方法有了较大发展，但与相对成熟的社会事业管理理论相比，无疑还存在着比较大的差距。厦门也不例外，成熟的陆域综合管理是其经济快速发展的根本保证，但其薄弱的海域管理（尤其是综合管理）能力却逐渐显现出对厦门实现国际性港口风景城市的建设目标、对厦门海岸带可持续发展的制约，并已带来一系列亟待解决的问题。

因此，立足于解决海洋管理问题的海岸带综合管理模式对厦门的可持续发展具有两方面的重要意义：①近期的现实意义，即通过提高海洋管理能力加强海洋管理力度，解决城市建设中面临的海洋方面的难题；②长期的指导意义，即在确定系统的海域资源持续利用和保养保育的规划/目标后，经由以海定陆的思路，促进陆域管理向更高层次发展，从而实现陆海一体的海岸带综合管理目标。

2. 从法制保障上启动海岸带综合管理

在我国，海域作为珍贵的不可再生资源，对其开发范围、内容、类型、规模、深度和效益影响都在迅速扩大增多。但与此同时，对其开发利用的程序却较为混乱，生产结构和布局也不尽合理。由此引发的种种缺乏行政的、合法的、正常控制的问题亟须通过加强管理和法制来解决，运用法律手段来调整和规范，以建立起正常的海域开发、保护秩序，使海域成为地方经济和社会发展的可持续利用资源。

厦门海岸带综合管理，作为一种立足于解决海洋管理问题的模式，启动伊始就把地方性海洋法律框架的构建视为实施海岸带综合管理的切入点。根据全国人大授予厦门的立法权,从厦门的实际出发,制定出《厦门市海域使用管理规定》。该法规具有如下特点。

(1)从国家财政部、海洋局制定的《国家海域使用管理暂行规定》与地方海域使用管理规定的关系看,因国家的规定仅作为部门的规章颁布,等级效力低,且制定过程与其他部门的协调不够,实际在全国没有得到贯彻执行。而厦门的海域使用管理规定则是作为地方立法的最高层次——法规来制定,从法律意义上的效力说,其等级效力比国家财政部、海洋局的部门规定还更高一层,也就是说在两个规定不相一致时,应首先遵守厦门的法律规定。实际上,厦门已制定出来的海域使用管理规定,也很好地运用了自己的立法权限,在与国家海域使用管理规定的关系上得到很好的处理(图10-6)。

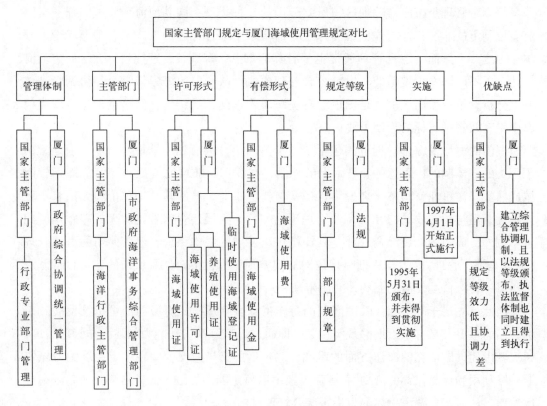

图10-6   2002年前的国家主管部门规定与厦门海域使用管理规定对比

(2)从国家相关的海洋管理规定与厦门制定的海域使用管理规定的关系看,规定的侧重点应是不同的,就目前已制定的国家相关的海洋管理规定来说,它们大都是类型单一的海洋资源的开发利用和保护的单项法律、法规,是各海洋产业、行业的管理规定,虽然这些规定也或多或少地兼顾到与其他海域开发利用活动的协调关系,但由于种种条件的限制,这些规定却难以解决本部门的生产活动对其他部门或开发利用其他海域资源的活动产生的或可能产生的影响，因此，也就无法从整体海域的角度全面考虑长远利益，对其他部门的需要和要求势必也无法得到充分体现。所以，尽管在实践上对海域使用的管理也起到了积极的促进作用，但由于存在着上述种种局限性，难以解决行业之间在管理上的矛盾和冲突，无法完成综合、协调平衡各方面的管理任务。而作为厦门海域使用管理规定的立法，则主要是从各方面的利益考虑，从加强综合管理的全局角度出发，以使海域开发利用和保护过程中所发生的各类关系得到更全面、充分、有效的调整。因此，在制定厦门的海域使用管理规定应更多地注意到与其他海洋管理规定的协调关系，在着眼于建立统一的海域使用管理制度的同时，处理好与其他相关海洋管理规定的衔接关系，以更好地达到厦门海域使用管理立法的目标。

3. 地方为主的海域使用管理制度

尽管现在科学技术、投资能力都已大为增加，人类开发利用海洋的深度和离岸距离能够达到数百米水深和大洋之中，但是80%以上的活动还处于海岸带和近海区域，这部分海域仍是海洋开发、保护等一切海洋活动的主体地区。基于这一事实，带来又一个必然的结果，海洋活动中的大量关系主要发生在沿海地方，这些发生在沿海地方的各种海洋活动中的关系与问题，必须依靠地方政府的海洋管理和其他相关管理来求得问题的解决。

然而，长期以来，我国对海洋的管理一直由国家海洋局及相关部委负责，而沿海省市自治区则不能依法对海洋实施有效管理，这种单一的条条管理体制亟须突破。厦门模式率先以法律形式赋予地方海洋综合管理部门行使综合协调海域管理的职能，确立了地方在海域使用管理中的主导地位，这种管理方式将为在我国确立一种有效的海域使用管理体制提供借鉴。就厦门建立的海域使用管理制度的基本内容分析，该模式主要解决如下关键问题。

(1)有关海域管理体制问题。综合协调管理体制是目前最为有效的制度，但把协调管理的职责赋予哪个部门则是这个问题的关键。由于历史的和习惯上的原因，如由原有的某一海洋行业管理部门来行使这一职权，对其开展综合协调管理的工作将会有较大的困难，因这样很难让其他海洋行政管理部门对其在处理有关矛盾时，能否站在全局角度公平处理问题存在疑虑，也就无法让其他部门真正信服。因此，厦门在立法时期明确规定了成立市政府海洋事务综合管理部门行使综合协调职能，这样的意义在于一方面加强海域使用管理的全面平衡，强化海域使用管理的力度，另一方面又可使各涉海行业部门的协作密切配合，促使用海各产业协调发展。

(2)各管理部门的职责明确问题。由于海域使用管理工作涉及多个行业和部门，因此，海域执法工作就更需要得到各有关部门的密切合作。而现在随着海域开发利用活动的日益频繁，各行业之间发生的矛盾也日渐增加。使用海域的行为出现的矛盾，虽然由于各行业海洋行政管理部门执法工作的逐步加强能得到一定程度的缓解，但仅单靠有矛盾的行业和部门各自开展的监督检查工作往往无法有效、彻底地解决。厦门从本市的实际情况出发，在制定《厦门市海域使用管理规定》中明确赋予了厦门市政府海洋事务综合管理部门负责组织、协调海域的综合执法工作，同时，各有关涉海管理执法部门应严格按法律法规授予的职权，认真履行各自职责，这样就建立起了一种既统一协调又相对独立的执法机制。市政府在《厦门市海域使用管理规定》出台之后，为完善海域综合执法体制，加强海域执法工作，做到有法必依，依法治海，于1997年年初正式成立了厦门市海洋管理监察大队，负责海洋管理监察工作，由其统一协调组织、协调海上联合执法活动，对于违反相关海域法律、法规的行为由相关海洋部门处理，这样就可使海上的违法活动得到更有效及时的处理。

（3）海域使用权与海域有偿使用问题。在我国，海域使用长期以来基本上为无偿使用，海域资源的收益为一些单位或个人占有，造成了国有资产的流失，也纵容了海域的随便开采，任意使用行为。因此，明确海域所有权归国家所有，明令使用海域均应得到政府的许可，确立海域有偿使用管理制度，对于加强海域资源的管理，改变海域使用管理无偿、无序、无度的问题，建立海域使用的良好秩序将起到重要作用。同时对理顺国家、集体、个人之间海域所有权、使用权权属关系，为以后解决用海纠纷也将提供明确依据。厦门海域使用管理制度对大部分在固定海域从事排他性开发利用的用海活动实行有期限的海域使用制度和有偿使用制度。为充分发挥海域的最大经济效益，该制度还以法规的形式明确取得海域使用权的途径不仅可通过许可审批，也可通过出让的方式，如拍卖、招标、协议等途径获得，从而为解决单纯的用海许可审批制度可能与日益发达的市场经济脱节的问题预留下法律依据。

4. 管理与科学的有效综合

ICZM在厦门的有效实施，与科学家们的积极参与及为整个ICZM的构建、实施和持续提供的科学技术支撑是分不开的。以下研究项目为东亚海域海洋污染预防与管理厦门示范计划，即厦门ICZM项目的启动、实施和持续提供重要科学支撑，它们在ICZM项目的各个阶段均具有重要作用与意义。

（1）启动阶段。ICZM启动过程中最重要的工作就是帮助管理者对现有海岸带管理存在的问题进行确定，并针对存在的问题提出ICZM规划，厦门的ICZM启动过程是卓有成效的，而这一过程的科学支撑主要来自如下几个项目的开展与成果的提交。

①"厦门海岸带环境剖面"和"厦门海洋污染预防和管理战略计划"。"厦门海岸带环境剖面"从厦门近20年来的社会经济、政治、法律、自然环境与资源的历史资料入手，综合分析了厦门海岸带的生态与特征、自然资源、社会经济发展状况、沿岸和海洋环境质量变化，分析了当时厦门海岸带管理的法律框架和管理机制，分析了作为海岸带决策管理的科学基础信息资料的保证程度，并分析了今后若干年厦门社会经济发展可能给海岸带生态系统带来的进一步压力。从而从宏观的角度上找出影响厦门海岸带可持续发展的关键问题，并进行对策性研究，提出解决问题的建议。

"厦门海洋污染预防和管理战略计划"项目则针对"厦门海岸带环境剖面"项目成果

中揭示的海岸带资源利用与环境保护的问题以及所提出的解决问题的建议，运用 ICZM 的系统方法，就解决问题的对策进行可行性研究。同时，结合厦门的城市发展总体目标和总体规划，以海洋污染的预防和管理为重点，以保障和促进厦门社会经济的持续发展，实现环境保护和社会经济发展的和谐统一为目的，制定了包括厦门海岸带资源与环境管理的长、短期战略目标、方法和途径，包括海岸带综合管理机制的建立等内容的"厦门海洋污染预防和管理战略计划"。

上述两个项目开展得很成功，其提出的许多建议，如建立海岸带综合管理协调机构、建立海岸带综合管理的框架、制定海域功能区划等，在"厦门海岸带环境剖面"和"厦门海洋污染预防和管理战略计划"的编制过程中（而不是完成后），便通过有效的协调机制提交政府及有关管理部门，并被及时采纳和实施，改变了过去那种计划编制完成后再实施的程序，避免因计划资料过时导致的计划滞后于经济发展、滞后于管理需求的弊端，有效提高了计划的实现率。十多年后再来分析这两个项目的成果，尤其是所制订的管理战略计划，可以说起到了近几年厦门海岸带综合管理规划蓝本的作用。

②厦门海岸带经济发展的生态与社会经济影响评价。由于海岸带为陆—海过渡带，生态环境脆弱，环境问题错综复杂，有自然因素，又有人为干扰。管理者往往对主要问题心中不明，难于做出正确的判断和决策。厦门海岸带经济发展的生态与社会经济影响评价从环境影响的累积性效应分析入手，初步确定了厦门海域的生态评价指标体系，通过与社会经济影响评价的结合，揭示经济发展与生态环境的相互作用，从而直接为管理者就现有环境问题的排序提供可靠的依据。该课题的研究内容涉及海洋化学、海洋地质、地理、海洋生物、生态、环境、经济等多个学科。学科交叉与合作研究的成功进行，使得该项目在方法创新，研以致用上取得了多项突破，不仅圆满完成了经济发展对海岸带这一复杂和特殊生态系的影响评价工作，而且通过评价，确定了具体的海岸带环境管理存在的问题，并提出技术改进对策和减轻海岸带污染的管理指南，项目进行所获得的一系列第一手资料及对相关资料的评估结果，为厦门 ICZM 的启动及实施提供了坚实的科学基础。

③"厦门海岸带废弃物管理与污染预防"与"厦门市控制污染排放的综合管理行动计划"。这是两个针对废弃物污染这一海岸带社会经济发展通常带来的负面效应而进行的专项研究课题。"厦门海岸带废弃物管理与污染预防"项目通过对厦门海岸带固体、液体废弃物的产生、收集、处置及管理方面相关资料的收集与分析，从而发现厦门海岸带废弃物管理体系的不足及主要问题所在，并提出相应的对策建议，为厦门海岸带综合管理计划制订提供了废弃物管理方面的指南。

"厦门市控制污染物排放的综合管理行动计划"项目则针对厦门海岸带污染物排放的管理现状和存在问题，结合厦门市海洋环境保护目标的制定和今后一个时期海洋污染预防与管理工作的实际需要，以突出重点、讲究实效、部门配合、公众参与、分期实施、滚动发展为基本原则制订了综合管理行动计划。其提出的：到 2000 年从整体上遏制近岸海域污染和生态破坏的发展势头，继续保持绝大多数水域环境质量良好状态，使重点保护水域的环境质量有所好转。努力维持生态平衡，改变海洋环境质量与经济社会发展不协调的局面；到 2020 年全面控制污染物排放并逐步恢复被破坏的海域生态系统，努力扩大西海域的环境容量，使各功能区水域环境质量达到相应要求等海洋环境保护目标已纳入厦门城市环保战略之中，其提出的实施行动计划的措施、步骤、程序及财政支持机制已被环保主管部门视为控制、减轻环境污染的科学指南。

（2）实施阶段。厦门 ICM 项目的实施以前述海岸带综合与协调管理机制、海岸带管理的科学支撑体系和地方性海洋法律框架的建立与运作为主要内容。GEF/UN—DP/IMO"东亚海域海洋污染预防与管理区域项目"负责人蔡程瑛给厦门海岸带综合管理的实施上作的评价是满分。这个成绩的获得，自然科学、社会科学、法律学等多学科研究人员的充分参与奉献起了关键性的作用。厦门 ICM 实施过程的科学支撑主要体现在如下自然科学与社会科学工作者的参与以及一系列研究活动的开展中。

①"中国厦门市海洋法律制度的建立"项目。在海岸带综合管理中，法律环境设立了各机构运作的舞台，提供它们行动的权利和权威，并决定它们的使命。因此，其重要性不言而喻。

"中国厦门市海洋法律制度的建立"课题评价了现行厦门海岸带管理的法规规章和执法体制，分析了现行海岸带法制存在的不足，论述了建立海域使用管理制度在海岸带综合管理中的重要作用。在此基础上，提出了建立以海域使用管理和环境保护管理等人大法规为基础，以海岸带规划管理、水产养殖管理、旅游、水路运输、海域环境保护、海洋自然保护等政府规章相配套的地方性海洋法律框架。同时科学地分析和阐述了海岸带综合执法的必要性和目的意义。为制定、颁布和施行《厦门市海域使用管理规定》《厦门市海域环境保护管理规定》《厦门市大屿岛白鹭自然保护区管理办法》《厦门市中华白海豚自然保护区管理规定》《厦门市水路运输管理规定》《厦门市旅游资源保护和开发管理暂行规定》和《厦门市浅海滩涂水产增养殖管理规定》做出了科学论证，有力促进了《厦门市海域使用管理规定》《厦门市海域环境保护管理规定》和《厦门市浅海滩涂水产养殖管理规定》等法规规章的出台。

②《厦门市海域功能区划》与《厦门市海洋经济发展规划》的制定。《中国海洋 21 世纪议程》在其第七章中专门对海洋功能区划和开发利用规划的编制与实施做了说明，指出：第一，海洋功能区划是根据海区的地理位置和自然资源、环境状况，结合考虑海洋开发利用现状和社会经济发展需求，划分出具有特定主导功能、适应不同开发方式并能取得最佳综合效益区域的一项基础性工作；第二，为了使中国海洋经济持续、稳步、高速、协调地发展，实现海洋开发的经济效益、社会效益和环境效益的统一，制定科学合理的海洋开发规划，对海洋开发活动进行宏观调控是非常必要的；第三，必须把功能区划从小比例尺拓展到大比例尺，并把海洋开发规划落实到各级政府制订的国民经济和社会发展计划中去。海洋功能区划和开发规划是海洋综合管理的基础和重

要手段之一，必须常抓不懈，并在实践中调整和充实。《厦门市海域使用管理规定》也在第四条做了如下规定：海域使用实行统一规划，综合利用，合理开发与治理保护相结合的原则。厦门市人民政府依照本规定的原则，制定海域功能区划和海洋经济发展规划，对海域使用实行统一管理。可以说，"厦门市海域功能区划"和"厦门市海洋经济发展规划"是厦门海岸带综合管理不可或缺的基础性文件。为此，作为厦门海岸带管理科学支撑体系建设重要内容之一，由市政府特聘成立的厦门市海洋专家组，在组建伊始就接受了组织编制这两个海域综合管理基础性文件的工作。

在编制《厦门市海域功能区划》的工作中，专家组牵头组织了编制小组，既充分利用多年来海洋科学研究的结果，又紧密结合厦门市城市总体发展规划，并与各职能部门密切配合，反复协调，使编制出的《厦门市海域功能区划》集中了众多学者和管理者的意见。每个功能区主导功能突出，兼顾功能合适，限制功能明确，并配以 1 : 5000 的功能区划图，使之既具有较强的科学性和政策性，又具有明显的地方特色和管理的可操作性。所编制的《厦门市海域功能区划》于 1996 年 10 月 22 日在市政府常务会议上获得通过，同时该区划还被确定为厦门市今后若干年（直至 2010 年）期间海洋保护和开发管理的重要依据，并作为实施《厦门市海域使用管理规定》等法规的依据。

《厦门市海洋经济发展规划》也是厦门市合理开发、综合管理海岸带的基础工作之一。该规划的编制工作是由厦门市计划委员会牵头、专家组协助组织并负责技术把关、由科研单位和管理部门的专家一起完成的一项复杂的系统工程。该规划的编制采用系统工程的方法，先调研后规划，先专题后综合，紧密围绕建设现代化国际性港口风景城市的战略目标，依照海洋功能区划，从全市经济的全局高度准确地把握了海洋经济发展的总体思路，确立四大产业体系，合理地界定了厦门海洋经济的范围。其特点是充分体现可持续发展战略，注重海洋经济开发与海洋环境保护，海洋综合管理，海洋科研与教育的协调发展，突出"科教兴海"和海洋经济增长方式的转变，并具有较强的可操作性，对厦门市今后海洋经济的发展将起重要的指导作用。

上述两个基础性文件克服了单纯由科研单位专家或管理部门人员编写，科学与管理脱节的弊病，因而不仅具有坚实的科学基础，又有很强的管理可操作性。更可贵的是在编制的过程中逐步建立了科学与管理、自然科学与社会科学的沟通与合作机制。同时，由于文件的编制以科学理论及分析为基础，超脱于部门利益之外，故比较容易被管理与实施部门所接受，有利于协调部门间的矛盾，为海岸带综合管理打下科学基础。可以说，上述两个基础性文件编制工作的顺利完成，是科学技术在厦门海岸带管理中发挥重要作用的验证，也是厦门在探寻建立科学家与管理者有效合作机制方面走出的成功一步。由此，政府官员对科学工作者在管理决策中作用的认识又得到了提高，海洋专家组成了市政府在海岸带综合管理科学决策中的主要依靠。而科学家们也更自觉地参与到管理的决策中去，并为此做了很多工作，取得了较好的成效。

③"厦门沿海水产养殖污染的控制与管理"项目。这是一个主要来自厦门大学的海

洋生物学专家、学者承担并完成，旨在通过建立功能性区域规划来维护厦门沿海水产养殖，减轻或控制水产养殖业给海域环境带来污染的重要课题。该课题通过近年来有关厦门海域水产养殖历史资料分析以及部分现场调查研究，取得了明显有价值的成果。其中最重要的是摸清了厦门海域水产养殖现状与发展趋势的基本特点；揭示了水产养殖与海域环境之间相互污染的严重现象和污染来源；评估了厦门海域初级生产力水平与水产养殖区的承受力，并提出厦门海域水产养殖的适养面积；提出了厦门海域水产养殖发展规划和管理地图册。

该课题研究过程中形成并成功应用的海区养殖容量评估模式和养殖污染影响评价模式为厦门市编制水产业发展规划提供了重要科学依据，同时也为评估海域养殖功能区养殖容量和环境容量提供了可操作性强的评估方法，有效地促进了厦门市海域功能区划的实施，得到厦门市渔业行政主管部门的充分肯定，并成为其管理决策的科学依据之一。

④建立综合性海洋环境监测网络的研究探索。在 GEF/UNDP/IMO 东亚海域海洋污染的预防与管理厦门示范计划的推动和带动下，来自国家海洋局第三海洋研究所、厦门大学、福建海洋研究所、福建省水产研究所、厦门市环保局和厦门港务局的环境科学专家与管理工作者，就在厦门海域建立综合性海洋环境监测网络的目标进行了为期两年的研究探索，所获成果包括以下几点。

A. 研究制定科学、可操作性强的海洋环境综合性监测方案，编制监测规程，明确各监测单位的职责分工，组织实施监测计划；

B. 开展监测培训和研讨：对各单位监测人员进行监测质量保证、监测数据处理与报告编制等业务技能进行培训；

C. 开展各监测实验室之间的样品分析互校，开展实验室间技术支援；

D. 实施应急监测：对一些突发性污染组织进行应急监测（项目进行中共有 4 次）；

E. 尝试建立监测质量监督机制和监测信息反馈机制。

这项成果已成为厦门市开展海洋环境综合监测的指南。厦门市环保局在 1998 年 5 月实施的赤潮综合监测及 1998 年开始的海滨浴场水质监测便引用和借鉴了该成果。

三、厦门 ICZM 实施的成效及其经验

（一）成效

ICZM 在厦门的实施所取得的海洋管理上的成效主要在如下几个方面得以体现。

1. 海洋意识与环境意识获得整体性提高

树立公众的海洋国土意识、环境意识和法律意识是搞好海洋综合管理的基础。厦门充分利用电视、报纸、电台等新闻媒体，分阶段，突出重点，以"热爱蓝色海洋国

土，建设港口风景旅游城市"为主题，鲜明地宣传海洋管理工作。宣传教育的强化和到位，公众参与平台的不断拓展和完善，有效地提高了公众的海洋意识与环境意识。市民们通过电话、电子邮件、电台广播、报刊专栏、听证会、信访等越来越多的途径，积极地对厦门的海洋环境管理出谋献策，并进行着广泛的监督。形成了适合于开展ICZM的公众积极参与的有利氛围。

2. 海洋综合管理体制与协调机制持续发挥作用

厦门海岸带综合与协调管理体制的建立主要体现在"厦门市海洋管理协调领导小组"及其代表机构"厦门市人民政府海洋管理办公室"的成立与运作上。2002年，因应于国家行政编制的改革，厦门市政府在"厦门市人民政府海洋管理办公室"和"厦门市水产局"的基础上正式成立了"厦门市海洋与渔业局"，负责对厦门海洋和渔业的统一行政管理，有力地增强了海洋管理的力量。

在建立综合管理体制的同时，厦门ICZM注重加强涉海管理部门的协调，将各种海岸带和海洋用途之间可能的纠纷，化解在开发过程之前，并对已出现的纠纷，经过跨部门、跨行业磋商的途径，寻找有利于可持续发展的解决方案。通过努力，集中协调、专家咨询与行业管理相结合的海洋综合管理体制得到了加强和发展，为厦门市的海洋综合管理工作顺利开展提供了有力的保证。

3. 地方性海洋法规框架不断充实完善

为保证依法治海，厦门市合理应用全国人大赋予厦门市人大和政府制定地方性行政法规和规章的权力，遵循国家海洋、环境保护等方面法律、法规的基本原则，结合厦门的实际，在广泛开展立法调研的基础上，加强海洋立法工作。市人大、市政府先后制定和修订了《厦门市海域使用管理规定》《厦门市海域环境保护规定》等12部涉海法规、规章，形成以海域使用管理和海洋环境保护等海洋综合管理法规为基础，海上交通、渔业、自然资源保护、规划管理等法规规章相配套，各项法规规章之间相互协调的地方性海洋法律框架。明确了海岸带和海洋可持续发展的行为规范和为综合管理体制提供了必要的法律保障，并把海域、岛屿、岸线及所依托的陆域视为独立的生态系统和资源系统，作为立法的客体，健全有利于海域功能区划实施的法制环境，使厦门市的海洋综合管理走上了法制化、规范化的轨道。

4. 海岸带综合管理科学支撑体系有效运作

上述海域管理获得改善的成效，与厦门市科技工作者为政府海洋管理提供科技支撑的一系列工作是分不开的，而其中"海岸带管理的科学支撑体系"的有效运作无疑起了关键性的作用。

厦门海岸带管理科学支撑体系的建立主要体现在以海洋专家组成立和运作为标志的，科学家在决策管理上的参与并发挥不可替代的作用上，其模式如图10-7所示。

为建立海岸带综合管理服务的持续性科学研究机制，厦门市政府自1996年起每年

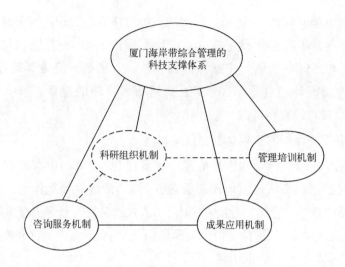

图 10 - 7　厦门海岸带综合管理的科技支撑体系的模式

均拨专款支持厦门市海洋专家组的运作，从财政上确保科学支撑体系发挥正常作用。海洋专家组则组织科学工作者针对厦门海岸带决策管理中的近、中、远期需要解决的问题分别进行相应的科学研究或技术攻关。

应该说，如何完善和有效实施《厦门市海域功能区划》始终是厦门海岸带管理科学支撑体系运作的重点。在严格执行《厦门市海域功能区划》的同时，注重完善海洋规划等海洋综合管理的基础性工作，适时对其进行修订完善，对局部海域不适应的功能，按照法定程序进行完善和调整；并在此基础上，加强了陆、海规划间的衔接和协调，组织编制了重点区域的海域、岸线、滩涂的控制性详细规划，完善海洋综合管理的基础性工作，增强了可持续发展能力。

（1）建立针对海域开发的科学审议论证制度。这个制度包含两方面的内容：①接受市委市政府的委托，对涉及海域开发管理重大政策、法规的出台进行审议，对涉海工程的规划或可行性报告进行论证；②对海岸带管理部门难以决策的管理问题提供咨询、论证和建议。如由专家组组织有关专业的专家，协助厦门市政府海洋管理办公室在审查海域使用项目过程中，对某些管理部门难以判断是否符合《厦门市海域功能区划》的项目进行论证、鉴别。

（2）建立服务于海岸带综合管理的培训机制。自厦门市开始推行海洋综合管理机制，特别是实施了"东亚海域海洋污染预防和管理厦门示范计划"以来，厦门市通过与全球环境基金、联合国开发计划署和国际海事组织的密切合作，在国家海洋局的指导下，在厦门市政府的直接领导下，各有关管理、科研、教学、企业等单位及其广大科研教学人员和管理人员共同努力，厦门市海岸带综合管理走出了适合本地实际的道路，取得了丰富的理论研究和管理人才培训的经验，为建立厦门海岸带综合管理培训机制奠定了基础，通过几年来的摸索总结，厦门海岸带综合管理培训课程框架已基本形成。如今，厦门的海岸带综合管理模式已逐步为国际国内相关组织或机构所认可，成为国内和东亚地区海岸带综合管理的培训基地。

5. 海域综合执法逐步走向制度化

根据《厦门市海域使用管理规定》，由市海洋管理办公室牵头，首先，联合成立厦门市海上综合执法协调小组，制定了《厦门市海上综合执法制度》，采取"海上执法统一抓、问题处理再分家"的方式进行不定期的综合执法行动，加强厦门海域的执法监察工作力度。其次，组织厦门市9家涉海行政主管部门的执法队伍，建立海上综合执法队伍，充实和加强第一线执法力量，依据海域功能区划及有关法规组织、协调、指导、监督海域资源开发和环境保护治理。再次，整治了影响航行安全的定置网、违章作业船和养殖设施，保证航道24小时畅通无阻；查处海域电捕、炸鱼等违法行为，开展伏季休渔和放养增殖试验，清理不符合海域功能区划的水产养殖设施。最后，强化对海岸工程、陆上污染源的监控，制止了沙滩挖沙、无围堰施工等破坏海洋资源和生态环境的行为。这些措施和行动有效地强化了厦门海域的综合执法，促进了海洋资源和生态环境的有效保护以及海洋珍稀物种保护区的建设。厦门海域综合执法制度的形成，促进了厦门海洋综合管理工作跃上更新的水平。

6. 海域使用证制度和海域有偿使用制度逐步规范

按照海域功能区划统一安排海域的有偿使用，实现海洋资源开发利用的有效管理。

(1)根据海域功能区划确定的主导功能、兼顾功能及治保限制功能统筹规划海洋资源的开发和保护。

(2)按照产业发展顺序，合理布局海洋产业及海洋生产力，布设重大开发利用项目，培育海洋经济发展的新增长点。

(3)把经市政府批准的海域功能区划工作的结果纳入政府管理范畴，根据是否符合区划审批海域使用项目，按照区划选址和审批海洋开发利用基建项目。

(4)建立海域及沿岸地带海洋建设项目审议制度。聘请海洋专家及政府有关部门的行业专家组成项目审议机构，对海洋开发建设项目进行海域使用可行性论证审议，并与海域使用审批程序有机结合起来。对不适宜的开发建设项目，坚决不得实施。项目建成后，主管部门组织相关部门和审议机构进行验收，开展工程的后评价工作。

7. 海洋环境与资源保护力度不断加强

在抓好海洋综合管理的同时，按照实施可持续发展的战略要求，加强了海洋环境和资源的保护。

(1)积极开展厦门市海洋污染基线调查，建立海洋污染源数据库与信息管理系统，全面准确掌握20世纪末厦门市海洋环境质量状况，为21世纪提供海洋环境的"零"点资料，填补了厦门市海洋污染基线资料的空白。

(2)从海洋资源开发的整体效益出发，加强海洋资源和环境的保护与治理，开发与整治并重，努力实现合理开发海域资源，发展海洋经济这一海域功能区划的首要目的。2002 年开始了西海域禁止水产养殖综合整治行动并取得初步成效。

（3）实施海洋环境综合整治，加强海域污染防治和生态保护工作。厦门各海域海水的环境质量近几年基本保持在较平稳的状态，尤其是在受九龙江来水影响较少的东部海域、同安湾海域更是如此。

（二）经验

1. 公众的意识是成功的基础，决策者的认识是成功的关键

20 世纪 90 年代开始的筼筜湖综合治理过程和"国家卫生城市"创造工作是一种十分有效的公众环境意识提高的过程，它给全市人民带来了一种强烈的意识，即：城市环境的优劣直接关系到城市的发展，优则愈优，劣则愈劣，是关于进入良性循环还是进入恶性循环的大事。这种意识是厦门成功实施 ICZM 的民意基础。

决策者是公众的一分子，但同时又是决定城市发展方向的关键性人物，因此，他们对 ICZM 的理解与支持无疑是 ICZM 成功与否的关键，厦门在这方面正是一个极佳的例子。ICZM 项目启动伊始，当时的厦门市政府主要领导就敏锐地认识到 ICZM 实施对海域使用管理和海洋环境保护的现实意义和对厦门可持续发展带来的深远影响。为了统一全市涉海单位管理人员对海岸带可持续和海岸带综合管理重要性的认识，在当时主管海洋事务的厦门市常务副市长的倡导下，厦门市政府专门与厦门大学共建成立"厦门海岸带可持续发展培训中心"，其主要任务就是提高涉海部门官员的海洋资源与环境保护意识，为 ICZM 在厦门的有效实施营造共识。应该说，厦门 ICZM 的成功实施，当时厦门市政府主要领导的重视与引导是不可或缺的关键因素。

2. 立法与执法是成功的保障，体制与机制是成功的条件

正如前文的特色与成效分析中所介绍的，厦门 ICZM 走的是一条立法先行的路子。十多年来，厦门在遵循国家海洋、环境保护等方面法律、法规的基本原则的基础上。结合本地的实际，在广泛开展立法调研的基础上，不断充实完善海洋管理的法律法规，与此同时，加强海上执法一直是厦门 ICZM 的主要内容之一，包括海洋综合执法队伍建设和执法内容的不断加强（从综合监察执法走向综合行政执法，2004 年 12 月，"厦门市海洋综合执政支队"正式挂牌）、联合执法行动的不断开展与逐步制度化（《厦门市海上联合执法工作制度》的出台）等，有力地保证了各种海洋法规规章的执行，没有立法与执法方面的保障，就没有厦门 ICZM 的成功实施。

在地方上实施 ICZM 的形式有多种，但是否与所在地国情民情相互包容、能否融入当地的管理体系中去，始终是 ICZM 能否有效实施所必须面对的问题。在中国，海域属于国家所有。因此，ICZM 离不开政府的主导作用，或者说是一种政府行为。但是，同在一个国家，同是政府行为，不同的地方发展的水平不一样，海洋管理上面临的问题不一样，地方政府的管理权限也不一样，必须根据地方海岸带管理自身的系统性和运

行规律，来建立适合当地社会经济和海岸带管理需要的体制和协调机制。厦门 ICZM 的有效实施得益于所建立的海岸带综合管理体制与协调机制的实用性、可操作性和可持续性，它有效地综合协调海洋、渔业、环保、港监、规划、公用事业等相关部门的管理职能，保证了国家和各级政府关于海洋综合管理的方针、政府和法律法规的贯彻实施。

3. 依靠科技是 ICZM 的灵魂，永续发展是 ICZM 的动力

ICZM 所需的科技支撑因管理过程的不同阶段而变化，随管理实施所在区域和所针对问题的不同而变化，也随着科学技术的不断进步而变化，因而需要不断探索和创新。在中国，ICZM 已成为改革过去"部门分割各自为政"的管理模式基础上而建立起来的新型管理模式。基于海岸带生态系统自身的复杂性，要在我国这种独具特色的政治经济体制下实施 ICZM，除了需要建立具有高度协调能力的组织机构和与之相适应的法律体制等外，强有力的科技支持是实施 ICZM 的重要保证。中国海域使用管理实行海洋功能区划制度，而厦门 ICZM 科技支持的着力点正是海洋功能区划这个海洋综合管理的蓝图，它的灵魂作用贯穿于厦门市海洋功能区划编制、实施、修改、完善的所有过程，为科学用海管海提供了强有力的支撑作用。

发展是硬道理，ICZM 的有效实施必须给地方的可持续发展带来能为公众感知的社会经济效益，如此，ICZM 才有长期运作和自身发展的动力，实施 ICZM 使厦门的海洋资源得到较佳配置，资源利用效率得到提高，主要涉海经济部门每年的净收益现值比实施 ICZM 前增加 150% 。而厦门在减少资源利用冲突、减少污染产生的风险、保护珍惜濒危物种(包括中华白海豚、文昌鱼、白鹭等)及风景点等方面取得的成就，其经济效益随时间的推移也在逐步显现，这些效益有效地提高了公众对 ICZM 的认知，也极大地坚定了决策者把 ICZM 作为城市可持续发展重要途径的决心和行动。

参考文献

阿东. 1999. 海洋功能区划的作用和意义[J]. 海洋开发与管理,(3).

比利安娜(Biliana Cicin - Sain),罗伯特(Robert W. Knecht). 2010. 美国海洋政策的未来——新世纪的选择[M]. 北京:海洋出版社.

曹可. 2004. 海洋功能区划的基本理论与实证研究[D]. 辽宁师范大学.

曹丕富,陈德恭,焦永科. 1998. 建立科学、有效、高度集中统一的海洋管理体制——关于加强海洋综合管理的建议[J]. 海洋发展战略研究动态,(1).

陈德恭,高之国. 1985. 国际海洋法的新发展[J]. 海洋开发,(01).

陈德恭. 1988. 现代国际海洋法[M]. 北京:中国社会科学出版社.

陈可文. 2003. 中国海洋经济学[M]. 北京:海洋出版社.

陈学雷. 2000. 海洋资源开发与管理[M]. 北京:科学出版社.

陈洲杰. 2012.《舟山市海洋功能区划》实施情况评价与优化研究[D]. 浙江海洋学院.

崔木花,侯永轶. 2008. 海洋开发中的生态管理探析[J]. 特区经济,(5).

董健. 2006. 我国海岸带综合管理模式及其运行机制研究[D]. 中国海洋大学.

范红英. 1987. 评《国际海洋法》[J]. 海洋开发,(03).

范学忠,袁琳,戴晓燕,等. 2010. 海岸带综合管理及其研究进展[J]. 生态学报,(10).

高兰. 2012. 日本海洋战略的发展及其国际影响[J]. 外交评论,(6).

管华诗,王曙光. 2002. 海洋管理概论[M]. 北京:中国海洋大学出版社.

国家海洋局海洋发展战略研究课题组. 2007. 中国海洋发展报告[M]. 北京:海洋出版社.

国家海洋局海洋发展战略研究课题组. 2010. 中国海洋发展报告[M]. 北京:海洋出版社.

国家海洋局. 1996. 中国海洋 21 世纪议程. 北京:海洋出版社.

国家海洋局. 1998. 中国海洋事业的发展(白皮书). 国务院新闻办公室.

国家海洋局. 1998. 中国海洋政策[M]. 北京:海洋出版社.

国家海洋局. 2014. 中国海洋统计年鉴(2014)[M]. 北京:海洋出版社.

国家海洋局. 2014. 2013 年中国海洋经济统计公报[Z].

国家技术监督局. 1998. 海洋功能区划技术导则(17108—1997). 北京:中国标准出版社.

韩京云. 2008. 韩国海洋执法体制制度及管理力量[M]. 北京:海洋出版社.

韩现利. 2007. 当代国际海洋法对中国海洋纠纷影响的若干问题的研究[J]. 科技信息(学术研究),(20).

洪成勇,陈鸿衡. 1996. 韩国的海洋政策[J]. 海洋信息,(8).

洪华生,薛雄志. 2006. 厦门海岸带综合管理十年回眸[M]. 厦门:厦门大学出版社.

侯建平，戴娟娟，蔡灵，等. 2014. 21世纪美国国家海洋政策变化分析[J]. 环境与生活，(16).

侯晚梅，唐远华. 2011. 新中国海洋开发政策的历史考察[J]. 浙江海洋学院学报(人文科学版)，(1).

胡仙芝，陈洁，李雪，等. 2014. 我国海洋公共政策体制构建及优化[J]. 海洋开发与管理，(2).

黄凤兰，王溶媖，程传周. 2013. 我国海洋政策的回顾与展望[J]. 海洋开发与管理，(12).

黄沛，丰爱平，赵锦霞，等. 2013. 海洋功能区划实施评价方法研究[J]. 海洋开发与管理，(4).

黄艳. 2010. 我国海洋经济综合管理与协调机制研究[D]. 复旦大学.

纪爱云. 2008. 试论21世纪中国海洋战略的构建[D]. 河北师范大学.

季烨. 2012. 美国与《联合国海洋法公约》[J]. 中国海洋法学评论，(1).

[加]E. M. 鲍基斯. 1996. 海洋管理与联合国. 北京：海洋出版社.

贾宝林. 2010. 当前国内海洋政策研究述评[J]. 中国水运(下半月刊)，(12).

江家栋，等. 2014. 中外海洋法律与政策比较研究[M]. 中国人民公安大学.

蒋平. 2006. 我国海洋资源管理现状及完善[J]. 海洋信息，(2).

焦永科. 2005. 21世纪美国海洋政策产生的背景[D]. 中国海洋报.

金建君，恽才兴，巩彩兰. 2002. 海岸带综合管理的核心目的及有关技术的应用[J]. 海洋湖沼通报，(1).

鞠德峰. 2002. 我国海洋资源管理的现状与问题[J]. 经济师，(10).

李百齐. 2006. 对我国海洋综合管理问题的几点思考[J]. 中国行政管理，(12).

李百齐. 2011. 海岸带管理研究[M]. 北京：海洋出版社.

李波. 2007. 从地理观念谈国家海洋管理问题[J]. 中国软科学，(11).

李春. 2008. 从国际海洋法实践看中日东海划界争议[J]. 海洋开发与管理，(04).

李锋. 2010. 海洋功能区划实施评价概述[J]. 海洋开发与管理，(7).

李国庆. 1998. 中国海洋综合管理研究[M]. 北京：海洋出版社.

李加林，李伟芳，马仁峰，等. 2014. 浙江省海岸带土地资源开发与综合管理研究[M]. 杭州：浙江大学出版社.

李景光，阎季惠. 2010. 英国海洋事业的新篇章——2009年《英国海洋法》[J]. 海洋开发与管理，(2).

李景光，阎季惠. 2015. 主要国家和地区海洋战略与政策[M]. 北京：海洋出版社.

李连增. 2006. 加强海洋生态环境保护与建设[J]. 港口经济，(3).

李巧稚. 2008. 国外海洋政策发展趋势及对我国的启示[J]. 海洋开发与管理，(12).

李文睿. 2007. 当代海洋管理与中国海洋管理史研究[J]. 中国社会经济史研究，(4).

李文涛，黄六一，唐衍力. 2001. 从国际司法判例和国际海洋法看中日海洋区域的划界[J]. 海洋湖沼通报，(01).

李晓光，杨金龙. 2012. 我国海岸带综合管理研究的多向度综述[J]. 海洋开发与管理，(11).

李晓西，郑贵斌. 2012. 区域经济创新发展研究[M]. 济南：山东人民出版社.

李永祺，鹿守本. 2002. 海域使用管理基本问题研究[M]. 青岛：海洋大学出版社.

梁飞. 2004. 海洋经济和海洋可持续发展理论方法及其应用研究[D]. 天津大学.

林宁，王倩，徐文斌，等. 2010. 海洋功能区划评估研究与实践[A]//国家海洋功能区划专家委员会：海洋功能区划研讨会论文集[C]．北京：海洋出版社．

林千红，洪华生．2005．构建海洋综合管理机制的框架[J]．发展研究，(9)．

林香红，高健，何广顺，等．2014．英国海洋经济与海洋政策研究[J]．海洋开发与管理，(11)．

刘常海．1994．环境管理[M]．北京：中国环境科学出版社．

刘锦红．2012．国际海洋法及领海制度的发展历史浅析[J]．法制与社会，(25)．

刘康．2011．加拿大海洋环境管理[J]．海洋开发与管理，(1)．

刘明桂．2008．海上危机管理[M]．北京：人民交通出版社．

刘洋，丰爱平，吴桑云．2009．海洋功能区划实施评价方法与实证研究[J]．海洋开发与管理，(2)．

鹿守本，艾万铸．1997．海洋管理通论[M]．北京：海洋出版社．

鹿守本，艾万铸．2001．海岸带综合管理[M]．北京：海洋出版社．

鹿守本，艾万铸．2001．海岸带综合管理——体制和运行机制研究[M]．北京：海洋出版社．

[美]J．M．阿姆斯特朗，P．C．赖纳．1986．美国海洋管理．北京：海洋出版社．

[美]约翰·R．克拉克．2000．海岸带管理手册[M]．北京：海洋出版社．

孟庆堂，等．2004．生态效率：可持续发展的环境管理理论探索[J]．中国环境管理，(1)．

倪国江．2010．基于海洋可持续发展的中国海洋科技创新战略研究[D]．中国海洋大学．

宁凌．2009．海洋综合管理与政策[M]．北京：科学出版社．

丘君．2008．基于生态系统的海洋管理：原则、实践和建议[J]．海洋环境科学，(1)．

全永波．2008．论我国海洋环境突发事件的应急管理[J]．海洋开发与管理，(1)．

石莉，林绍花，吴克勤，等．2011．美国海洋问题研究[M]．北京：海洋出版社．

石莉．2006．美国的新海洋管理体制[J]．海洋信息，(2)．

帅学明，朱坚真．2009．海洋综合管理概论[M]．北京：经济科学出版社．

孙斌，等．2000．海洋经济学[M]．青岛：青岛出版社．

孙书贤．1989．国际海洋法的历史演进和海洋法公约存在的问题及其争议[J]．中国法学，(2)．

孙湘平．2006．中国近海区域海洋[M]．北京：海洋出版社．

孙悦民，宁凌．2010．我国海洋政策体系探究[J]．海洋信息，(4)．

孙悦民．2010．我国海洋资源政策体系的问题及重构[D]．广东海洋大学．

孙悦民，张明．2013．海洋政策体系研究进展[J]．海洋信息，(4)．

陶晓风，吴德超．2007．普通地质学[M]．北京：科学技术出版社．

万青松，陈雪．2014．试析俄罗斯海洋管理体制[J]．欧亚经济，(1)．

王芳，等．2014．和谐海洋——中国的海洋政策与海洋管理[M]．北京：五洲传播出版社．

王刚，刘晗．2012．海洋政策基本问题探讨[J]．中国海洋大学学报(社会科学版)，(1)．

王宏．2011．我国海洋经济及其管理的发展特征分析[J]．海洋经济，(1)．

王江涛．2012．海洋功能区划理论和方法初探[M]．北京：海洋出版社．

王瑾．2005．典型海岸带综合管理模型及其管理对策研究[D]．北京化工大学．

王淼，等．2006．我国海洋环境污染的现状、成因与治理[J]．中国海洋大学学报(社会科学版)，(5)．

王淼，贺义雄．2008．完善我国现行海洋政策的对策探讨[J]．海洋开发与管理，(5)．

王琪，陈慧玲．2006．海洋环境管制问题的思考[J]．海洋开发与管理，(6)．

王琪，孙真真．2005．论我国海洋政策运行现状及其完善策略[J]．海洋开发与管理，(5)．

王琪，刘芳．2006．海洋环境管理：从管理到治理的变革[J]．中国海洋大学学报(社会科学版)，(4)．

王琪．2007．海洋管理从理念到制度[M]．北京：海洋出版社．

王权明，苗丰明，李淑媛．2008．国外海洋空间规划概况及对我国海洋功能区划的借鉴[J]．海洋开发与管理，(9)．

王双，刘鸣．2011．韩国海洋产业的发展及其对中国的启示[J]．东北亚论坛，(6)．

王铁民．2002．海域使用管理探究[M]．北京：海洋出版社．

王逸舟．1996．《联合国海洋法公约》——世界的选择[J]．海洋世界，(07)．

魏婷，李双建，于保华．2012．世界主要海洋国家海洋资源管理及对我国的借鉴[J]．海洋开发与管理，(9)．

吴云，王子彦．2007．环境管理理论基础的思考[J]．环境保护科学，(2)．

伍业锋，等．2009．美国海洋政策的最新动向及其对中国的启示[M]．北京：经济科学出版社．

夏立平，苏平．2011．美国海洋管理制度研究——兼析奥巴马政府的海洋政策[J]．美国研究，(4)．

修斌．2005．日本海洋战略研究的动向[J]．日本学刊，(2)．

徐伟，刘淑芬，张静怡，等．2014．全国海洋功能区划实施评价研究[J]．海洋环境科学，(3)．

徐祥民．2003．现代国际海洋法的实质及其给我们的启示[J]．中国海洋大学学报(社会科学版)，(04)．

徐质斌．1998．海洋经济学教程[M]．北京：海洋出版社．

许文明，等．2002．走向海洋世纪：海洋科学技术[M]．珠海：珠海出版社．

杨金森，等，1999．海岸带综合管理指南[M]．北京：海洋出版社．

杨山，张武根，李荣军．2011．江苏省海洋功能区划实施评价指标体系与方法[J]．长江流域资源与环境，(10)．

叶属峰，等．2006．海洋生态系统管理——以生态系统为基础的海洋管理新模式探讨[J]．海洋开发与管理，(1)．

游建胜．2004．海洋功能区划论——兼论福建省海洋资源环境及海洋功能区划[M]．北京：海洋出版社．

恽才兴，蒋兴伟．2002．海岸带可持续发展与综合管理[M]．北京：海洋出版社．

张楚晗．2013．中国海洋法律体系研究[D]．大连海事大学．

张春美．2006．浅析海洋法的发展[J]．当代经理人，(05)．

张德贤，等．2000．海洋环境管理模型及应用研究[J]．青岛海洋大学学报(社会科学版)，(4)．

张德贤，等．2000．海洋经济可持续发展理论研究[M]．青岛：青岛海洋大学出版社．

张红蕾．2014．《联合国海洋法公约》的修改与退出机制及我国的考量[D]．中国海洋大学．

张辉．2005．国际海洋法与我国的海洋管理体制[J]．海洋开发与管理，(01)．

张澜秋．2003．海洋管理学理论初探及其应用[D]．青岛：中国海洋大学．

张润秋，郭佩芳，朱庆林．2013．海洋管理概论[M]．北京：海洋出版社．

张玉兰．2012．美国新海洋政策对中国的借鉴意义[J]．学理论，(5)．

张玉强，孙淑秋．2008．和谐社会视域下的我国海洋政策研究[J]．中国海洋大学学报(社会科学版），（2）.

赵嵌嵌. 2012. 中外海洋管理体制比较研究[D]. 上海海洋大学.

赵淑玲，张丽莉. 2007. 外部性理论与我国海洋环境管理的探讨[J]. 海洋开发与管理，（4）.

浙江省人民政府. 2012. 浙江省海洋功能区划（2011—2020 年）.

郑白燕. 1990. 海洋综合管理[M]. 桂林：广西科学技术出版社.

郑高飞. 2007. 海洋环境保护与海洋资源永续利用[J]. 理论界，（5）.

郑敬高，等. 2002. 海洋行政管理[M]. 青岛：青岛海洋大学出版社.

钟秀明. 2012. 海洋政策评估的问题及其完善途径研究[D]. 广东海洋大学.

周秋麟，周通. 2011. 国外海洋经济研究进展[J]. 海洋经济，（1）.

朱大奎. 1993. 海洋技术[M]. 南京：江苏科学技术出版社.

朱坚真. 2009. 海洋产业经济学导论[M]. 北京：经济科学出版社.

左凤荣. 2012. 俄罗斯海洋战略初探[J]. 外交评论，（5）.

ACZISC. 2009. The role of the ACZISC in integrated coastal and ocean management policy development and implementation in Atlantic Canada[R].

Cicin – Sain B. 1995. Coastal Management and Development[M].

Donna Christie, Richard Hildreth. 2005. Christie and Hildreth's Coastal and Ocean Management Law in a NutshelI, 2d Edition(Nutshell Series)[M]. Minnesota：West Group.

Environment Canada. 1995. Interim Sediment Quility Assessment Values Draft Report. Evaluation and Interpretation Branch[M]. Ecosystem Conservation Directorate, Ottawa, Ontario.

F. Douvere, F. Maes, A. Vanhulle, et al. 2006. The role of marine spatial planning in sea use management：The Belgian case[J]. Marine Policy.

FOC. 2005. Canada's Federal Marine Protected AreasStrategy[R]. Ottawa：Fisheries and Ocean Canada.

Hong S Y, Lee J. 1995. National level implementation of Chapter 17：the Korean example [J]. Ocean & Coastal Management, 29(1 – 3)：231 – 249.

J. G. Ferreira. 2003. Development of an estuarine quality index based on key physical and biogeochemical features[J]. Ocean & Costal Management. (1).

Kim S G. 2009. Implementation of the Ocean Korea 21, Korea Coastal Zone Management Act and Basic Law on Marine and Fishery Development.

Yoshifuma Tanakm. 2008. Zonal and Integrated Management Approaches to Ocean Governance[M]. London：Ashgate.